高等学校土木建筑专业应用型本科系列规划教材

结构力学习题详解及难点分析

编著 赵才其
参编 袁良健　赵雅婷

东南大学出版社
·南京·

内容提要

本书是针对东南大学出版社 2011 年 8 月出版的"高等学校土木建筑专业应用型本科系列规划教材"《结构力学》(赵才其、赵玲主编),与该教材书后各章习题配套的一本习题详解。全书共 11 章,即平面体系的几何构造分析、静定结构的内力分析、静定结构的位移计算、力法、位移法、渐近法、影响线及其应用、矩阵位移法、结构的动力分析、结构的稳定分析、结构的极限分析。

同时为帮助广大考研学生有针对性地系统复习《结构力学》课程,力争在有限的时间内掌握《结构力学》的重点内容,提高复习效率。在每一章编写了重点难点分析及典型例题剖析,精选了部分高校的历年真题作为例题进行详解,指出并归纳总结注意事项。希望通过标准的答题方式,帮助考生培养规范答题的良好习惯,避免考生因不规范答题导致不必要的失分。

本书既可作为普通高校本科土木工程专业(包括:建筑工程、道路桥梁及工程管理等专业方向)以及水利工程、港口航道工程等相近专业的教学参考书,也可作为上述专业广大考研学生的复习参考书。

图书在版编目(CIP)数据

结构力学习题详解及难点分析 / 赵才其编著. —南京:东南大学出版社,2016.9(2019.2 重印)
 ISBN 978-7-5641-6207-8

Ⅰ.①结… Ⅱ.①赵… Ⅲ.①结构力学-高等学校-题解 Ⅳ.①O342-44

中国版本图书馆 CIP 数据核字(2015)第 306259 号

结构力学习题详解及难点分析

出版发行:东南大学出版社
社　　址:南京市四牌楼 2 号　邮编:210096
出 版 人:江建中
责任编辑:史建农　戴坚敏
网　　址:http://www.seupress.com
电子邮箱:press@seupress.com
经　　销:全国各地新华书店
印　　刷:常州市武进第三印刷有限公司
开　　本:787mm×1092mm　1/16
印　　张:16.25
字　　数:416 千字
版　　次:2016 年 9 月第 1 版
印　　次:2019 年 2 月第 2 次印刷
书　　号:ISBN 978-7-5641-6207-8
印　　数:3 001—6 000 册
定　　价:48.00 元

本社图书若有印装质量问题,请直接与营销部联系。电话:025-83791830

高等学校土木建筑专业应用型本科系列规划教材编审委员会

名誉主任 吕志涛(院士)
主　任 蓝宗建
副主任 (以拼音为序)
　　　　　陈　蓓　　陈　斌　　方达宪　　汤　鸿
　　　　　夏军武　　肖　鹏　　宗　兰　　张三柱
秘书长 戴坚敏
委　员 (以拼音为序)
　　　　　程　晔　　戴望炎　　董良峰　　董　祥
　　　　　郭贯成　　胡伍生　　黄春霞　　贾仁甫
　　　　　金　江　　李　果　　李宗琪　　刘殿华
　　　　　刘　桐　　刘子彤　　龙帮云　　王丽艳
　　　　　王照宇　　徐德良　　于习法　　余丽武
　　　　　喻　骁　　张靖静　　张伟郁　　张友志
　　　　　章丛俊　　赵冰华　　赵才其　　赵　玲
　　　　　赵庆华　　周桂云　　周　佶

总前言

国家颁布的《国家中长期教育改革和发展规划纲要(2010—2020年)》指出，要"适应国家和区域经济社会发展需要，不断优化高等教育结构，重点扩大应用型、复合型、技能型人才培养规模"；"学生适应社会和就业创业能力不强，创新型、实用型、复合型人才紧缺"。为了更好地适应我国高等教育的改革和发展，满足高等学校对应用型人才的培养模式、培养目标、教学内容和课程体系等的要求，东南大学出版社携手国内部分高等院校组建土木建筑专业应用型本科系列规划教材编审委员会。大家认为，目前适用于应用型人才培养的优秀教材还较少，大部分国家级教材对于培养应用型人才的院校来说起点偏高、难度偏大、内容偏多，且结合工程实践的内容往往偏少。因此，组织一批学术水平较高、实践能力较强、培养应用型人才的教学经验丰富的教师，编写出一套适用于应用型人才培养的教材是十分必要的，这将有力地促进应用型本科教学质量的提高。

经编审委员会商讨，对教材的编写达成如下共识：

一、**体例要新颖活泼**。学习和借鉴优秀教材特别是国外精品教材的写作思路、写作方法以及章节安排，摒弃传统工科教材知识点设置按部就班、理论讲解枯燥乏味的弊端，以清新活泼的风格抓住学生的兴趣点，让教材为学生所用，使学生对教材不会产生畏难情绪。

二、**人文知识与科技知识渗透**。在教材编写中参考一些人文历史和科技知识，进行一些浅显易懂的类比，使教材更具可读性，改变工科教材艰深古板的面貌。

三、**以学生为本**。在教材编写过程中，"注重学思结合，注重知行统一，注重因材施教"，充分考虑大学生人才就业市场的发展变化，努力站在学生的角度思考问题，考虑学生对教材的感受，考虑学生的学习动力，力求做到教材贴合学生实际，受教师和学生欢迎。同时，考虑到学生考取相关资格证书的需要，教材中还结合各类职业资格考试编写了相关习题。

四、理论讲解要简明扼要，文例突出应用。在编写过程中，紧扣"应用"两字创特色，紧紧围绕着应用型人才培养的主题，避免一些高深的理论及公式的推导，大力提倡白话文教材，文字表述清晰明了、一目了然，便于学生理解、接受，能激起学生的学习兴趣，提高学习效率。

五、突出先进性、现实性、实用性、可操作性。对于知识更新较快的学科，力求将最新最前沿的知识写进教材，并且对未来发展趋势用阅读材料的方式介绍给学生。同时，努力将教学改革最新成果体现在教材中，以学生就业所需的专业知识和操作技能为着眼点，在适度的基础知识与理论体系覆盖下，着重讲解应用型人才培养所需的知识点和关键点，突出实用性和可操作性。

六、强化案例式教学。在编写过程中，有机融入最新的实例资料以及操作性较强的案例素材，并对这些素材资料进行有效的案例分析，提高教材的可读性和实用性，为教师案例教学提供便利。

七、重视实践环节。编写中力求优化知识结构，丰富社会实践，强化能力培养，着力提高学生的学习能力、实践能力、创新能力，注重实践操作的训练，通过实际训练加深对理论知识的理解。在实用性和技巧性强的章节中，设计相关的实践操作案例和练习题。

在教材编写过程中，由于编写者的水平和知识局限，难免存在缺陷与不足，恳请各位读者给予批评斧正，以便教材编审委员会重新审定，再版时进一步提升教材的质量。本套教材以"应用型"定位为出发点，适用于高等院校土木建筑、工程管理等相关专业，高校独立学院、民办院校以及成人教育和网络教育均可使用，也可作为相关专业人士的参考资料。

高等学校土木建筑专业应用型
本科系列规划教材编审委员会

前　言

《结构力学》是高校土建类专业本科生的一门重要专业基础课,也是多数考研学生的必考课程。掌握结构力学的基本概念、基本原理和计算方法,对学习后续专业课及解决工程实际问题十分重要。但由于该课程具有概念性强、题型灵活等特点,相对于其他课程不易学深、学透,编写本书就是为了帮助学生能够学好结构力学,深入理解结构力学的重要概念、原理和基本方法,掌握课程内容之间的内在联系,提高分析和解决问题的能力,并力争在有限的时间内掌握结构力学的重点、难点内容,达到融会贯通、明确解题思路、提高复习效率的目的。

本书是针对东南大学出版社2011年8月出版的"高等学校土木建筑专业应用型本科系列规划教材"《结构力学》(赵才其、赵玲主编),与该教材书后各章习题配套的一本习题详解。全书共11章,即平面体系的几何构造分析、静定结构的内力分析、静定结构的位移计算、力法、位移法、渐近法、影响线及其应用、矩阵位移法、结构的动力分析、结构的稳定分析和结构的极限分析。

同时为帮助广大考研学生有针对性地系统复习《结构力学》课程,在每一章编写了重点难点分析及典型例题剖析,精选了部分高校的历年真题作为例题进行详解,指出并归纳总结注意事项。希望通过较标准的答题方式,帮助考生培养规范答题的良好习惯,避免考生因不规范答题导致不必要的失分。

本书由赵才其、袁良健和赵雅婷编写,赵才其负责全书的整理和统稿。在编写过程中,东南大学土木工程学院的研究生龚康明、徐晨、赵阳建和史典鹏等同学参与了部分习题的检查和校对工作,在此表示感谢!

由于编者水平有限,书中的错误和不妥之处在所难免,恳请广大读者批评指正。

编　者

2016年4月于东南大学

目 录

第 2 章 平面体系的几何构造分析习题解答 ·· 1
  一、本章要点 ··· 1
  二、重点难点分析 ··· 2
  习题 2-1 ·· 5
  习题 2-2 ·· 6
  习题 2-3 ·· 7
  习题 2-4 ·· 9
  习题 2-5 ··· 10

第 3 章 静定结构的内力分析习题解答 ·· 12
  一、本章要点 ··· 12
  二、重点难点分析 ··· 15
  习题 3-1 ·· 20
  习题 3-2 ·· 21
  习题 3-3 ·· 22
  习题 3-4 ·· 23
  习题 3-5 ·· 24
  习题 3-6 ·· 25
  习题 3-7 ·· 26
  习题 3-8 ·· 28
  习题 3-9 ·· 29
  习题 3-10 ·· 30
  习题 3-11 ·· 31
  习题 3-12 ·· 38

第 4 章 静定结构的位移计算习题解答 ·· 42
  一、本章要点 ··· 42
  二、重点难点分析 ··· 44
  习题 4-1 ·· 46
  习题 4-2 ·· 48
  习题 4-3 ·· 48
  习题 4-4 ·· 49
  习题 4-5 ·· 50
  习题 4-6 ·· 52
  习题 4-7 ·· 52

习题 4-8 ······ 53
习题 4-9 ······ 53
习题 4-10 ······ 54
习题 4-11 ······ 54
习题 4-12 ······ 55

第 5 章 力法习题解答 ······ 56
一、本章要点 ······ 56
二、重点难点分析 ······ 60
习题 5-1 ······ 64
习题 5-2 ······ 65
习题 5-3 ······ 66
习题 5-4 ······ 72
习题 5-5 ······ 74
习题 5-6 ······ 76
习题 5-7 ······ 79
习题 5-8 ······ 81
习题 5-9 ······ 82

第 6 章 位移法习题解答 ······ 84
一、本章要点 ······ 84
二、重点难点分析 ······ 86
习题 6-1 ······ 94
习题 6-2 ······ 95
习题 6-3 ······ 97
习题 6-4 ······ 100
习题 6-5 ······ 102
习题 6-6 ······ 103

第 7 章 渐近法习题解答 ······ 106
一、本章要点 ······ 106
二、重点难点分析 ······ 107
习题 7-1 ······ 110
习题 7-2 ······ 112
习题 7-3 ······ 113
习题 7-4 ······ 115
习题 7-5 ······ 116
习题 7-6 ······ 117
习题 7-7 ······ 119
习题 7-8 ······ 122

第 8 章 影响线及其应用习题解答 ······ 124
一、本章要点 ······ 124

二、重点难点分析 ··· 126
　　习题 8-1 ··· 127
　　习题 8-2 ··· 128
　　习题 8-3 ··· 129
　　习题 8-4 ··· 130
　　习题 8-5 ··· 131
　　习题 8-6 ··· 134
　　习题 8-7 ··· 134
　　习题 8-8 ··· 136
　　习题 8-9 ··· 137
　　习题 8-10 ·· 139
　　习题 8-11 ·· 139
　　习题 8-12 ·· 140
　　习题 8-13 ·· 143
　　习题 8-14 ·· 143
　　习题 8-15 ·· 144
　　习题 8-16 ·· 145
第 9 章　矩阵位移法习题解答 ·· 146
　一、本章要点 ··· 146
　二、重点难点分析 ··· 150
　　习题 9-1 ··· 153
　　习题 9-2 ··· 157
　　习题 9-3 ··· 159
　　习题 9-4 ··· 163
　　习题 9-5 ··· 164
　　习题 9-6 ··· 171
　　习题 9-7 ··· 178
第 10 章　结构动力学习题解答 ······································· 186
　一、本章要点 ··· 186
　二、重点难点分析 ··· 188
　　习题 10-1 ·· 195
　　习题 10-2 ·· 197
　　习题 10-3 ·· 198
　　习题 10-4 ·· 202
　　习题 10-5 ·· 204
　　习题 10-6 ·· 207
　　习题 10-7 ·· 207
　　习题 10-8 ·· 208
　　习题 10-9 ·· 210

习题 10-10 211
　　习题 10-11 217
　　习题 10-12 222
　　习题 10-13 223
　　习题 10-14 224
　　习题 10-15 225
第 11 章　结构的稳定分析习题解答 227
　　本章要点 227
　　习题 11-1 227
　　习题 11-2 228
　　习题 11-3 229
　　习题 11-4 230
　　习题 11-5 232
　　习题 11-6 234
　　习题 11-7 234
第 12 章　结构的极限分析习题解答 236
　　本章要点 236
　　习题 12-1 237
　　习题 12-2 238
　　习题 12-3 238
　　习题 12-4 239
　　习题 12-5 240
　　习题 12-6 241
　　习题 12-7 242
　　习题 12-8 243
　　习题 12-9 244
　　习题 12-10 245
参考书目 248

第 2 章　平面体系的几何构造分析
习题解答

一、本章要点

1. 几个重要概念

（1）刚片：平面体系中不变形的刚体。

（2）自由度：是指体系可能存在的运动方式的数目，即运动时的自由程度。也可以说是确定体系位置所需的独立坐标数。

（3）约束：可减少平面体系运动自由度的装置。

　　　　常见的约束装置有：链杆和铰。

① 链杆：是指仅在两端用铰与别的部件相连的刚性杆。

② 铰：

a. 按照连接刚片的数目，可分为单铰和复铰。

单铰：仅连接两个刚片的铰。平面内的一个单铰为两个约束，可减少两个自由度。

复铰：连接三个或三个以上刚片的铰。平面内一个连接 $n(n \geqslant 3)$ 个刚片的复铰相当于 $(n-1)$ 个单铰，可减少 $2(n-1)$ 个自由度。

b. 按照构成铰的不同方式，可分为实铰和虚铰。

实铰：由两根链杆直接交于一点形成的铰。如图 2-1(a) 中的铰 A。

虚铰：由两根链杆的延长线相交于一点而形成的铰。如图 2-1(b) 中的铰 B。

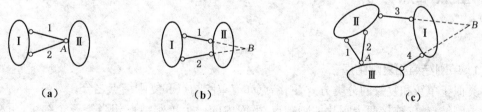

图 2-1

【注意】　在进行几何构造分析时，虚铰和实铰具有同等作用。由两根链杆相交形成的铰，要求这两根链杆连接的是同一组刚片，且每根链杆不能重复使用。如图 2-1(c) 所示，由链杆 1、2 相交形成铰 A，而链杆 3 和 4 相交形成的 B 并不是铰，因为链杆 3、4 分别连接两组不同的刚片。

(4) 计算自由度：

通用公式：$W = 3m - (2h + r)$

式中，m 为刚片数；h 为单铰数（复铰可换算成单铰）；r 为链杆数。

对于纯铰接杆系：$W = 2j - (b + r)$

式中，j 为铰结点数；b 为铰接杆件数；r 为支座链杆数。

平面体系的计算自由度分析结果，一般有以下三种情况：

① $W > 0$，表明体系缺少必要的约束装置，仍有运动的趋势，体系一定几何可变（常变）。

② $W = 0$，表明体系已具备必要的约束装置，但若体系布置不合理，有可能为几何可变。

③ $W < 0$，表明体系具有多余的约束装置，但若体系布置不合理，仍有可能为几何可变。

2. 平面体系的分类及其几何特征和静力特征

分类		几何特征	静力特征
体系	几何不变体系 { 无多余约束	仅由平衡条件可求出内力的唯一解答
	几何不变体系 { 有多余约束	不能仅由平衡条件求出内力的唯一解答
	几何可变体系 { 瞬变体系	内力无穷大或不确定
	几何可变体系 { 常变体系	不存在静力解答

3. 几何不变体系的判定规则

(1) 三刚片规则：三个刚片之间用三个不在同一条直线上的铰两两相连，构成无多余约束的几何不变体系。

(2) 二元体规则：所谓"二元体"是指两根不共线的链杆形成一个新结点的装置。在某个体系上增加或拆除若干对二元体，并不改变原体系的几何构造性质。

(3) 两刚片规则（两种表述）

① 两个刚片之间用一个铰和一根不通过该铰的链杆（含其延长线）相连，构成无多余约束的几何不变体系。

② 两个刚片之间通过三根既不互相平行，也不交于一点（含其延长线）的链杆相连，构成无多余约束的几何不变体系。

二、重点难点分析

1. 单刚结点和复刚结点

类似于单铰和复铰的分类方式，刚结点亦有单刚结点和复刚结点之分。

单刚结点：仅连接两个刚片的刚结点。平面内的一个单刚结点相当于三个约束，可减少三个自由度。

复刚结点：连接三个或三个以上刚片的刚结点。平面内一个连接 $n(n \geqslant 3)$ 个刚片的复刚结点，相当于 $(n-1)$ 个单刚结点，可减少 $3(n-1)$ 个自由度。

【例 2-1】 图 2-2 所示的体系中，刚结点 A 和 C 均为连接两个刚片的单刚结点，均减少三个自由度，而刚结点 B 为连接三个刚片的复刚结点，相当于两个单刚结点，故减少 $2 \times 3 =$

6个自由度。体系的计算自由度为：$W=3\times5-3\times4-2\times2-3=-4$。通过几何构造分析亦可知，该体系为具有四个多余约束的几何不变体系。

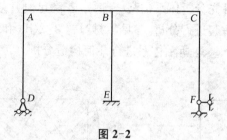

图 2-2

2. 等效链杆的形式

当两个铰之间以曲线或折线相连时，其连接功能与直线相连时完全等价，称为等效链杆。如图 2-3(a) 所示的曲杆和折杆，均可等效为图 2-3(b) 中虚线所示的等效链杆。注意：若整个上部体系与地基之间通过两个铰相连时，亦可将地基看成一根两铰之间的等效链杆。

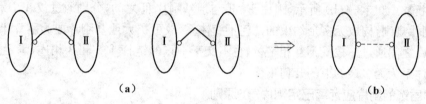

图 2-3

3. 无穷远铰的分析

无穷远铰理论可概括为：

(1) 同方向的平行链杆只形成一个无穷远铰，不同方向的平行链杆形成不同的无穷远铰。

(2) 所有的无穷远铰均在同一条无穷远线上。

(3) 任何有限远点均不在无穷远线上。

体系存在虚铰在无穷远处的情况讨论：

① 一个虚铰在无穷远处

a. 构成无穷远铰的一对平行链杆与另两铰的连线不平行，则为无多余约束的几何不变体系。

b. 构成无穷远铰的一对平行链杆与另两铰的连线平行但不等长，则为几何瞬变体系。

c. 构成无穷远铰的一对平行链杆与另两铰的连线平行且等长，则为几何常变体系。

② 两个虚铰在无穷远处

a. 构成两个无穷远铰的两对平行链杆互不平行，则为无多余约束的几何不变体系。

b. 构成两个无穷远铰的两对平行链杆互相平行但不等长，则为几何瞬变体系。

c. 构成两个无穷远铰的两对平行链杆互相平行且等长，则为几何常变体系。

③ 三个虚铰在无穷远处：**属于三铰共线的情况**

a. 构成三个无穷远铰的三对平行链杆至少有一对不等长，则为几何瞬变体系。

b. 构成三个无穷远铰的三对平行链杆各自等长且与相关刚片在同侧相连，则为几何常变体系。

c. 构成三个无穷远铰的三对平行链杆各自等长，但至少有一对与相关刚片在异侧相连,则为几何瞬变体系。

4. 依次分析原则

当体系较为复杂时,可先分析体系的某些部分,若满足刚片规则,则可将其合并视为一个大刚片,再与其他部分一起进行分析。参见教材习题 2-2(d) 和 2-3(c)。

【**例 2-2**】 试对图 2-4(a) 所示体系进行几何构造分析。(河海大学 2012)

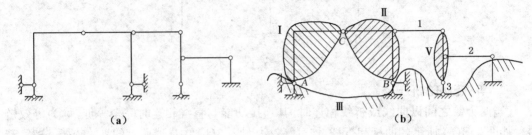

图 2-4

【**分析**】 如图 2-4(b) 所示,刚片 Ⅰ、Ⅱ 与地基刚片 Ⅲ 之间,分别通过铰 A、B 和 C 相连,满足三刚片规则,构成无多余约束的几何不变体系,故可扩大地基刚片成为刚片 Ⅳ,该刚片与刚片 Ⅴ 之间通过三根既不互相平行,也不交于一点的链杆 1、2 和 3 相连,满足两刚片规则,故原体系为无多余约束的几何不变体系。

5. "后选的刚片应远离已定刚片" 的原则

如教材 P16 例题 2-5 所示的体系,若将两个铰接三角形均作为刚片时,刚片之间的链杆就会出现"间接联系",此时的刚片规则便会失效。为避免发生该现象,必须更换其中的一个三角形刚片。此时选取新刚片的原则为"后选的刚片应远离已定的刚片",这样可避免因刚片过于集中在某些区域,链杆集中的部位出现间接联系的现象。

图 2-5 中的四个体系均有类似情况。

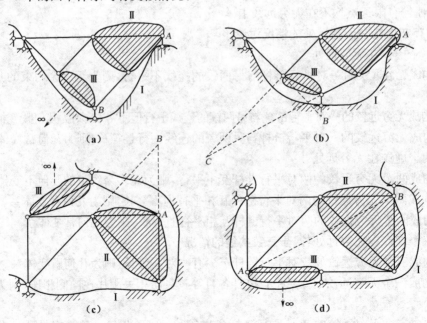

图 2-5

【分析】 图 2-5(a)～(d)所示的四个体系分别为几何瞬变体系、无多余约束的几何不变体系、几何瞬变体系(平行链杆与 A、B 铰的连线平行但不等长)和无多余约束的几何不变体系(平行链杆与 A、B 铰的连线不平行)。

习题 2-1

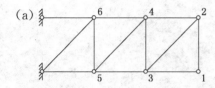
(a)

【解】 方法一(拆二元体):从右端的结点 1 开始,按 $1 \to 6$ 的顺序依次拆除六对二元体后,剩下的地基刚片为无多余约束的几何不变体系。

方法二(加二元体):即从地基刚片上从结点 6 开始,按 $6 \to 1$ 的顺序依次增加六对二元体后,仍为无多余约束的几何不变体系。

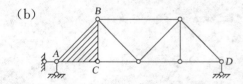
(b)

【解】 从铰接三角形 ABC 刚片出发,向右依次增加四对二元体后形成扩大的刚片,与地基刚片之间由铰 A 和竖向链杆 D 相连,满足两刚片规则,故原体系为无多余约束的几何不变体系。

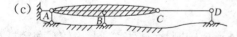
(c)

【解】 杆件 CD 与竖向链杆 D 可视为一对二元体,拆除后的 AC 杆与地基刚片之间,由铰 A 和竖向链杆 B 相连,满足两刚片规则,故原体系为无多余约束的几何不变体系。

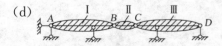
(d)

【解】 杆件 AB 与地基刚片之间,满足两刚片规则,形成刚片 Ⅰ,它与 BC 杆(刚片 Ⅱ)和 CD 杆(刚片 Ⅲ)之间,分别由两个实铰 B、C 和一个无穷远铰(一对竖向链杆)两两相连,满足三刚片规则,故原体系为无多余约束的几何不变体系。

(e)

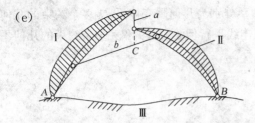

【解】 两曲杆刚片Ⅰ、Ⅱ与地基刚片Ⅲ之间,通过两个实铰 A、B 和由链杆 a、b 形成的一个虚铰 C 相连,满足三刚片规则,故该体系为无多余约束的几何不变体系。

(f)

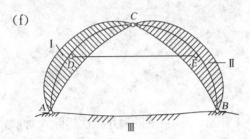

【解】 两曲杆刚片Ⅰ、Ⅱ与地基刚片Ⅲ之间,由 A、B、C 三个实铰两两相连,满足三刚片规则,且多余一根链杆 DE,故该体系为有一个多余约束的几何不变体系。

习题 2-2

(a)

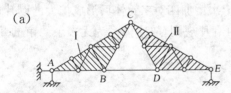

【解】 由铰接三角形通过增加若干对二元体形成的刚片Ⅰ、Ⅱ之间,由铰 C 和链杆 BD 相连,满足两刚片规则形成一个大刚片,它与地基刚片之间又由铰 A 和竖向链杆 E 相连,也满足两刚片规则,故原体系为无多余约束的几何不变体系。

(b)

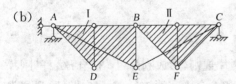

【解】 三角形刚片 ABD 增加一对二元体(AE、BE)后的刚片Ⅰ与三角形刚片Ⅱ(BCF)之间,通过铰 B 和链杆 EC 相连,形成几何不变体系,而该体系与地基刚片之间又满足两刚片规则,故原体系为无多余约束的几何不变体系。

(c)

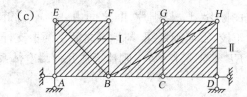

【解】 铰接三角形 ABE 和 BCG,分别增加一对和两对二元体后形成刚片 Ⅰ、Ⅱ,与地基刚片之间通过三个共线的铰 A、B、D 相连,构成几何瞬变体系。

(d)

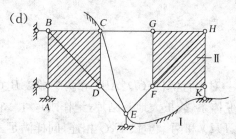

【解】 正方形刚片 $ABCD$ 与地基之间由铰 A 和支杆 B 相连形成几何不变体系,再增加一对二元体(DE 和竖向链杆 E)后记作刚片 Ⅰ,它与正方形刚片 Ⅱ($FGHK$)之间,由三根交于 H 点的链杆(CG、EF 和支杆 K)相连,构成几何瞬变体系。

习题 2-3

(a)

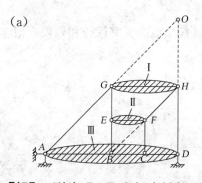

【解】 刚片 Ⅰ、Ⅱ 之间由链杆 GE 和 FH 相连交于虚铰 B;刚片 Ⅰ、Ⅲ 之间由链杆 AG 和 DH 相连交于虚铰 O;刚片 Ⅱ、Ⅲ 之间由一对平行链杆交于无穷远处,由于两个虚铰 B、O 的连线不平行于平行链杆,因此三刚片形成几何不变体系,且与地基之间也满足两刚片规则,故原体系为无多余约束的几何不变体系。

(b)

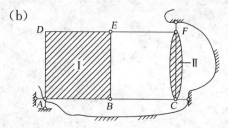

【解】 折杆 ADE 增加一对二元体后形成的刚片Ⅰ，与刚片Ⅱ之间由一对平行链杆 (BC、EF) 交于无穷远铰，与地基刚片之间则交于铰 A。而刚片Ⅱ与地基之间由两根支杆交于 C 点，且由于 A、C 的连线平行于链杆 BC 和 EF 但不等长，故三刚片形成几何瞬变体系。

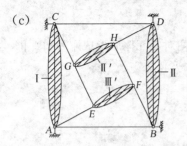

【解】 刚片Ⅰ、Ⅱ与地基刚片之间分别由一对平行链杆(CD、AB) 和两个虚铰 B、C 相连，满足三刚片规则，构成无多余约束的几何不变体系，故扩大地基刚片，记作刚片Ⅰ′。它与刚片Ⅱ′、Ⅲ′之间，也分别由一对平行链杆(EG、FH) 和两个虚铰 F、G 相连，同样满足三刚片规则，故原体系为无多余约束的几何不变体系。

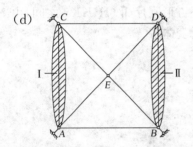

【解】 刚片Ⅰ、Ⅱ与地基刚片之间，由一对平行链杆形成的无穷远铰和虚铰 E 相连，属三铰共线情形，故该体系为几何瞬变体系。

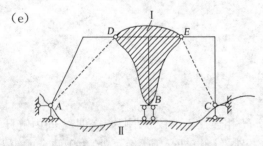

【解】 刚片Ⅰ与地基刚片Ⅱ之间，通过两根等效链杆(AD、CE) 和一对平行链杆(支座 B) 相连，故该体系为有一个多余约束的几何不变体系。

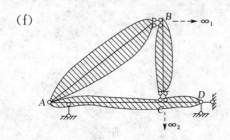

【解】 将杆件 AB、BC 和 AD 分别视为三个刚片,它们之间由一个实铰 A 和两个无穷远铰相连,且三铰不共线,形成一个大刚片,它与地基刚片之间又满足两刚片规则,故整个体系为无多余约束的几何不变体系。

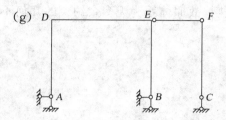
(g)

【解】 折杆刚片 $ADEB$ 与地基刚片之间,由两个铰 A、B 相连,形成具有一个多余约束的几何不变体系,而该刚片与 CF 杆所在的刚片之间仅有链杆 EF 和支杆 C 相连,缺少必要约束,故该体系为可变体系(常变)。

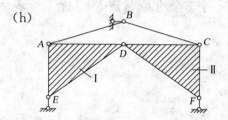
(h)

【解】 由于上部体系与地基之间由三根既不相互平行也不交于一点的链杆相连,故可抛开地基分析。拆去二元体(AB、BC)后,两个三角形刚片之间仅有一个 D 铰相连,缺少必要约束,故该体系为几何可变体系(常变)。

习题 2-4

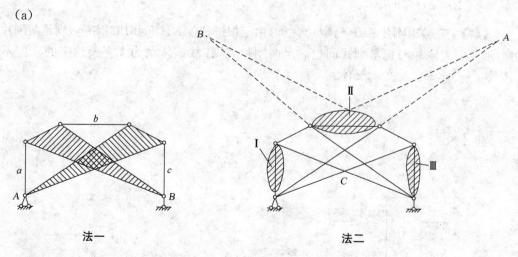
(a)   法一   法二

【解】 法一:两个铰接三角形刚片之间由 a、b、c 三根链杆相连,满足两刚片规则形成一

9

个大刚片,且与地基刚片之间由铰 A 和 B 处的支杆相连,也满足两刚片规则,故该体系为无多余约束的几何不变体系。

法二:刚片Ⅰ、Ⅱ和Ⅲ之间分别通过铰 A、B 和 C 相连,且三铰不共线,满足三刚片规则形成一个大刚片,它与地基之间又满足两刚片规则,故原体系为无多余约束的几何不变体系。

(b)
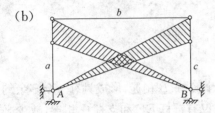

【解】 两个铰接三角形刚片之间由 a、b、c 三根链杆相连,满足两刚片规则形成一个大刚片,它与地基刚片之间由 A、B 两个铰相连,具有一个多余约束,故该体系为有一个多余约束的几何不变体系。

(c)
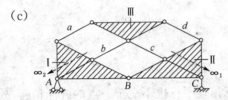

【解】 刚片Ⅰ、Ⅱ、Ⅲ之间分别由两对平行链杆形成的两个无穷远铰和一个实铰 B 相连,满足三刚片规则,形成的大刚片与地基刚片之间又满足两刚片规则,故该体系为无多余约束的几何不变体系。

(d)
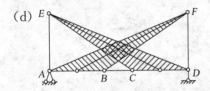

【解】 三角形刚片 ABF 与 CDE 之间,由三根链杆(AE、DF 和 BC)相连,满足两刚片规则,形成的大刚片与地基刚片间也满足两刚片规则,故该体系为无多余约束的几何不变体系。

习题 2-5

(a)
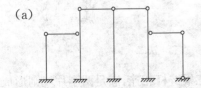

【解】 将五根立柱视为刚片,则 $m=5$,支杆数为 $4\times3+2=14$,刚片之间有四根水平链杆,故 $r=14+4=18$,而 $h=0$, $w=3m-(2h+r)=3\times5-(0+18)=-3$。

(b)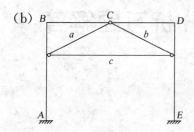

【解】 法一:将折杆 ABC 和 CDE 视为刚片,则 $m=2$,铰结点 $h=1$,刚片之间有三根链杆(a、b、c),支杆六根,即 $r=3+6=9$,故 $w=3m-(2h+r)=3\times2-(2\times1+9)=-5$。

法二:将 AB、BC、CD 和 DE 视为刚片,即 $m=4$,刚结点 $d=2$(结点 B、D),铰结点 $h=1$, $r=9$,故 $w=3m-(3d+2h+r)=3\times4-(3\times2+2\times1+9)=-5$。

(c)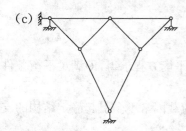

【解】 该体系为纯铰接杆系,铰结点数 $j=6$,链杆 $b=8$,支杆 $r=4$,故 $w=2j-(b+r)=2\times6-(8+4)=0$。

第3章 静定结构的内力分析习题解答

一、本章要点

1. 静定结构的几何特征和受力特性

几何特征:静定结构是指无多余约束的几何不变体系。

受力特性:

(1) 在任意荷载作用下,所有的反力和内力均可通过平衡方程求得,即满足平衡条件解答的唯一性,这是静定结构**最基本**的静力特性。

(2) 温度变化、支座变位、材料收缩和制造误差等非荷载因素不会引起静定结构的支座反力和内力。

2. 静定结构内力分析的关键

(1) 选择合适的隔离体作为研究对象。

(2) 建立既简单又恰当的平衡条件,使得计算过程最为简捷。

3. 内力图的基本特征及符号规定

(1) 内力图的基本特征:(以梁为例) 见表3-1。

梁上	无外力	均布荷载	集中荷载	集中力偶	铰处
弯矩	直线型	抛物线型	有极值	有转折	有极值	有突变	零
剪力	水平线	斜直线	为零处	有突变	突变处	无变化	无变化

表3-1 内力图的基本特征

(2) 内力图的符号规定:

轴力:以受拉为正(拱除外),即 F_N 的方向以背离截面为正,指向截面为负。

剪力:正剪力使相邻侧的隔离体顺时针转动。

弯矩:弯矩一般不分正、负(第6章位移法除外),仅将弯矩图画在杆件的受拉一侧。

4. 静定梁和刚架的内力分析

(1) 杆件内力与荷载间的微分关系

对于直线型弯矩图,通过求某杆段的几何斜率即可得该段的剪力值,剪力的符号与弯矩图的倾斜方向有关。

对梁段(图3-1(a)),若杆件的弯矩图从左至右往下倾斜,则为正斜率,相应的剪力为正值;反之,上倾时为负斜率,对应于负剪力。

对刚架中的柱段(图 3-1(b)),若杆段的弯矩图自下而上向右倾斜或自上而下向左倾斜,则相应的坐标系中为正斜率,对应于正剪力。

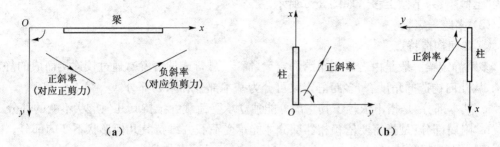

图 3-1

(2) 单跨静定梁的区段叠加法

① 弯矩图的叠加

弯矩图的区段叠加过程概括为如下三个步骤:

第一步:"竖"——将简支梁两端的外力偶对应的支座截面的弯矩纵标"竖"好;

第二步:"联"——将上述两纵标联以虚线,作为叠加的新基线;

第三步:"叠"——将简支梁在跨间横向荷载作用下的弯矩图"粘贴"到新基线上,则两图形重叠部分抵消后与杆轴围成的图形即为叠加后的总弯矩图。

【注意】 两个弯矩图的叠加过程并非两者简单的拼合,而是两图对应截面的弯矩纵标的叠加。被叠加上去的简支梁的弯矩纵标仍应垂直于杆轴(而不是垂直于新基线),故叠加后的弯矩图的几何形状将与叠加前有所改变(形状相似)。

② 剪力图的叠加

图 3-2(a)为从某结构中取出的杆段 AB 的等代梁,它可分解为图 3-2(b)、(c) 两种情况。均布荷载作用下简支梁的剪力图为斜直线。而图 3-2(c) 所示的情况,其剪力图为水平线,其值等于两端弯矩的代数和除以杆长。因此,剪力图的叠加即为将均布荷载作用下的剪力图向上或向下平移一常量,该常量记为 F_S^M。根据杆端弯矩的合力矩方向以及弯矩图的倾斜方向,

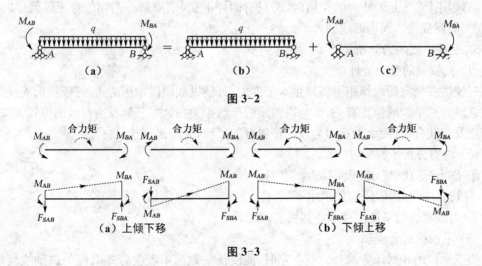

图 3-2

图 3-3

可归纳出剪力图平移的方向,即当合力矩为顺时针时,弯矩图向上倾斜,产生负剪力,叠加时向下平移 F_S^M;当合力矩为逆时针时,弯矩图向下倾斜,产生正剪力,叠加时向上平移 F_S^M。简称为"**上倾下移,下倾上移**",如图 3-3 所示。

(3) 多跨静定梁

① 几何构造特点

多跨静定梁一般是由若干根单跨静定梁(简支、悬臂或伸臂梁),通过铰连接而成的静定结构。从几何构造的角度看,多跨静定梁可分为基本部分和附属部分。

a. 基本部分:是指不依赖于其它部分能独立承受荷载并维持其几何形状不变的部分。

b. 附属部分:是指需要依赖相邻部分才能承受荷载并维持其几何形状不变的部分。

② 内力分析方法

作用在附属部分上的荷载,除了在附属部分中引起内力外,还将通过铰中的反力传递给相邻的基本部分。而作用在基本部分上的荷载,仅在基本部分中产生内力,对附属部分无影响。因此,分析的次序为"**先附属部分,后基本部分**"。

(4) 静定平面刚架

静定平面刚架的内力分析方法原则上与静定梁相同,通常可先由刚架的整体或局部平衡条件,求出支座反力,再用截面法计算主要控制截面(一般指结构的转折点、荷载作用点以及支座边缘截面等)的内力,进而分段运用区段叠加法作出杆件的弯矩图。再根据微分关系和剪力图叠加的方法求得杆端剪力,作出剪力图。最后截取刚架中的相关结点为隔离体,运用投影平衡方程由杆端剪力求杆端轴力。

【注意】

(1) 刚架的弯矩图一律画在杆件的受拉侧,不标正负号。剪力图可画在杆件的任一侧,但需标注正负号,其正负号规定同梁。

(2) 刚架中的支座反力按其作用方向通常分为两类:一类是与所在杆件正交或斜交的必要反力,它将引起所在杆件的截面弯矩;另一类是沿杆轴方向作用的非必要反力,它不会引起所在杆件的弯矩,仅对其他杆件的弯矩有影响。因此,必要反力是必须要求的,非必要反力可以不求,从而减少计算工作量。

(3) 当刚结点上无外力偶作用时,若只有两杆汇交,则刚结点两侧的弯矩等值反向(即所谓的"**同侧受拉**",同内侧或同外侧)。

5. 三铰拱的内力分析

(1) 三铰拱的受力特性

三铰拱在竖向荷载作用下将产生水平推力,致使拱截面以承压为主。三铰拱的支反力只与荷载以及三个铰的位置有关,而与拱轴线的形状无关。其中,竖向反力与铰的位置无关,仅与跨度及荷载有关;而水平反力与铰的位置有关,且与矢高成反比。

(2) 内力分析步骤

① 作出"等代梁",求竖向反力。

② 切开中间铰,取隔离体求水平反力。

③ 由截面法列平衡方程求各截面的内力。

(3) 三铰拱的合理轴线

当三个铰的相对位置及外荷载一定时,能使任一截面不产生弯矩对应的拱轴线就称为该荷载作用下的合理拱轴。

6. 平面桁架的内力分析

（1）内力分析方法及要点

① 结点法

结点法以截取桁架中的某个结点为隔离体作为研究对象，利用投影平衡方程求解未知杆件的内力。为避免解联立方程，宜优先从未知力不超过两个的结点开始，依次求解。同时应选择合适的投影轴，减少方程中未知力的个数。

② 截面法

截面法是通过适当的截面，截取桁架中的某一部分为隔离体（至少两个结点或一根完整的杆件）作为研究对象，通过三个平衡方程求解未知杆件的内力。

③ 结点法与截面法的联合运用

对于复杂的平面桁架，必须联合运用结点法和截面法才可获得求解。

（2）"零杆"的判别

在平面桁架的内力分析前，应该进行"零杆"的判别，这样可减少非零内力杆的数量，简化求解过程，详见教材 P49。

7. 组合结构的内力分析

在进行组合结构的内力分析时，应区分杆件的类别，即以受弯为主的梁式杆件和以只承受轴力的桁架杆（或称为二力杆、铰接杆）。通常先设法求出铰接杆的轴力，并反向以新的荷载作用到受弯杆件上，再求受弯杆件的内力（参见教材习题 3-12(c)）。

二、重点难点分析

1. 正确理解并灵活运用微分关系

微分关系在内力分析时具有重要作用，正确地理解并运用微分关系，尤其是弯矩与剪力之间的微分关系 $\dfrac{\mathrm{d}M}{\mathrm{d}x} = F_S$（即弯矩图上某一点处切线的斜率，等于该处的剪力值），可以帮助我们由弯矩图快速作出剪力图。

2. 定向滑动连接结点的理解与运用

结构中定向滑动连接的受力特点是**只能承受和传递一个方向的集中荷载和弯矩**，根据该特点，在作弯矩图时应注意其两侧杆件的弯矩特征，在传递弯矩方面与一般的刚性连接相同。

【例 3-1】 试不求反力快速画出图 3-4 所示结构的弯矩图。（武汉大学 2010）

【解】（1）本例属联合刚架，先分析右边的附属部分 FGH，由于结点 F 为定向滑动连接，且该部分无竖向荷载作用，由 $\sum F_y = 0$ 可知：$F_{Gy} = 0$，因此 DFG 段无剪力，故 DFG 段弯矩图为水平线。

（2）再分析中间的附属部分，由刚结点 D 的力矩平衡可求得 $M_{DB} = 2Pa$，而 $M_{BD} = 0$，BD 段上无外荷载作用，因此其弯矩图为直线型。

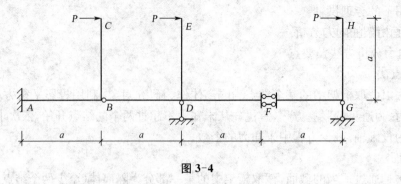

图 3-4

(3) 最后分析左边的基本部分,由结点 B 的力矩平衡知 $M_{BA} = M_{BC} = Pa$。由于 AB 段与 BD 段梁的剪力相等(均等于支座 D 的竖向反力),故由 $F_S = \dfrac{dM}{dx}$ 可知这两段梁的弯矩图斜率相同(即平行),便可得 $M_{AB} = Pa$(下侧受拉)。最终弯矩图如图 3-5。

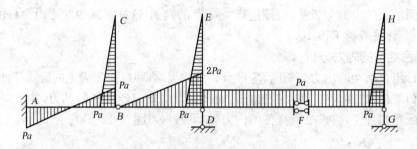

图 3-5 刚架的弯矩图

【例 3-2】 试作图 3-6 所示结构的弯矩图。

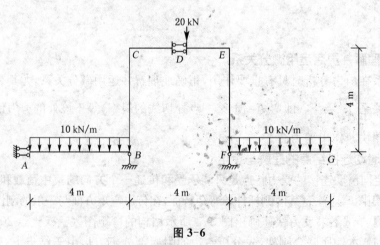

图 3-6

【解】 本例也是联合刚架,左半部分为基本部分,右半部分为附属部分。**结点 D 为定向滑动连接结点,不能传递竖向剪力,为求解本题的突破口**。先切开结点 D,取 $DEFG$ 部分为隔离体,由 $\sum F_y = 0$ 得:$F_{Fy} = 60$ kN(↑);对整体由 $\sum F_y = 0$ 得:$F_{By} = 40$ kN(↑);最后利用微分关系和内力图的基本特征,可作出结构的弯矩图,如图 3-7。

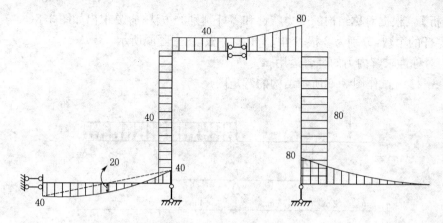

图 3-7　弯矩图（kN·m）

3. 几何构造分析在桁架内力分析中的运用

在利用截面法求桁架的内力时，欲快速求得内力，应尽量不解或少解联立方程，较理想的方法是每建立一个方程，只引入一个未知力。此时可采用几何构造分析中的刚片规则选取隔离体，去除约束的过程就是选取隔离体的过程，与几何构造分析中加约束的过程相反，即"**先搭的后拆，后搭的先拆**"（参见教材习题 3-11(e)、(f)）。

4. 对称性在内力分析中的作用

所谓对称结构，是指结构的几何形状、支承条件和截面的基本特征，沿对称轴两侧完全相同。根据该特点，可得到以下结论（通用于静定和超静定结构）：

① 对称结构在正对称荷载作用下，位于对称轴两侧杆件的内力、反力、变形均为正对称，反对称的内力、反力、变形均为零。

② 对称结构在反对称荷载作用下，位于对称轴两侧杆件的内力、反力、变形均为反对称，正对称的内力、反力、变形均为零。

③ 对称结构在不对称荷载作用下，可将荷载分解成一组正对称和另一组反对称荷载进行分析，最后将其叠加可得最终内力图。

【**注意**】　对称结构在支座变位和温度作用下亦可利用结构的对称性进行简化分析。

（1）利用对称性判断桁架中的零杆

【**例 3-3**】　请指出图 3-8(a)～(d)所示结构中零杆的位置。

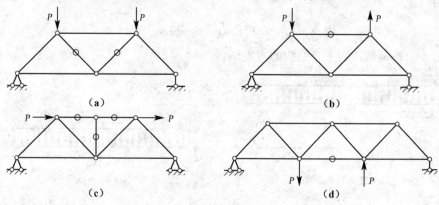

图 3-8

【分析】 根据对称结构的受力特性和零杆判别的方法,容易求出如图3-8(a)~(d)所示结构零杆的个数,分别为2根、1根、3根和1根,图中画圈所示。

(2) 对称性求解内力的综合运用

【例3-4】 试作图3-9所示结构的弯矩图。

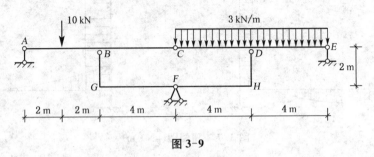

图 3-9

【解】 本例为对称结构承受非对称荷载作用的情况,可将其分解成一组正对称和另一组反对称两种情况,分别如图3-10(a)、(b)。

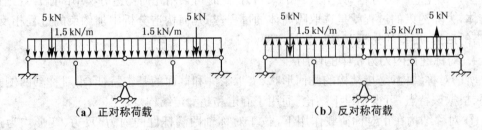

（a）正对称荷载　　　　（b）反对称荷载

图 3-10

(1) 正对称荷载下取半结构分析

取图3-11(a)所示的半结构。切开铰B,并截取ABC部分为隔离体,如图3-11(b)。

先对ABC隔离体：

$$由 \sum M_A = 0 \text{ 可得}: F_{By} = 14.5 \text{ kN}(\uparrow)$$

$$由 \sum F_y = 0 \text{ 可得}: F_{Ay} = 2.5 \text{ kN}(\uparrow)$$

再对整体：

$$由 \sum F_y = 0 \text{ 可得}: F_{Fy} = 14.5 \text{ kN}(\uparrow)$$

作出正对称荷载作用下半结构的弯矩图,如图3-12所示。

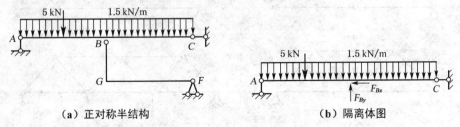

（a）正对称半结构　　　　（b）隔离体图

图 3-11

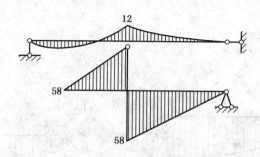

图 3-12 正对称半结构的弯矩图(kN·m)

(2) 反对称荷载下取半结构分析

取图 3-13(a) 所示的半结构：

先对整体：　　由 $\sum F_x = 0$ 可得：$F_{Fx} = 0$

由 $\sum M_F = 0$ 可得：$F_{Ay} = 2.25\ \text{kN}(\downarrow)$

再对 BGF 隔离体：由 $\sum M_B = 0$ 可得：$F_{Fy} = 0$

最后对整体：　　由 $\sum F_y = 0$ 可得：$F_{Cy} = 4.75\ \text{kN}(\downarrow)$

作出反对称荷载作用下半结构的弯矩图，如图 3-13(b)。

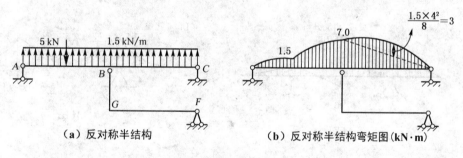

（a）反对称半结构　　　　　　　　　（b）反对称半结构弯矩图(kN·m)

图 3-13

将正对称荷载下的弯矩图与反对称荷载下的弯矩图叠加，作最终弯矩图，如图3-14。

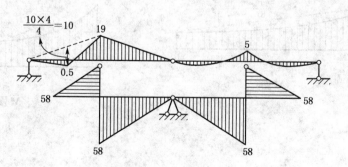

图 3-14　最终弯矩图(kN·m)

习题 3-1

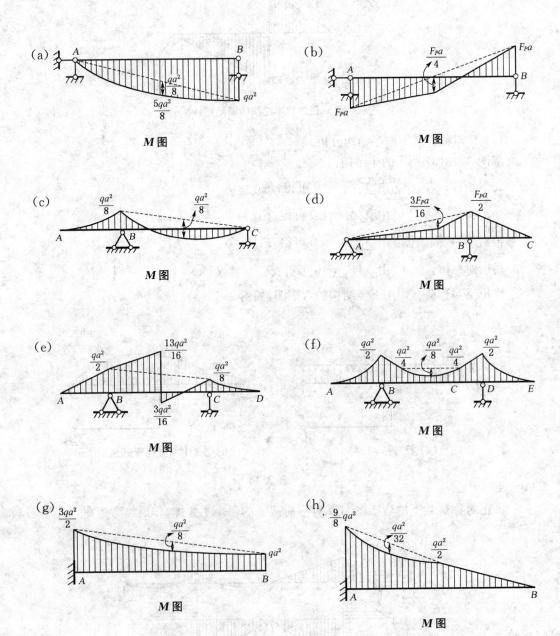

习题 3-2

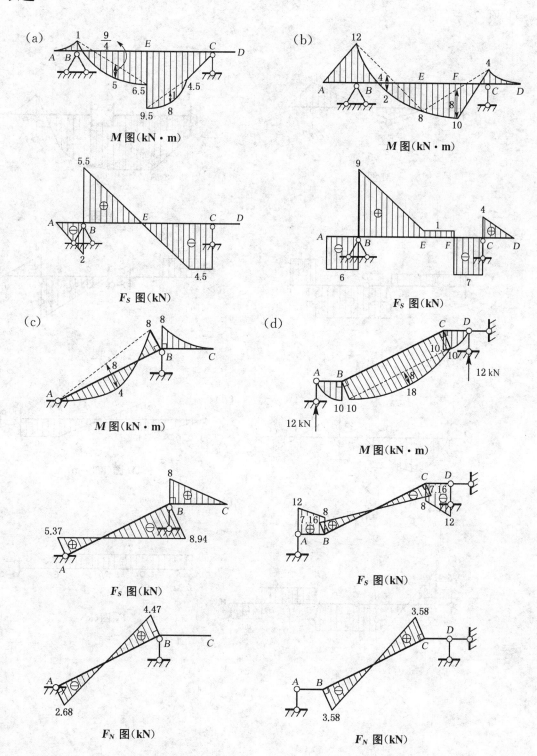

习题 3-3

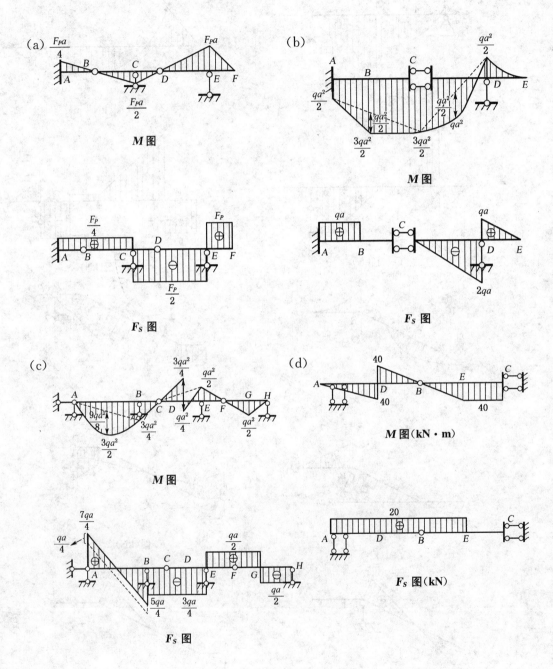

习题 3-4

(a)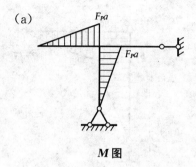

M 图

(b)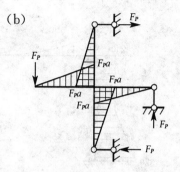

M 图

(c)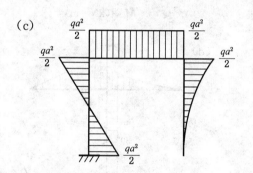

M 图

(d)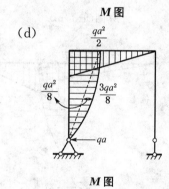

M 图

(e)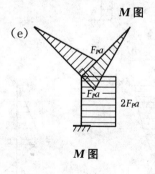

M 图

(f)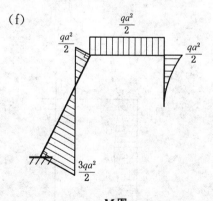

M 图

(g)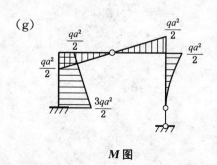

M 图

(h)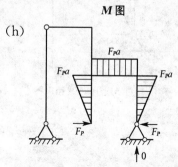

习题 3-5

(a)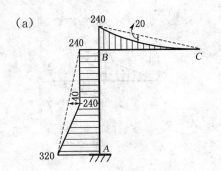
M 图(kN·m)

(b)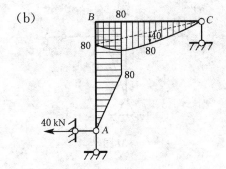
M 图(kN·m)

(c)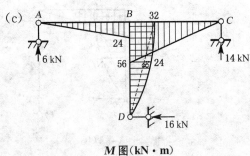
M 图(kN·m)

(d)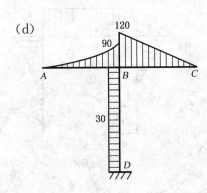
M 图(kN·m)

(e)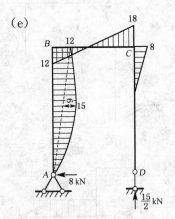
M 图(kN·m)

(f)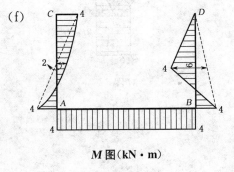
M 图(kN·m)

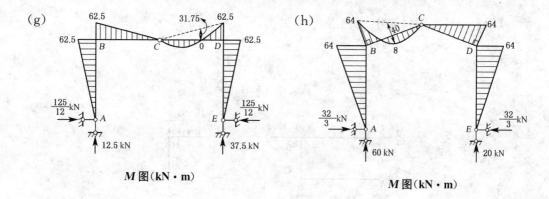

习题 3-6

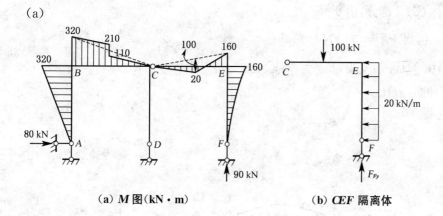

(a) M 图(kN·m)　　　　(b) CEF 隔离体

【解】　对整体，由 $\sum F_x = 0$ 得 $F_{Ax} = 80$ kN。

对 CEF 隔离体，见图(b)。

由 $\sum M_C = 0$，得：

$$4 \times F_{Fy} - 100 \times 2 - \frac{1}{2} \times 20 \times 4^2 = 0$$

$$\Rightarrow F_{Fy} = 90 \text{ kN}(\uparrow)$$

作 M 图(见图(a))。

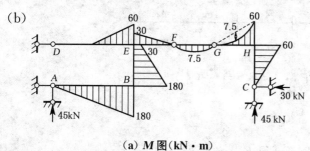

(a) M 图(kN·m)

【解】 FG 为附属部分，作出层叠图，见图(b)。

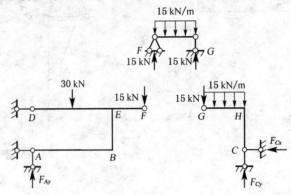

(b) 层叠图

① FG 为附属部分，先进行分析，会对基本部分产生竖向集中力：$F = 15$ kN

② 对隔离体 GHC 部分，由 $\sum F_y = 0$ 得：$F_{Cy} = 45$ kN

由 $\sum M_G = 0$，得 $F_{Cx} = 30$ kN

③ 对整体，由 $\sum F_y = 0$ 得：$F_{Ay} = 45$ kN

作弯矩图（如图(a)）。

习题 3-7

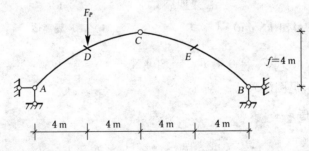

【解】 作"等代梁"，如下图。

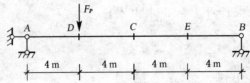

(1) 求支座反力

由 $\sum M_A = 0$ 得：$F_{By} \cdot 16 = F_P \cdot 4 \Rightarrow F_{By} = \dfrac{F_P}{4}(\uparrow)$

由 $\sum F_y = 0$ 得：$F_{Ay} = \dfrac{3F_P}{4}(\uparrow)$

取 CB 部分为隔离体：由 $\sum M_C = 0$ 得 $F_{Bx} = \dfrac{F_P}{2}(\leftarrow)$

再由整体：$\sum F_x = 0$ 得：$F_{Ax} = \dfrac{F_P}{2}(\rightarrow)$

(2) 求截面 E 的内力

① 求 M_E

对"等代梁"：
$$M_E^0 = 4 \times F_{By} = F_P (顺时针)$$

$$y_E = \dfrac{4 \times 4}{16^2} \times 12 \times (16-12) = 3 \text{ m}$$

所以 $M_E = M_E^0 - F_H \cdot y_E = F_P - 3 \times \dfrac{F_P}{2} = -\dfrac{F_P}{2}$（上侧受拉）

② 求 F_{SE}

$$\tan \varphi_E = \dfrac{dy}{dx}\bigg|_{x=12} = \dfrac{4f}{l^2}(l-2x)\big|_{x=12} = -\dfrac{1}{2}$$

因右半拱 $\varphi < 0$，故：$\sin \varphi_E = -\dfrac{1}{\sqrt{5}}$，$\cos \varphi_E = \dfrac{2}{\sqrt{5}}$

由"等代梁"：$F_{SE}^0 = \dfrac{F_P}{4}$，$F_H = \dfrac{F_P}{2}$

$$F_{SE} = F_{SE}^0 \cdot \cos \varphi_E + F_H \cdot \sin \varphi_E = \dfrac{F_P}{4} \times \dfrac{2}{\sqrt{5}} - \dfrac{F_P}{2} \times \dfrac{1}{\sqrt{5}} = 0$$

③ 求 F_{NE}

$$F_{NE} = -F_H \cdot \cos \varphi_E + F_{SE}^0 \cdot \sin \varphi_E = -\dfrac{\sqrt{5}F_P}{4}(压)$$

(3) ① 求 D 左截面内力

$\tan \varphi_D = \dfrac{dy}{dx}\bigg|_{x=4} = \dfrac{1}{2}$，由左半拱 $\varphi > 0$ 得：$\sin \varphi_D = \dfrac{1}{\sqrt{5}}$，$\cos \varphi_D = \dfrac{2}{\sqrt{5}}$

$M_D^0 = 4 \times \dfrac{3F_P}{4} = 3F_P$，$y_D = \dfrac{4 \times 4}{16^2} \times 4 \times (16-4) = 3 \text{ m}$

$M_{D左} = M_D^0 - F_H \cdot y_D = \dfrac{3F_P}{2}$（下侧受拉）

$F_{SD左}^0 = \dfrac{3F_P}{4}$，$F_{SD左} = F_{SD左}^0 \cdot \cos \varphi_D - F_H \cdot \sin \varphi_D = \dfrac{3F_P}{4} \times \dfrac{2}{\sqrt{5}} - \dfrac{1}{\sqrt{5}} \times \dfrac{F_P}{2} = \dfrac{\sqrt{5}F_P}{5}$

$F_{ND左} = -F_{SD左}^0 \cdot \sin \varphi_D - F_H \cdot \cos \varphi_D = -\dfrac{7\sqrt{5}F_P}{20}$（压）

② 求 D 右截面内力

$M_{D右} = M_{D左} = \dfrac{3F_P}{2}$（下侧受拉）

$F_{SD右}^0 = \dfrac{3F_P}{4} - F_P = -\dfrac{F_P}{4}$

$F_{SD右} = F_H \cdot \sin \varphi_D - F_{SD右}^0 \cdot \cos \varphi_D = \dfrac{\sqrt{5}F_P}{5}$

$$F_{ND右} = -F_H \cdot \cos\varphi_D - F^0_{SD右} \cdot \sin\varphi_D = -\frac{3\sqrt{5}F_P}{20}(压)$$

习题 3-8

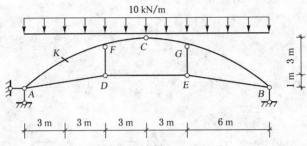

【解】 对整体:由 $\sum M_A = 0$ 得: $F_{By} = 90 \text{ kN}(\uparrow)$

由 $\sum F_x = 0$ 得: $F_{Ax} = 0$

由 $\sum F_y = 0$ 得: $F_{Ay} = 90 \text{ kN}(\uparrow)$

① 求链杆轴力

截取左半结构为隔离体:

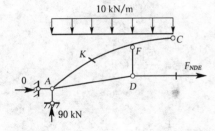

由 $\sum M_C = 0$ 得:

$$90 \times 9 - \frac{10 \times 9^2}{2} - F_{NDE} \times 3 = 0$$

$$\Rightarrow F_{NDE} = 135 \text{ kN}(拉)$$

对结点 D:

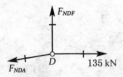

由 $\sum F_x = 0$ 得:

$$F_{NDA} = 136.86 \text{ kN}$$

由 $\sum F_y = 0$ 得:

$$F_{NDF} = 22.5 \text{ kN}$$

由对称性:

$F_{NEB} = F_{NDA} = 136.86 \text{ kN}$

$F_{NGE} = F_{NDF} = 22.5 \text{ kN}$

② 求截面 K 的内力

截取隔离体如下图:

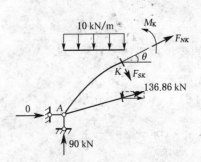

$$y_K = \frac{4 \times 4}{18^2} \times 3 \times (18-3) = \frac{20}{9} \text{ m}$$

$y'_K = \tan\theta = \frac{16}{27}$，右半拱 $\theta > 0$，故可得：$\cos\theta = 0.86$，$\sin\theta = 0.51$

$$M_K = 90 \times 3 - \frac{10 \times 3^2}{2} - 135 \times \left(\frac{20}{9} - 0.5\right) = -7.5 \text{ kN·m}（上侧受拉）$$

由 $\sum F_x = 0$ 和 $\sum F_y = 0$ 得：

$$\begin{cases} F_{NK} \cdot \cos\theta + 135 + F_{SK} \cdot \sin\theta = 0 \\ F_{NK} \cdot \sin\theta + 90 + 22.5 - F_{SK} \cdot \cos\theta - 30 = 0 \end{cases}$$

$$\Rightarrow \begin{cases} F_{NK} = -158.2 \text{ kN} \\ F_{SK} = 2.1 \text{ kN} \end{cases}$$

故：$M_K = -7.5$ kN·m

$F_{NK} = -158.2$ kN

$F_{SK} = 2.1$ kN

习题 3-9

(a)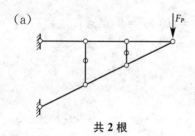

共 2 根

(b)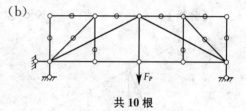

共 10 根

(c)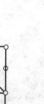

共 19 根

(d)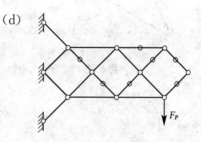

共 7 根

(e)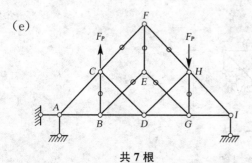

共 7 根

【分析】 对称结构在反对称荷载作用下,对称轴处正对称的内力为0,故可知 $F_{NEF} = 0$,然后依次分析。

(f)

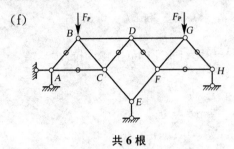

共 6 根

【分析】 对称结构在正对称荷载作用下,位于对称轴处的反对称内力为0,D 为 K 型结点,故可知 $F_{NDC} = F_{NDF} = 0$。

(g)

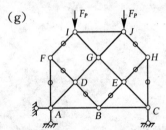

共 8 根

【分析】 利用对称性,B 为 K 型结点,故可知 $F_{NBD} = F_{NBE} = 0$,然后依次判别。

(h)

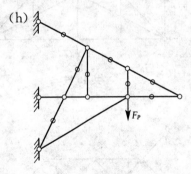

共 8 根

习题 3-10

(a)

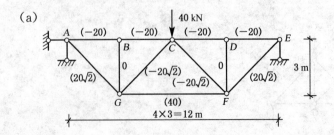

【解】 对整体,由 $\sum M_A = 0$ 得:$F_{Ey} = 20 \text{ kN}(\uparrow)$

由 $\sum F_y = 0$ 得:$F_{Ay} = 20 \text{ kN}(\uparrow)$

由 $\sum F_x = 0$ 得:$F_{Ax} = 0$

对结点 E: 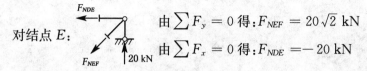 由 $\sum F_y = 0$ 得:$F_{NEF} = 20\sqrt{2} \text{ kN}$

由 $\sum F_x = 0$ 得:$F_{NDE} = -20 \text{ kN}$

同理,依次由结点 D、F、B、G 可求得各杆内力,标于上图中,单位为 kN。
本题也可利用对称性求解。

(b)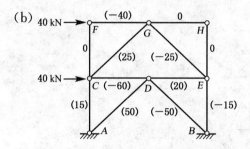

【解】 先进行零杆判别:$F_{NHE} = F_{NHG} = 0$;$F_{NFC} = 0$
由 F 结点依次采用结点法求解各杆的内力,标于上图中,单位为 kN。
本题也可利用对称性,分解成正对称和反对称荷载后求解。

习题 3-11

(a)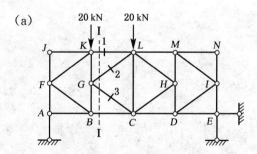

【解】 先对整体:由 $\sum M_E = 0$ 得:$F_{Ay} = 25 \text{ kN}(\uparrow)$

采用截面法,截取如下隔离体 Ⅰ-Ⅰ:

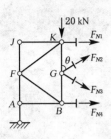

由 G 为 K 型结点可知:$F_{N2} = -F_{N3}$

故由:$\sum F_x = 0$ 得:$F_{N1} + F_{N4} = 0$

由 $\sum M_G = 0$ 得:$F_{N1} \times 3 - F_{N4} \times 3 + F_{Ay} \times 4 = 0$

$\Rightarrow F_{N1} = -16.67 \text{ kN}, F_{N4} = 16.67 \text{ kN}$

由 $\sum F_y = 0$ 得:$2F_{N2} \times \cos\theta + 25 - 20 = 0; \cos\theta = \dfrac{3}{5}$

$\Rightarrow F_{N2} = -4.17 \text{ kN}$,所以 $F_{N3} = 4.17 \text{ kN}$

故:$\begin{cases} F_{N1} = -16.67 \text{ kN} \\ F_{N2} = -4.17 \text{ kN} \\ F_{N3} = 4.17 \text{ kN} \end{cases}$

(b)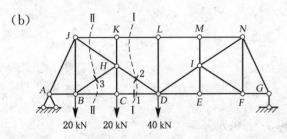

【解】 先对整体,由 $\sum M_A = 0$ 得:$F_{Gy} = 30 \text{ kN}(\uparrow)$

由 $\sum F_y = 0$ 得:$F_{Ay} = 50 \text{ kN}(\uparrow)$

截取隔离体 Ⅰ-Ⅰ 左半部分:

由 $\sum M_J = 0$ 得:$50 \times 3 + 20 \times 3 - F_{N1} \cdot 4 = 0$

$\Rightarrow F_{N1} = 52.5 \text{ kN}$

由 $\sum F_y = 0$ 得:$F_{N2} \times \dfrac{2}{\sqrt{13}} = 50 - 20 - 20$

$\Rightarrow F_{N2} = 5\sqrt{13} \text{ kN}$

对结点 C:由 $\sum F_x = 0$ 得:$F_{NBC} = 52.5 \text{ kN}$

截取隔离体 Ⅱ-Ⅱ 右半部分:

由 $\sum M_J = 0$ 得:$20 \times 3 + 40 \times 6 + 52.5 \times 4 - 30 \times 15 + F_{N3} \times \dfrac{3}{\sqrt{13}} \times 4 = 0$

$\Rightarrow F_{N3} = -5\sqrt{13} \text{ kN}$

故:$F_{N1} = 52.5 \text{ kN}, F_{N2} = 5\sqrt{13} \text{ kN}, F_{N3} = -5\sqrt{13} \text{ kN}$

(c)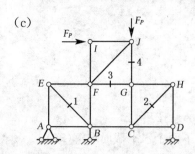

【解】 ① 对结点 I：

由 $\sum F_x = 0$ 得：$F_{NIJ} = -F_P$；由 $\sum F_y = 0$ 得：$F_{NIF} = 0$

② 对结点 J：

由 $\sum F_x = 0$ 得：$F_{NJF} = \sqrt{2} F_P$；由 $\sum F_y = 0$ 得：$F_{N4} = -2F_P$

③ 对结点 G：

由 $\sum F_y = 0$ 得：$F_{NGC} = -2F_P$

④ 对结点 C：

由 $\sum F_y = 0$ 得：$F_{N2} = 2\sqrt{2} F_P$；易知：$F_{NCD} = 0$（零杆），由 $\sum F_x = 0$：$F_{NBC} = 2F_P$

⑤ 对整体：由 $\sum F_x = 0$ 得：$F_{Ax} = F_P(\leftarrow)$

对结点 A：由 $\sum F_x = 0$ 得：$F_{NAB} = F_P$

⑥ 对结点 B：

由 $\sum F_x = 0$ 得：$F_{N1} = \sqrt{2} F_P$

⑦ 对结点 E：

由 $\sum F_x = 0$ 得：$F_{NEF} = -F_P$

⑧ 对结点 F：

由 $\sum F_x = 0$ 得：$F_{N3} = -2F_P$

故：$F_{N1} = \sqrt{2}F_P$，$F_{N2} = 2\sqrt{2}F_P$，$F_{N3} = -2F_P$，$F_{N4} = -2F_P$

此外，本题也可综合运用结点法和截面法，截取上、下两个水平截面求解（略）。

(d)

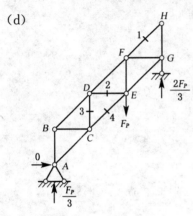

【解】 易知：$F_{N1} = 0$（零杆）

对整体，由 $\sum F_x = 0$ 得：$F_{Ax} = 0$

$$\text{由} \sum M_A = 0 \text{ 得：} F_{Gy} = \frac{2F_P}{3}(\uparrow)$$

$$\text{由} \sum F_y = 0 \text{ 得：} F_{Ay} = \frac{F_P}{3}(\uparrow)$$

① 对结点 A：由 $\sum F_x = 0$ 得：$F_{NAC} = 0$

$$\text{由} \sum F_y = 0 \text{ 得：} F_{NAB} = -\frac{F_P}{3}$$

② 对结点 B：由 $\sum F_y = 0$ 得：$F_{NBD} = -\frac{\sqrt{2}F_P}{3}$

$$\text{由} \sum F_x = 0 \text{ 得：} F_{NBC} = \frac{F_P}{3}$$

因结点 C 为 K 型结点，故有：

$$F_{N3} = -F_{NBC} = -\frac{F_P}{3}$$

同理可知：$F_{N2} = -F_{N3} = \frac{F_P}{3}$

③ 对结点 C：

$$\text{由} \sum F_x = 0 \text{ 得：} F_{N4} = \frac{\sqrt{2}F_P}{3}$$

故:$F_{N1}=0, F_{N2}=\dfrac{F_P}{3}, F_{N3}=-\dfrac{F_P}{3}, F_{N4}=\dfrac{\sqrt{2}F_P}{3}$

(e)
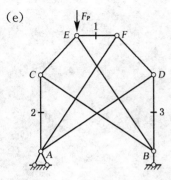

【解】 对整体:由$\sum M_A = 0$得:$F_{By}=\dfrac{F_P}{3}(\uparrow)$

由$\sum F_y = 0$得:$F_{Ay}=\dfrac{2F_P}{3}(\uparrow)$

由$\sum F_x = 0$得:$F_{Ax}=0$

截取隔离体 AFD:

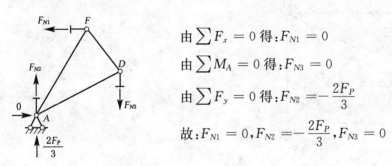

由$\sum F_x = 0$得:$F_{N1}=0$

由$\sum M_A = 0$得:$F_{N3}=0$

由$\sum F_y = 0$得:$F_{N2}=-\dfrac{2F_P}{3}$

故:$F_{N1}=0, F_{N2}=-\dfrac{2F_P}{3}, F_{N3}=0$

【注解】 本题分析的关键在于正确合理地截取隔离体。由于每个结点均由三杆相连,故采用结点法求解较为困难。在截取隔离体时,可运用几何构造分析中的刚片规则进行分析,见右图。

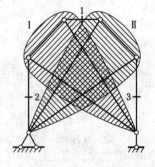

由于上部体系与地基间仅通过三根链杆相连,故可只分析上部体系,Ⅰ、Ⅱ两刚片之间通过1、2、3三根既不互相平行也不交于一点的链杆相连,构成无多余约束的几何不变体系,而1、2、3杆即为所求,故可截取刚片Ⅰ或Ⅱ分析便于求解。

(f)
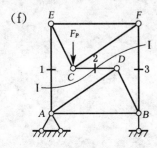

【解】 对整体:由 $\sum M_A = 0$ 得: $F_{By} = \dfrac{F_P}{4}(\uparrow)$

由 $\sum F_x = 0$ 得: $F_{Ax} = 0$

由 $\sum F_y = 0$ 得: $F_{Ay} = \dfrac{3F_P}{4}(\uparrow)$

截取隔离体 Ⅰ-Ⅰ 的上半部分:

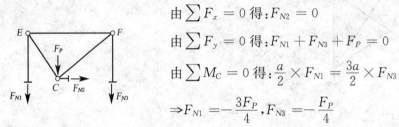

由 $\sum F_x = 0$ 得: $F_{N2} = 0$

由 $\sum F_y = 0$ 得: $F_{N1} + F_{N3} + F_P = 0$

由 $\sum M_C = 0$ 得: $\dfrac{a}{2} \times F_{N1} = \dfrac{3a}{2} \times F_{N3}$

$\Rightarrow F_{N1} = -\dfrac{3F_P}{4}, F_{N3} = -\dfrac{F_P}{4}$

故: $F_{N1} = -\dfrac{3F_P}{4}, F_{N2} = 0, F_{N3} = -\dfrac{F_P}{4}$

【注解】 本题在运用截面法截取隔离体时,亦可运用几何构造分析中的刚片规则,此处不再具体分析。

(g)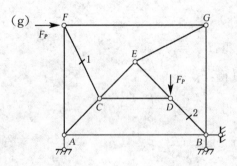

【解】 对整体:由 $\sum M_B = 0$ 得: $F_{Ay} = \dfrac{F_P}{2}(\downarrow)$

由 $\sum F_y = 0$ 得: $F_{By} = \dfrac{3F_P}{2}(\uparrow)$

由 $\sum F_x = 0$ 得: $F_{Bx} = F_P(\leftarrow)$

截取隔离体 CDE:

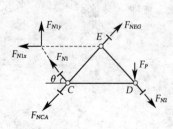

由 $\sum M_E = 0$ 得: $F_P \cdot a + F_{N1y} \cdot \dfrac{3a}{2} = 0$

$\Rightarrow F_{N1y} = \dfrac{-2F_P}{3}$

$F_{N1y} = F_{N1} \sin\theta, \quad \sin\theta = \dfrac{2}{\sqrt{5}}$

所以 $F_{N1} = -\dfrac{\sqrt{5} F_P}{3}$

① 对结点 F：

由 $\sum F_y = 0$ 得：$F_{NAF} = \dfrac{2F_P}{3}$

② 对结点 A：

由 $\sum F_y = 0$ 得：$F_{NAC} = -\dfrac{\sqrt{2}F_P}{6}$

由 $\sum F_x = 0$ 得：$F_{NAB} = \dfrac{F_P}{6}$

③ 对结点 B：

由 $\sum F_x = 0$ 得：$F_{N2} = -\dfrac{7\sqrt{2}F_P}{6}$

故：$F_{N1} = -\dfrac{\sqrt{5}F_P}{3}$，$F_{N2} = -\dfrac{7\sqrt{2}F_P}{6}$

【注解】 一个力可根据需要在其延长线的任意位置进行分解，如上述分析中 F_{N1} 的分解。

(h)

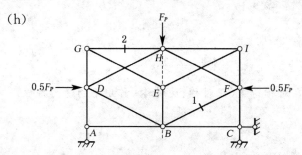

【解】 本题为对称结构在正对称荷载作用下的情况，故对称轴两侧杆的内力也应满足正对称性。

由以上分析可知：$F_{NDH} = F_{NHF}$

① 对 H 结点：

由 $\sum F_y = 0$ 得：$2F_{NDH} \cdot \dfrac{1}{\sqrt{5}} + F_P = 0$

$\Rightarrow F_{NDH} = -\dfrac{\sqrt{5}F_P}{2}$；所以 $F_{NHF} = -\dfrac{\sqrt{5}F_P}{2}$

② 对 F 结点：

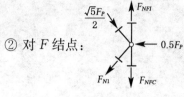

由 $\sum F_x = 0$ 得：$F_{N1} = \dfrac{\sqrt{5}F_P}{4}$

故可知：$F_{NBD} = F_{N1} = \dfrac{\sqrt{5}F_P}{4}$

③ 对结点 B：

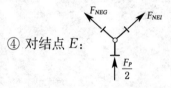

由 $\sum F_y = 0$ 得：$F_{NBE} = -\dfrac{F_P}{2}$

④ 对结点 E：

由 $\sum F_y = 0$ 得：$F_{NEG} = F_{NEI} = -\dfrac{\sqrt{5}F_P}{4}$

⑤ 对结点 G：

由 $\sum F_x = 0$ 得：$F_{N2} = \dfrac{F_P}{2}$

故：$F_{N1} = \dfrac{\sqrt{5}F_P}{4}$，$F_{N2} = \dfrac{F_P}{2}$

【注解】 应充分利用对称结构在对称荷载（正对称、反对称）作用下的受力特性。

习题 3-12

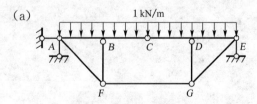

【解】 对整体：$\sum M_A = 0$ 得：$F_{Ey} = 4 \text{ kN}(\uparrow)$

$\sum F_y = 0$ 得：$F_{Ay} = 4 \text{ kN}(\uparrow)$

$\sum F_x = 0$ 得:$F_{Ax} = 0$

截取隔离体 $CDGE$,见下图：

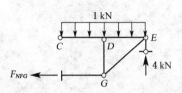

由 $\sum M_C = 0$ 得:$\frac{1}{2} \times 1 \times 4^2 + F_{NFG} \times 2 - 4 \times 4 = 0$

$\Rightarrow F_{NFG} = 4 \text{ kN}$

对结点 G：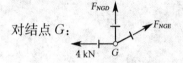

由 $\sum F_x = 0$ 得:$F_{NGE} = 4\sqrt{2} \text{ kN}$

由 $\sum F_y = 0$ 得:$F_{NGD} = -4 \text{ kN}$

根据对称性,铰 C 左右两侧杆的内力相同,作弯矩图和轴力图。

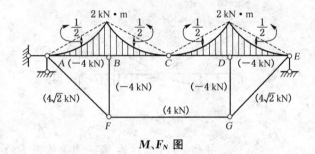

M、F_N 图

【注意】 在求 D 右截面弯矩时,不能遗漏 GE 杆竖向分力的影响,具体分析如下：

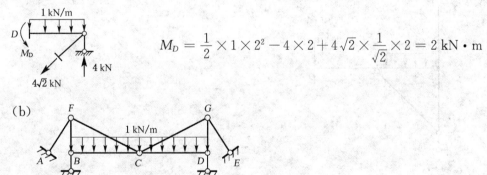

$M_D = \frac{1}{2} \times 1 \times 2^2 - 4 \times 2 + 4\sqrt{2} \times \frac{1}{\sqrt{2}} \times 2 = 2 \text{ kN} \cdot \text{m}$

(b)

【解】 本题为对称结构在正对称荷载作用下的情况。
切开中间铰 C,见下图：

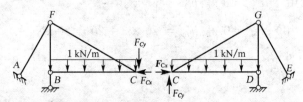

★ F_{Cy} 是位于对称轴处的反对称内力,由对称性可知:$F_{Cy} = 0$

取右半部分为隔离体分析:

由 $\sum M_G = 0$ 得:$F_{Cx} = 6$ kN($\leftarrow$)

由 $\sum F_x = 0$ 得:$F_{NGE} \times \dfrac{2}{\sqrt{13}} = 6$ kN

所以 $F_{NGE} = 3\sqrt{13}$ kN

对结点 G:

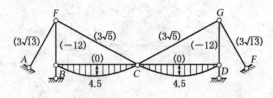

由 $\sum F_x = 0$ 得:$F_{NGC} \times \dfrac{2}{\sqrt{5}} = 3\sqrt{13} \times \dfrac{2}{\sqrt{13}}$

$\Rightarrow F_{NGC} = 3\sqrt{5}$ kN

由 $\sum F_y = 0$ 得:$F_{NGD} = -12$ kN

作 M 和 F_N 图如下,其中弯矩的单位为 kN·m,轴力的单位为 kN。

M、F_N 图

【注解】 充分利用对称结构在对称荷载(正对称、反对称)作用下的受力特性。

(c)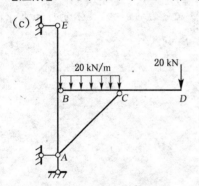

【解】 对整体:由 $\sum M_A = 0$ 得:$F_{Ex} \times 6 = \dfrac{1}{2} \times 20 \times 3^2 + 20 \times 6$

$\Rightarrow F_{Ex} = 35$ kN($\leftarrow$)

由 $\sum F_x = 0$ 得:$F_{Ax} = 35$ kN($\rightarrow$)

由 $\sum F_y = 0$ 得:$F_{Ay} = 20 \times 3 + 20 = 80$ kN($\uparrow$)

截取隔离体 BCD:

第3章 静定结构的内力分析习题解答

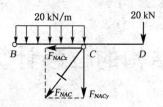

由 $\sum M_B = 0$ 得：

$$\frac{1}{2} \times 20 \times 3^2 + 20 \times 6 + F_{NAC} \times \frac{\sqrt{2}}{2} \times 3 = 0$$

$$\Rightarrow F_{NAC} = -70\sqrt{2} \text{ kN}$$

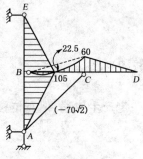

M、F_N 图

作出受弯杆的 M 图和二力杆的 F_N 图,如左图所示,其中 M 的单位为 kN·m,F_N 的单位为 kN。

【注解】 在组合结构的内力分析过程中,务必要分清杆件的类型:若为受弯杆(梁式杆),应考虑其弯矩、剪力;若为二力杆(桁架杆),则只有轴力,且沿杆轴方向。如上例中若取结点 A 求解 F_{NAC} 时,不能忽略杆 AB 的剪力影响,具体分析如下:

由 $\sum F_x = 0$ 得：

$$F_{NAC} \cdot \frac{\sqrt{2}}{2} + 35 + 35 = 0$$

$$\Rightarrow F_{NAC} = -70\sqrt{2} \text{ kN}$$

第4章 静定结构的位移计算习题解答

一、本章要点

1. 位移和变形

位移:结构中的某一点或某个截面的位置发生变化(移动或转动)。

变形:由于荷载作用等引起杆件形状的改变。

【注意】 位移和变形既有区别又有联系,通常杆件有变形一定产生位移,但有位移未必产生变形(如结构发生刚体位移)。

2. 虚功原理

变形体虚功原理可简述为内力虚功等于外力虚功,即对于任何虚位移,外力在虚位移上所做的总虚功等于各微段的内力在其变形上所做的总虚功,刚体虚功原理可视作变形体虚功原理的特例。虚功原理一般有两种表述:一种是虚位移原理,另一种是虚力原理。通常利用虚力原理推导位移计算公式。

3. 荷载作用下的位移计算公式

(1) 以受弯为主的梁和刚架:$\Delta_{KP} = \sum \int \dfrac{\overline{M}M_P}{EI} \mathrm{d}s$

(2) 平面桁架:$\Delta_{KP} = \sum \int \dfrac{\overline{F}_N F_{NP}}{EA} \mathrm{d}s = \sum \dfrac{\overline{F}_N F_{NP} L}{EA}$

(3) 组合结构:$\Delta_{KP} = \sum \int \dfrac{\overline{M}M_P}{EI} \mathrm{d}s + \sum \dfrac{\overline{F}_N F_{NP} L}{EA}$

(4) 拱结构:$\Delta_{KP} = \sum \int \dfrac{\overline{M}M_P}{EI} \mathrm{d}s + \sum \int \dfrac{\overline{F}_N F_{NP}}{EA} \mathrm{d}s$

4. 虚拟状态的建立

(1) 求某个方向的线位移:沿该方向施加单位力。

(2) 求某处的转角位移:在该处施加单位力偶。

(3) 求某两点之间的相对线位移:沿该两点连线方向施加一对等值反向的单位力。

(4) 求某铰两侧截面的相对转角位移:在铰两侧截面施加一对等值反向的单位力偶。

【注意】 由于桁架只能承受结点荷载,求桁架中某根杆的角位移,或两杆之间的相对转角位移时,需将单位力偶换算成一对等效结点力,大小为杆长分之一,方向与该杆垂直(见教材 P71)。

第 4 章 静定结构的位移计算习题解答

5. 图乘法的运用

图乘法的适用条件：① 杆件为等截面直杆；② 杆段的抗弯刚度 EI 为常量；③ 两种状态下的 M_P 或 $\overline{M}$ 图中，至少有一个为直线形。计算公式为：

$$\Delta_{KP} = \sum \int \frac{\overline{M}M_P}{EI}ds = \sum \frac{\omega y_c}{EI}$$

式中：ω —— 一个弯矩图的几何面积；

y_c —— 该弯矩图的形心对应到另一个直线型弯矩图上的竖标。

符号规定：若相乘的两个弯矩图的 ω 和 y_c 位于杆轴的同一侧，则乘积为正。

6. 非荷载因素作用下的位移计算

（1）温度改变引起的位移计算

温度改变引起结构的位移计算公式可表述为：

$$\Delta_{Kt} = \sum \alpha t_0 \int \overline{F}_N ds + \sum \frac{\alpha \Delta t}{h} \int \overline{M} ds = \sum \alpha t_0 \omega_{\overline{F}_N} + \sum \frac{\alpha \Delta t}{h} \omega_{\overline{M}}$$

式中：$\omega_{\overline{F}_N} = \int \overline{F}_N ds$ 为杆件在虚拟状态下单位轴力图的几何面积；

$\omega_{\overline{M}} = \int \overline{M} ds$ 为杆件在虚拟状态下单位弯矩图的几何面积。

公式中的符号规定（主要看不同因素引起的杆件变形方向是否一致）：

① 轴向变形项的符号取决于 t_0 和 $\omega_{\overline{F}_N}$ 两个因素。若某杆段由 t_0 引起的轴向变形方向（t_0 为正值表示升温，则杆轴处伸长；负值表示降温，则杆轴缩短），与 $\omega_{\overline{F}_N}$ 对应的轴向变形方向（若 $\overline{F}_N$ 为拉力，则杆轴伸长；压力则缩短）一致，则乘积取正号。

② 弯曲变形项的符号取决于 Δt 和 $\omega_{\overline{M}}$ 两个因素。若某杆段由 Δt 引起的弯曲变形方向与由 $\omega_{\overline{M}}$ 对应的弯曲变形方向（有弯矩的一侧表示受拉）一致，则该项乘积取正号。

【例 4-1】 图 4-1 所示结构，各杆的 EI、EA 均为常数，线膨胀系数为 α。若各杆温度均匀升高 t℃，则 D 点的竖向位移（向下为正）为（　　）。（浙江大学 2012）

A. $-\alpha t a$ B. $\alpha t a$ C. $2\alpha t a$ D. 0

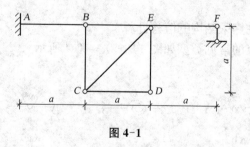

图 4-1

【解】 在 D 点施加竖向单位力，建立虚拟状态，作单位弯矩图 $\overline{M}_1$ 和单位轴力图 $\overline{F}_{N1}$，分别如图 4-2(a)、(b)。

则：$\Delta_{Dy} = \sum \alpha t_0 \omega_{\overline{F}_N} + \sum \frac{\alpha \Delta t}{h} \omega_{\overline{M}} = \alpha t \times 1 \times a + 0 = \alpha t a$，故答案选：B

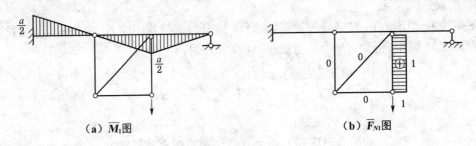

图 4-2

(2) 支座变位引起的位移计算

支座变位引起结构的位移计算公式可表述为：

$$\Delta_{KC} = -\sum \overline{R} \cdot C$$

式中：$\overline{R}$——虚拟状态下由单位荷载引起的支座虚反力；

C——与支座虚反力对应的支座变位值。

公式中的符号规定：当$\overline{R}$与C对应的方向一致时，乘积$\overline{R} \cdot C$取正号，反之取负号。注意：公式中$\sum$符号前的负号是由虚功方程移项时产生的，与任何因素无关。

7. 线弹性体系的互等定理

线弹性体系的互等定理有四个，其中最基本的就是虚功互等定理。虚功互等定理可表述为：第一状态的外力在第二状态的位移上所做的虚功，应等于第二状态的外力在第一状态的位移上所做的虚功。由虚功互等定理进一步可导出其它三个互等定理，分别为位移互等定理、反力互等定理和反力位移互等定理。

二、重点难点分析

含有弹性支承或弹性约束结构的位移计算

弹性支承或弹性约束的常见类型如图 4-3(a)～(e) 所示。

图 4-3

计算具有弹性支承或弹性约束结构的位移时，除要计算外荷载产生的位移外，还要考虑由于弹性支承引起的附加位移。已知弹簧的刚度系数为 k（或已知柔度系数为 f，其中 $f = 1/k$），对于图 4-3(a)、(b) 所示的情况（此类弹簧称为拉压弹簧或抗移弹簧），若弹簧的线位移为Δ,则弹簧中产生的反力大小为$k_N \cdot \Delta$,方向与线位移的方向相反。对于图4-3(c)、(d)和(e)所示的情况(此类弹簧称为抗转弹簧),若与弹簧相连的杆件产生转角或相对转角φ,则弹簧中产生的反力矩O大小为$k_\varphi \cdot \varphi$,方向与转角的方向相反。根据虚功原理,可推出含有弹性支承或弹性约束结构的位移计算公式为:

$$\Delta = \sum \int \frac{\overline{M} M_P}{EI} ds + \sum \int \frac{\overline{F}_N F_{NP}}{EA} ds + \sum \frac{\overline{F}_R F_{RP}}{k_N} + \sum \frac{\overline{M}_R M_{RP}}{k_\varphi}$$

或

$$\Delta = \sum \int \frac{\overline{M} M_P}{EI} ds + \sum \int \frac{\overline{F}_N F_{NP}}{EA} ds + \sum \overline{F}_R \cdot F_{RP} \cdot f_N + \sum \overline{M}_R \cdot M_{RP} \cdot f_\varphi$$

式中:$\sum \frac{\overline{F}_R F_{RP}}{k_N}$、$\sum \overline{F}_R \cdot F_{RP} \cdot f_N$——由抗移弹簧引起的位移;

$\sum \frac{\overline{M}_R M_{RP}}{k_\varphi}$、$\sum \overline{M}_R \cdot M_{RP} \cdot f_\varphi$——由抗转弹簧引起的位移;

k_N——抗移弹簧的刚度系数,表示单位线位移引起的弹簧反力值;

f_N——抗移弹簧的柔度系数,表示单位力作用下弹簧产生的线位移;$f_N = 1/k_N$。

k_φ——抗转弹簧的刚度系数,表示发生单位转角引起的弹簧反力矩值;

f_φ——抗转弹簧的柔度系数,表示单位力偶作用下弹簧产生的转角位移;$f_\varphi = 1/k_\varphi$。

【例4-2】 图4-4所示结构中B处为抗转弹簧,其柔度系数为$f_1 = \frac{a}{15EI}$,C处为抗移弹簧,柔度系数为$f_2 = \frac{a^3}{5EI}$,各杆EI为常数,求C点的竖向线位移。

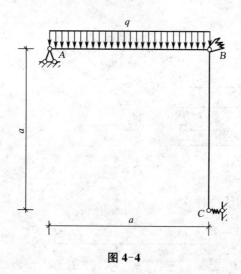

图4-4

【解】 在C点施加竖向单位力,建立虚拟状态,作单位弯矩图$\overline{M}$和荷载弯矩图M_P,分别如图4-5(a)、(b)。

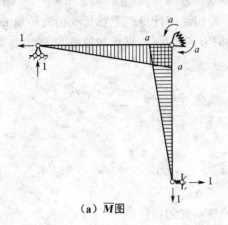

(a) $\overline{M}$图

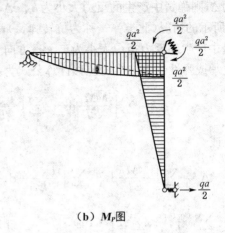

(b) M_P图

图 4-5

由位移计算公式可得：

$$\Delta_{Cy} = \sum \int \frac{\overline{M}M_P}{EI} ds + \sum \overline{F}_R F_{RP} f_N + \sum \overline{M}_R M_{RP} f_\varphi$$

$$= \frac{1}{EI} \times \left(\frac{1}{2} \times a \times \frac{qa^2}{2} \times a \times \frac{2}{3} \times 2 + \frac{2}{3} \times a \times \frac{qa^2}{8} \times \frac{a}{2} \right) + \frac{qa}{2} \times 1 \times \frac{a^3}{5EI} + \frac{qa^2}{2} \times a \times \frac{a}{15EI}$$

$$= \frac{61qa^4}{120EI} (\downarrow)$$

习题 4-1

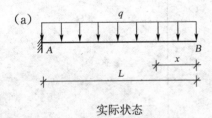

实际状态

【解】① 求 B 处竖向线位移

虚拟状态

任意截面 x 处：$M_P = \dfrac{qx^2}{2}$, $\overline{M} = x$

所以 $\Delta_{By} = \int_0^L \dfrac{M_P \cdot \overline{M}}{EI}\mathrm{d}x = \int_0^L \dfrac{qx^3}{2EI}\mathrm{d}x = \dfrac{qL^4}{8EI}(\downarrow)$

② 求 B 处转角位移

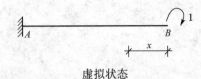

虚拟状态

任意截面 x 处：$M_P = \dfrac{qx^2}{2}, \overline{M} = 1$

所以 $\theta_B = \int_0^L \dfrac{M_P \cdot \overline{M}}{EI}\mathrm{d}x = \int_0^L \dfrac{qx^2}{2EI}\mathrm{d}x = \dfrac{qL^3}{6EI}(\curvearrowleft)$

(b)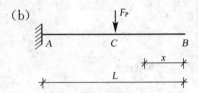

【解】① 求 C 处竖向线位移

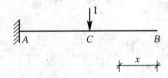

虚拟状态

任意截面 x 处：$M_P = \begin{cases} 0, & 0 \leqslant x \leqslant \dfrac{L}{2} \\ F_P\left(x-\dfrac{L}{2}\right), & \dfrac{L}{2} < x \leqslant L \end{cases}$ ； $\overline{M} = \begin{cases} 0, & 0 \leqslant x \leqslant \dfrac{L}{2} \\ x-\dfrac{L}{2}, & \dfrac{L}{2} < x \leqslant L \end{cases}$

所以 $\Delta_{Cy} = \sum \int \dfrac{M_P \cdot \overline{M}}{EI}\mathrm{d}x = \int_{\frac{L}{2}}^L \dfrac{F_P\left(x-\dfrac{L}{2}\right)^2}{EI}\mathrm{d}x = \dfrac{F_P L^3}{24EI}(\downarrow)$

② 求 C 处转角位移

虚拟状态

任意截面 x 处：$M_P = \begin{cases} 0, & 0 \leqslant x \leqslant \dfrac{L}{2} \\ F_P\left(x-\dfrac{L}{2}\right), & \dfrac{L}{2} < x \leqslant L \end{cases}$ ； $\overline{M} = \begin{cases} 0, & 0 \leqslant x \leqslant \dfrac{L}{2} \\ 1, & \dfrac{L}{2} < x \leqslant L \end{cases}$

所以 $\theta_C = \sum \int \dfrac{M_P \cdot \overline{M}}{EI} \mathrm{d}x = \int_{\frac{L}{2}}^{L} \dfrac{F_P \left(x - \dfrac{L}{2}\right) \cdot 1}{EI} \mathrm{d}x = \dfrac{F_P L^2}{8EI}(\curvearrowleft)$

习题 4-2

(a)

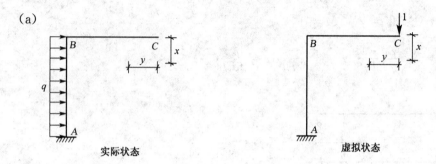

实际状态　　　　　　　　　　虚拟状态

【解】 $M_P = \begin{cases} \dfrac{qx^2}{2}, & AB\ \text{段} \\ 0, & BC\ \text{段} \end{cases}$,　 $\overline{M} = \begin{cases} L, & AB\ \text{段} \\ y, & BC\ \text{段} \end{cases}$

$$\Delta_{Cy} = \sum \int \dfrac{\overline{M} \cdot M_P}{EI} \mathrm{d}s = \int_0^L \dfrac{\dfrac{qx^2}{2} \cdot L}{EI} \mathrm{d}x = \dfrac{qL^4}{6EI}(\downarrow)$$

(b)

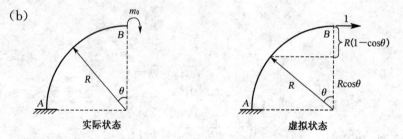

实际状态　　　　　　　　　　虚拟状态

【解】 $\overline{M} = R \cdot (1 - \cos\theta), M_P = m_0$

$$\Delta_{Bx} = \int \dfrac{\overline{M} \cdot M_P}{EI} \mathrm{d}s = \int_0^{\frac{\pi}{2}} \dfrac{R(1 - \cos\theta) \cdot m_0}{EI} \cdot R \mathrm{d}\theta = \dfrac{m_0 R^2 \left(\dfrac{\pi}{2} - 1\right)}{EI}(\downarrow)$$

习题 4-3

(a)【解】

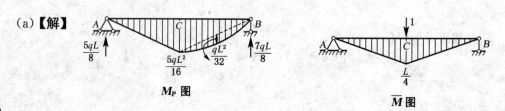

M_P 图　　　　　　　　　　$\overline{M}$ 图

$$\Delta_{Cy} = \frac{1}{2} \times \frac{L}{2} \times \frac{5qL^2}{16} \times \frac{2}{3} \times \frac{L}{4} \times \frac{1}{EI} \times 2 + \frac{2}{3} \times \frac{L}{2} \times \frac{q \times \left(\frac{L}{2}\right)^2}{8} \times \frac{1}{2} \times \frac{L}{4} \times \frac{1}{EI}$$

$$= \frac{7qL^4}{256EI}(\downarrow)$$

(b)【解】

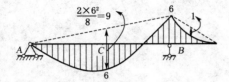

M_P 图(kN·m)

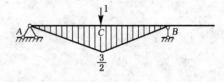

$\overline{M}$ 图(m)

$$\Delta_{Cy} = -\frac{1}{2} \times 6 \times \frac{3}{2} \times \frac{1}{2} \times 6 \times \frac{1}{EI} + \frac{2}{3} \times 3 \times 9 \times \frac{5}{8} \times \frac{3}{2} \times \frac{1}{EI} \times 2 = \frac{81}{4EI}(\downarrow)$$

(c)【解】

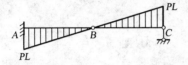

M_P 图

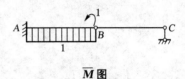

$\overline{M}$ 图

$$\theta_B^{左} = \frac{1}{2} \times L \times PL \times 1 \times \frac{1}{EI} = \frac{PL^2}{2EI}(\curvearrowleft)$$

(d)【解】

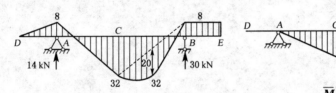

M_P 图(kN·m)

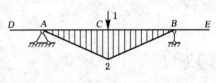

$\overline{M}$ 图(m)

$$\Delta_{Cy} = \frac{4}{6EI} \times (2 \times 2 \times 32 + 0 - 8 \times 2 + 0) \times 2 + \frac{2}{3} \times 20 \times 4 \times \frac{1}{2} \times 2 \times \frac{1}{EI} = \frac{608}{3EI}(\downarrow)$$

习题 4-4

(a)【解】

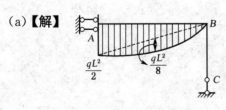

M_P 图

$\overline{M}$ 图

$$\theta_B = \left(\frac{1}{2} \times L \times \frac{qL^2}{2} \times 1 + \frac{2}{3} \times L \times \frac{qL^2}{8} \times 1\right) \times \frac{1}{EI} + 0 = \frac{qL^3}{3EI}(\curvearrowleft)$$

(b)【解】

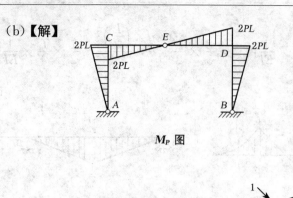

M_P 图

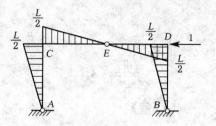

$\overline{M}_1$ 图

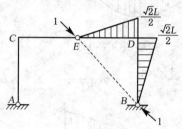

$\overline{M}_2$ 图

$$\Delta_{Dx} = -\frac{1}{2} \times L \times \frac{L}{2} \times \frac{2}{3} \times 2PL \times \frac{1}{EI} \times 2 = -\frac{2PL^3}{3EI}(\rightarrow)$$

$$\Delta_{B-E} = \frac{1}{2} \times L \times 2PL \times \frac{2}{3} \times \frac{\sqrt{2}}{2}L \times \frac{1}{EI} \times 2 = \frac{2\sqrt{2}PL^3}{3EI}(\searrow)$$

习题 4-5

(a)【解】

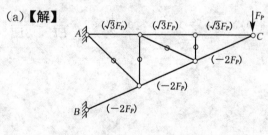

F_{NP} 图

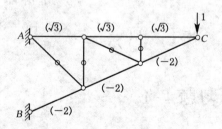

$\overline{F}_N$ 图

$$\Delta_{Cy} = \sum \frac{F_{NP} \cdot \overline{F}_N \cdot L}{EA} = \frac{(-2) \times (-2F_P) \times \frac{2L}{\sqrt{3}}}{EA} \times 3 + \frac{\sqrt{3}F_P \times \sqrt{3} \times L}{EA} \times 3$$

$$= \frac{(8\sqrt{3} + 9)F_P L}{EA}(\downarrow)$$

(b)【解】

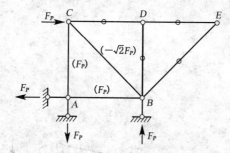

F_{NP} 图

① 求 Δ_{Cx}

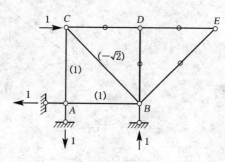

$\overline{F}_N$ 图

$$\Delta_{Cx} = \frac{(-\sqrt{2}) \times (-\sqrt{2}F_P) \times \sqrt{2}L}{EA} + \frac{F_P \times 1 \times L}{EA} \times 2$$

$$= \frac{(2+2\sqrt{2})F_P L}{EA}(\rightarrow)$$

② 求 θ_{BC}

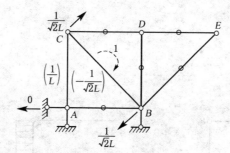

$$\theta_{BC} = \frac{1}{EA} \times \left[F_P \times \frac{1}{L} \times L + (-\sqrt{2}F_P) \times \left(-\frac{1}{\sqrt{2}L}\right) \times \sqrt{2}L \right]$$

$$= \frac{(1+\sqrt{2})F_P}{EA}(\curvearrowleft)$$

习题 4-6

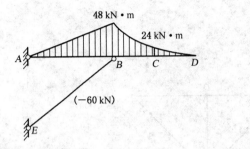

M_P、F_{NP} 图 $\overline{M}$、$\overline{F}_N$ 图

【解】 $\Delta_{Cy} = \dfrac{1}{2} \times 4 \times 48 \times \dfrac{2}{3} \times 2 \times \dfrac{1}{EI} + \dfrac{2}{6EI} \times (2 \times 48 \times 2 + 0 + 24 \times 2 + 0) - \dfrac{2}{3} \times 2$

$\times 12 \times \dfrac{3}{8} \times 2 \times \dfrac{1}{EI} + \dfrac{(-60) \times \left(-\dfrac{5}{2}\right) \times 5}{EA} = \dfrac{571}{EI}(\downarrow)$

【注解】 对于 BD 段的图乘,可将 M_P 中 BD 段分解成: ,再

分别与 $\overline{M}_1$ 中的 BD 段进行图乘,具体计算见上式。

习题 4-7

【解】

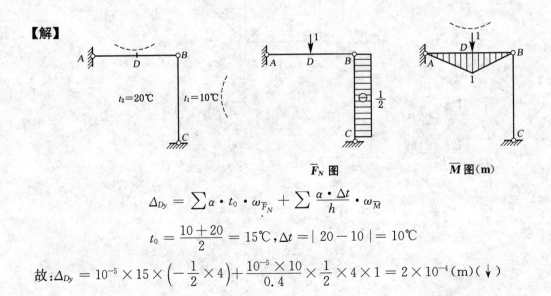

$\overline{F}_N$ 图 $\overline{M}$ 图(m)

$$\Delta_{Dy} = \sum \alpha \cdot t_0 \cdot \omega_{\overline{F}_N} + \sum \dfrac{\alpha \cdot \Delta t}{h} \cdot \omega_{\overline{M}}$$

$$t_0 = \dfrac{10+20}{2} = 15℃, \Delta t = |20-10| = 10℃$$

故:$\Delta_{Dy} = 10^{-5} \times 15 \times \left(-\dfrac{1}{2} \times 4\right) + \dfrac{10^{-5} \times 10}{0.4} \times \dfrac{1}{2} \times 4 \times 1 = 2 \times 10^{-4}(m)(\downarrow)$

第 4 章 静定结构的位移计算习题解答

习题 4-8

【解】

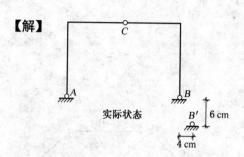
实际状态

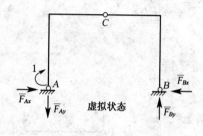
虚拟状态

① 求 $\overline{R}$

对虚拟状态下：由 $\sum M_A = 0$ 得：$\overline{F}_{By} = \dfrac{1}{12}(\uparrow)$

由 $\sum F_y = 0$ 得：$\overline{F}_{Ay} = \dfrac{1}{12}(\downarrow)$

截取 CB 为隔离体：

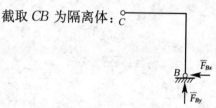

由 $\sum M_C = 0$ 得：$\overline{F}_{Bx} = \dfrac{1}{16}(\leftarrow)$

再对整体：由 $\sum F_x = 0$ 得：$\overline{F}_{Ax} = \dfrac{1}{16}(\rightarrow)$

② 求 θ_A

$$\theta_A = -\sum \overline{R} \cdot C = -\left[\left(-\dfrac{1}{12}\times 0.06\right) + \left(-\dfrac{1}{16}\times 0.04\right)\right] = 0.0075 \text{ rad}(\curvearrowleft)$$

习题 4-9

【解】

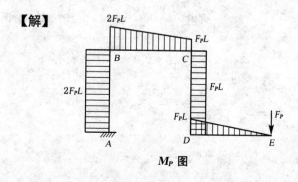

M_P 图

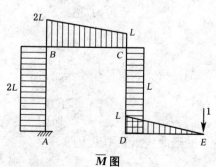

$\overline{M}$ 图

$$\Delta_{Ey} = \left(\frac{1}{2} \times L \times F_P L \times \frac{2}{3} \times L + L \times F_P L \times L + 2F_P L \times L \times 2L\right) \times \frac{1}{EI} +$$
$$\frac{L}{6EI} \times (2 \times 2F_P L \times 2L + F_P L \times L \times 2 + 2F_P L \times L + 2L \times F_P L)$$
$$= \frac{23 F_P L^3}{3EI}(\downarrow)$$

习题 4-10

【解】

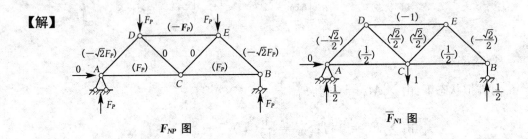

F_{NP} 图 $\overline{F}_{N1}$ 图

$$\Delta_{Cy} = \frac{1}{EA} \times \left[\frac{1}{2} \times F_P \times 2d \times 2 + (-1) \times (-F_P) \times 2d + \left(-\frac{\sqrt{2}}{2}\right) \times (-\sqrt{2}F_P) \times \sqrt{2}d\right]$$
$$= \frac{(4+\sqrt{2})F_P d}{EA}(\downarrow)$$

习题 4-11

【解】

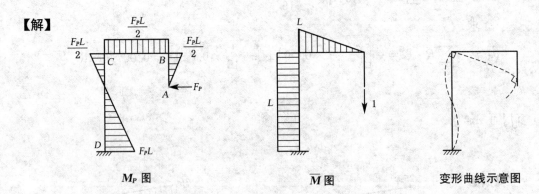

M_P 图 $\overline{M}$ 图   变形曲线示意图

$$\Delta_{Ay} = \frac{1}{2} \times L \times L \times \frac{F_P L}{2} \times \frac{1}{EI} + \frac{\frac{3L}{2}}{6 \times 2EI} \times \left(2 \times L \times \frac{F_P L}{2} - 2 \times F_P L \times L + \frac{F_P L}{2} \times L\right.$$
$$\left. - F_P L \times L\right) = \frac{F_P L^3}{16EI}$$

变形曲线示意图见上图。

习题 4-12

【解】

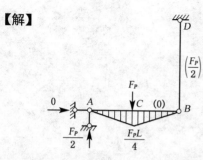

M_P、F_{NP} 图

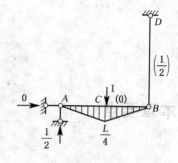

$\overline{M}$、$\overline{F}_N$ 图

$$\Delta_{Cy} = \frac{1}{2} \times \frac{F_P L}{4} \times \frac{L}{2} \times \frac{2}{3} \times \frac{L}{4} \times \frac{1}{EI} \times 2 + \frac{1}{2} \times \frac{F_P}{2} \times a \times \frac{1}{EA} = \frac{F_P L^3}{48EI} + \frac{F_P a}{4EA}(\downarrow)$$

第 5 章　力法习题解答

一、本章要点

1. 超静定次数的判定

超静定结构中多余约束的个数称为超静定次数。从几何构造角度而言,有多余约束的几何不变体系即为超静定结构。确定超静定次数的方法有如下几种:

(1) 对体系进行几何构造分析,多余约束的个数就是超静定次数。
(2) 解除多余约束法:教材 P94。
(3) 封闭框格法:教材 P95。

2. 力法基本原理及其典型方程

原结构被解除多余约束后的静定结构称为力法的基本体系。基本体系在荷载和未知力共同作用下,其解除约束处的位移和变形必须与原结构完全一致,即为变形协调条件,据此可建立力法典型方程,如式(5-1)(以受弯构件为例),该方程本质上就是一组位移协调方程。

$$\left.\begin{array}{c}\delta_{11}X_1 + \delta_{12}X_2 + \cdots + \delta_{1n}X_n + \Delta_{1P} = 0\\ \delta_{21}X_1 + \delta_{22}X_2 + \cdots + \delta_{2n}X_n + \Delta_{2P} = 0\\ \vdots \qquad \qquad \vdots \\ \delta_{n1}X_1 + \delta_{n2}X_2 + \cdots + \delta_{nn}X_n + \Delta_{nP} = 0\end{array}\right\} \tag{5-1}$$

式中:δ_{ii}——主系数,由 $\overline{M}_i$ 图自乘得到,其值恒为正值;

$\delta_{ij}(i \neq j)$——副系数,由 $\overline{M}_i$ 图与 $\overline{M}_j$ 图互乘得到,根据第 4 章中的位移互等定理可知 $\delta_{ij} = \delta_{ji}$;

Δ_{iP}——自由项,由 $\overline{M}_i$ 图与 M_P 图互乘得到。

最终内力由叠加法得到:

$$M = \sum \overline{M}_i X_i + M_P; F_S = \sum \overline{F}_{Si} X_i + F_{SP}; F_N = \sum \overline{F}_{Ni} X_i + F_{NP}$$

【注意】 应根据不同的结构类型建立相应的力法方程,对于一般荷载作用下的梁和刚架,可采用上式计算,运用图乘法求系数;对于桁架结构,基本体系的选取有两种处理方式——切断或撤除多余杆件,这两种方式建立的力法典型方程不同(即位移协调条件不同)。若切断多余杆件,其变形协调条件为切口两侧截面之间的相对线位移应为零,故力法典型方程的右端项为 0,而主系数中应包含被切断杆的位移贡献。若撤除多余杆件,则其变形协调条件为原结构在两个节点之间的相对位移,应等于该杆件的伸长量并取负号,故力法方程的右端项为 $-\dfrac{X_1 \cdot L}{EA}$,而主系数中则少了这根杆的贡献。尽管两者的物理意义不同,但最终结果是相同的(见教材 P102 的例题)。对于组合结构,需要考虑受弯杆件的弯曲变形和铰接杆的轴向变形,故应根据所选的基本体系正确写出力法方程。

3. 非荷载因素下的内力分析

(1) 温度改变引起的内力

$$\left.\begin{array}{l}\delta_{11}X_1 + \delta_{12}X_2 + \cdots + \delta_{1n}X_n + \Delta_{1t} = 0 \\ \delta_{21}X_1 + \delta_{22}X_2 + \cdots + \delta_{2n}X_n + \Delta_{2t} = 0 \\ \vdots \qquad\qquad \vdots \\ \delta_{n1}X_1 + \delta_{n2}X_2 + \cdots + \delta_{nn}X_n + \Delta_{nt} = 0\end{array}\right\} \quad (5\text{-}2)$$

式中:$\Delta_{it} = \sum \alpha t_0 \omega_{\overline{F}_{Ni}} + \sum \dfrac{\alpha \Delta t}{h} \omega_{\overline{M}_i}$,符号规定同第 4 章。

(2) 支座变位引起的内力

$$\left.\begin{array}{l}\delta_{11}X_1 + \delta_{12}X_2 + \cdots + \delta_{1n}X_n + \Delta_{1C} = \Delta_1^{原} \\ \delta_{21}X_1 + \delta_{22}X_2 + \cdots + \delta_{2n}X_n + \Delta_{2C} = \Delta_2^{原} \\ \vdots \qquad\qquad \vdots \\ \delta_{n1}X_1 + \delta_{n2}X_2 + \cdots + \delta_{nn}X_n + \Delta_{nC} = \Delta_n^{原}\end{array}\right\} \quad (5\text{-}3)$$

式中:$\Delta_{iC} = -\sum \overline{R}_i C$,符号规定同第 4 章。

4. 对称性的利用

用力法求解对称的超静定结构时,一般有三种简化分析的方法:① 选取对称的基本结构;② 取半结构计算分析;③ 选取成对的未知力。

究竟采用何种方式应根据具体题目而定。在选取半结构分析时,对称轴处的等代支座可根据原结构在外荷载作用下的变形特点合理选取。同时应注意的是,对称结构在支座变位和温度作用下亦可进行简化分析。

【例 5-1】 试画出图 5-1(a) 所示结构分别在正对称和反对称荷载作用下的半结构,已知各杆的 EI 为常量。

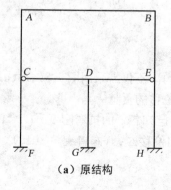
(a) 原结构

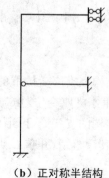
(b) 正对称半结构

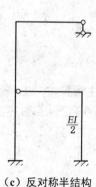
(c) 反对称半结构

图 5-1

【分析】 原结构在正对称荷载作用下,对称轴处的转角位移和水平位移属反对称位移,故应为零,AB 梁的跨中可简化为定向滑动支座,D 结点简化为固定支座。在反对称荷载作用下,对称轴处的竖向位移为正对称位移,应为零,AB 梁的跨中可简化为活动铰支座,中柱 DG 的刚度减半。正对称和反对称半结构分别如图 5-1(b)、(c)。

5. 超静定结构的位移计算

当采用图乘法进行超静定结构的位移计算时,为避免通过求解超静定结构获得虚拟状态下的单位弯矩图,可将单位荷载施加在原结构的任意一个静定的基本结构上。

【注意】 在进行超静定结构的位移计算时,要关注引起位移的因素有几种,尤其是在计算支座变位引起的超静定结构位移时,不能遗漏支座变位对位移的贡献。

【例 5-2】 图 5-2 所示梁的 EI 为常量,固定端 B 发生了向下的支座位移 Δ,则由此引起的梁中点 C 的竖向位移为(　)。(浙江大学 2007)

A. $\Delta/4(\uparrow)$　　　B. $\Delta/2(\downarrow)$　　　C. $5\Delta/8(\downarrow)$　　　D. $11\Delta/16(\downarrow)$

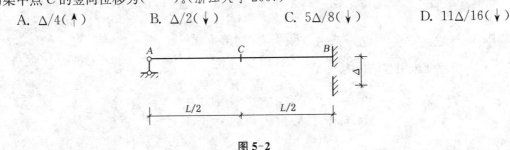

图 5-2

【分析】 本题为超静定结构的位移计算问题,先作出结构由于支座变位引起的弯矩图 M_C 图,如图 5-3(a) 所示。并选取图 5-3(b) 所示的悬臂梁为原结构的基本结构,在 C 处施加单位竖向荷载,作出虚拟状态下的弯矩图。

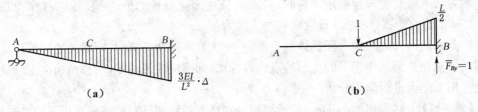

图 5-3

则:$\Delta_{Cy} = \dfrac{\overline{M}_1 M_P}{EI} - \sum \overline{R} C = \dfrac{1}{EI} \times \left(-\dfrac{1}{2}\right) \times \dfrac{L}{2} \times \dfrac{L}{2} \times \dfrac{3EI}{L^2}\Delta \times \dfrac{5}{6} - (-1 \times \Delta) = \dfrac{11\Delta}{16}(\downarrow)$,故选 D。

【注意】 本题是超静定结构在支座变位下的位移计算,不仅需采用图 5-3(a)、(b) 所示的弯矩图进行图乘,还需考虑由于支座变位对 C 点竖向位移的贡献。

【例 5-3】 图 5-4 所示结构的支座 A 下沉了 2 cm,已知各杆的抗弯刚度 $EI = 4.02 \times 10^4 \text{ kN} \cdot \text{m}^2$。试用力法分析作其弯矩图,并求 C 点的竖向位移 Δ_{Cy}。(东南大学 2015)

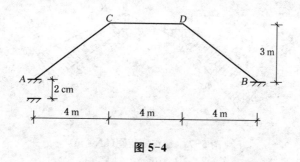

图 5-4

【解】 本题为对称结构发生非对称支座变位的问题,可分解成正对称和反对称两种情况进行简化分析,分别如图 5-5(a)、(b) 所示。

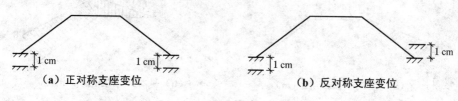

图 5-5

(1) 在正对称支座变位情况下,结构整体下沉 1 cm,只发生刚体位移,而不产生弯曲变形,故无弯矩。

(2) 在反对称支座变位情况下,取半结构进行分析,如图 5-6(a) 所示,并选取图 5-6(b) 为其基本结构,作 $\overline{M}_1$ 图,如图 5-6(c) 所示。

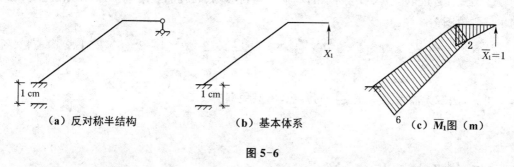

图 5-6

建立力法典型方程:$\delta_{11}X_1 + \Delta_{1C} = 0$

系数:$\delta_{11} = \frac{1}{2} \times 2 \times 2 \times \frac{2}{3} \times 2 \times \frac{1}{EI} + \frac{5}{6EI} \times (2 \times 2 \times 2 + 2 \times 6 \times 6 + 2 \times 2 \times 6)$

$= \frac{268}{3EI}$

自由项:$\Delta_{1C} = -\sum \overline{R}C = -(1 \times 0.01) = -0.01 \text{ m}$

解方程得:$X_1 = 4.5 \text{ kN}$

叠加得最终弯矩图,如图 5-7 所示。

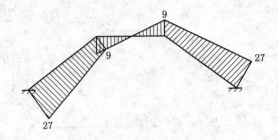

图 5-7 最终弯矩图(kN·m)

求 C 点的竖向位移：

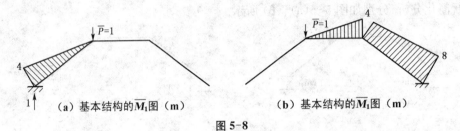

图 5-8

① 法一：若选取图 5-8(a)所示的基本结构，在 C 点施加竖向单位力，作出虚拟状态下的单位弯矩图。

故有：$\Delta_{Cy} = \dfrac{5}{6EI} \times (-27 \times 4 \times 2 + 0 - 4 \times 9) - (-1 \times 0.02) = 0.0148 \text{ m}(\downarrow)$

② 法二：若选取图 5-8(b)所示的基本结构，在 C 点处施加竖向单位力，作出虚拟状态下的单位弯矩图。

故有：$\Delta_{Cy} = \dfrac{4}{6EI} \times (2 \times 4 \times 9 + 0 - 4 \times 9) + \dfrac{5}{6EI} \times (2 \times 9 \times 4 + 2 \times 8 \times 27 + 8 \times 9 + 4 \times 27)$

$= 0.0148 \text{ m}(\downarrow)$

可见，法二无需考虑支座变位的影响，可避免漏项。

二、重点难点分析

1. 合理选取基本结构

用力法求解超静定结构时，解除多余约束后所得的静定结构为原结构的基本结构，对于基本结构的选取应注意以下问题：

(1) 应选取合理的基本结构使计算过程简化

如在对图 5-9 所示的结构来用力法求解时，可选图 5-10(a)、(b) 两种基本结构，但两者的计算量及其单位弯矩图的求解存在很大差异，可以证明，图 5-10(b) 的基本结构在作单位弯矩图、荷载弯矩图以及图乘时的工作量最少。因此，在解除超静定结构多余约束和选取基本结构时，应使所选基本结构的弯矩图尽量好画，也便于图乘。

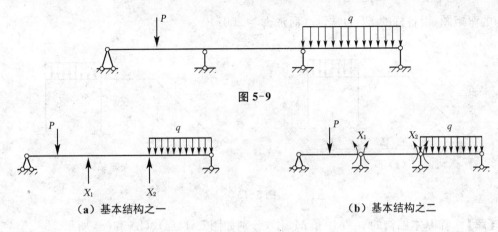

图 5-9

（a）基本结构之一　　　　　　　　（b）基本结构之二

图 5-10

(2) 基本体系必须是几何不变体系，避免选成几何可变体系。

如图 5-11(a) 所示的结构在用力法进行求解时，可选图 5-11(b) 所示的三铰刚架为基本结构，但图 5-11(c) 为几何可变体系，不能作为基本结构。

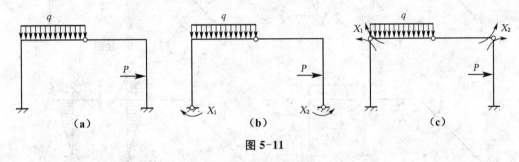

图 5-11

(3) 在解除多余约束时，若将刚结点改为铰接，要注意基本未知量的个数。

① 一个单刚结点改成铰接，解除一个多余约束，未知力为一对等值反向的力偶。如图 5-12(a) 所示。

② 若将一个连接 n 个刚片的复刚结点改成铰接点，相当于解除了 $(n-1)$ 个多余约束，应代以 $(n-1)$ 对等值反向的未知力偶（原因：连接 n 个刚片的刚结点相当于 $3(n-1)$ 个约束，将其改为铰接后形成的铰结点相当于 $2(n-1)$ 个约束，故解除了 $(n-1)$ 个约束。这些被解除的约束均为限制结点转动的约束，故应代以 $(n-1)$ 对等值反向的力偶）。如图 5-12(b) 所示连接三个刚片的复刚结点，在解除多余约束时将刚结点改为铰接，则应在与铰相连的杆端施加两对等值反向的未知力偶。

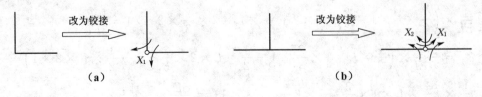

图 5-12

【例 5-4】　图 5-13(a) 所示的超静定结构，若选图 5-13(b) 为基本结构，试用力法绘出

结构的弯矩图,设各杆的 EI 为常量。(同济大学 2007)

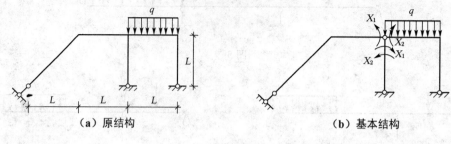

(a) 原结构　　　　　　　　　(b) 基本结构

图 5-13

【解】　作基本结构的 $\overline{M}_1$、$\overline{M}_2$ 和 M_P 图,分别如图 5-14(a)、(b) 和(c) 所示。

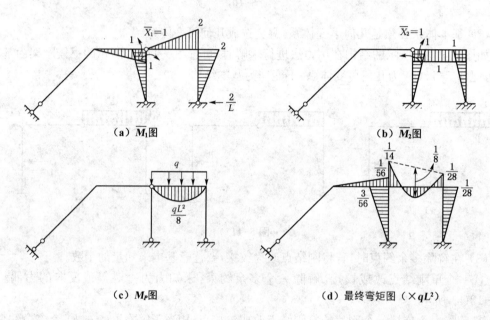

(a) $\overline{M}_1$ 图　　　　　　　　　(b) $\overline{M}_2$ 图

(c) M_P 图　　　　　　　　　(d) 最终弯矩图($\times qL^2$)

图 5-14

建立力法典型方程:

$$\begin{cases} \delta_{11}X_1 + \delta_{12}X_2 + \Delta_{1P} = 0 \\ \delta_{21}X_1 + \delta_{22}X_2 + \Delta_{2P} = 0 \end{cases}$$

求系数和自由项:

$$\delta_{11} = \frac{1}{EI} \times \left(\frac{1}{2} \times L \times 1 \times \frac{2}{3} \times 1 \times 2 + \frac{1}{2} \times L \times 2 \times \frac{2}{3} \times 2 \times 2 \right) = \frac{10L}{3EI}$$

$$\delta_{12} = \delta_{21} = -\frac{1}{EI} \times \left(\frac{1}{2} \times L \times 1 \times \frac{2}{3} \times 1 + \frac{1}{2} \times L \times 2 \times \frac{2}{3} \times 1 + \frac{1}{2} \times L \times 2 \times 1 \right) = -\frac{2L}{EI}$$

$$\delta_{22} = \frac{1}{EI} \times \left(\frac{1}{2} \times L \times 1 \times \frac{2}{3} \times 1 \times 2 + L \times 1 \times 1 \right) = \frac{5L}{3EI}$$

$$\Delta_{1P} = -\frac{1}{EI} \times \frac{2}{3} \times L \times \frac{qL^2}{8} \times \frac{1}{2} \times 2 = -\frac{qL^3}{12EI},\quad \Delta_{2P} = \frac{1}{EI} \times \frac{2}{3} \times L \times \frac{qL^2}{8} \times 1 = \frac{qL^3}{12EI}$$

代入方程求得：$X_1 = -\dfrac{qL^2}{56}, X_2 = -\dfrac{qL^2}{14}$

由 $M = \overline{M}_1 X_1 + \overline{M}_2 X_2 + M_P$ 叠加作最终弯矩图，如图 5-14(d) 所示。

2. 关于弹性支承问题

超静定结构可能存在的弹性支承或弹性约束，其支承或约束的类型，与第 4 章中介绍的相同，在解除约束时，若解除的是弹性支承或弹性约束，需注意变形协调条件的变化。若是抗移弹簧（设其刚度系数为 k_N），可将其视为一根拉压刚度为 $k_N L$ 的铰接杆，与超静定桁架的处理方式相同（教材 P103 例题 5-3），此处不再赘述。而对于抗转弹簧或弹簧铰（设其刚度系数为 k_φ）的处理，若将其解除，则与未知弯矩对应的力法方程右端项为 $-X_1/k_\varphi$。

【**例 5-5**】 用力法求解图 5-15(a) 所示结构时，选取图 5-15(b) 所示结构为基本体系，则力法典型方程为：_____。

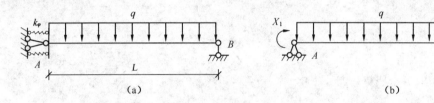

图 5-15

【**解**】 基本体系在未知力 X_1 和外荷载共同作用下，在 A 处产生的转角位移与原结构中抗转弹簧产生的转角大小相等，方向相反。而原结构中抗转弹簧产生的转角为 $\dfrac{X_1}{k_\varphi}$，故力法典型方程为：$\delta_{11} X_1 + \Delta_{1P} = -\dfrac{X_1}{k_\varphi}$。

3. 几个重要结论（忽略受弯杆的轴向变形）

(1) 集中荷载 F_P 沿某杆件的轴线方向作用，若该杆件无轴向位移，则仅在该杆内产生轴力，不引起其余杆件的弯矩（如图 5-16(a)）。

(2) 等值反向的一对集中荷载作用在无相对线位移的杆轴方向时，仅在该杆产生轴力，不引起其余杆件的弯矩（如图 5-16(b)、(c)）。

(3) 集中力作用在无结点线位移的结点上或集中力偶作用在不动的结点上时，汇交于该结点的各杆无弯矩（如图 5-16(d)）。

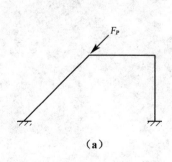

(a)

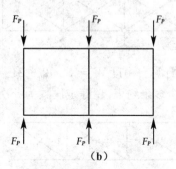

(b)

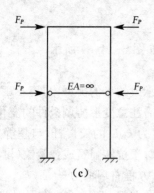
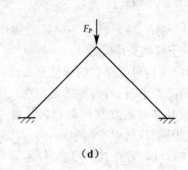

图 5-16

习题 5-1

(a)

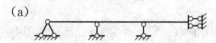

【解】 超静定次数为 3 次。

(b)

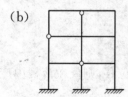

【解】 超静定次数为:$3 \times 6 - 1 - 2 - 3 = 12$ 次。

(此法称为封闭框格法,对于有铰封闭框格,超静定次数 = $3 \times$ 框格数 — 单铰数。若为复铰,需折算为单铰个数)

(c)

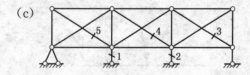

【解】 计算自由度 $W = 8 \times 2 - 21 = -5$
故有 5 个多余约束,超静定次数为 5 次(见图中)。

(d)

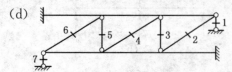

【解】 计算自由度 $W = 3 \times 7 - 2 \times 10 - 2 - 6 = -7$

故有 7 个多余约束，超静定次数为 7 次（见图中）。

习题 5-2

(a)【解】

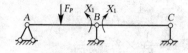

（a）基本体系

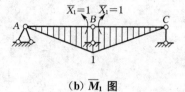

（b）$\overline{M}_1$ 图

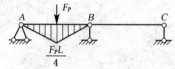

（c）M_P 图

选取图(a)所示为基本体系，作出 $\overline{M}_1$ 和 M_P 图，如图(b)、(c)。

列出力法方程为：$\delta_{11} X_1 + \Delta_{1P} = 0$

求系数和自由项：$\delta_{11} = \dfrac{1}{2} \times L \times 1 \times \dfrac{2}{3} \times 1 \times \dfrac{1}{EI} \times 2 = \dfrac{2L}{3EI}$

$$\Delta_{1P} = \dfrac{1}{2} \times L \times \dfrac{F_P L}{4} \times \dfrac{1}{2} \times 1 \times \dfrac{1}{EI} = \dfrac{F_P L^2}{16 EI}$$

代入方程：$\dfrac{2L}{3EI} X_1 + \dfrac{F_P L^2}{16 EI} = 0 \quad \Rightarrow X_1 = -\dfrac{3 F_P L}{32}$

叠加 $(\overline{M}_1 X_1 + M_P)$ 作最终弯矩图，如图(d) 所示。

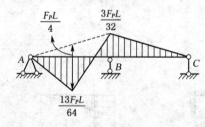

（d）M 图

(b)【解】

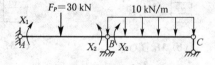

（a）基本体系

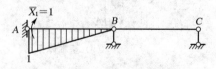

（b）$\overline{M}_1$ 图

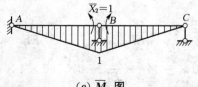

（c）$\overline{M}_2$ 图

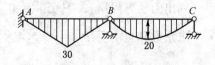

（d）M_P 图（kN·m）

选取图(a)所示为基本体系，作$\overline{M}_1$、$\overline{M}_2$ 和 M_P 图，分别如图(b)、(c)、(d)。

列出力法方程：$\begin{cases} \delta_{11}X_1 + \delta_{12}X_2 + \Delta_{1P} = 0 \\ \delta_{21}X_1 + \delta_{22}X_2 + \Delta_{2P} = 0 \end{cases}$

求系数和自由项：$\delta_{11} = \dfrac{1}{2} \times 4 \times 1 \times \dfrac{2}{3} \times 1 \times \dfrac{1}{EI} = \dfrac{4}{3EI}$

$$\delta_{12} = \delta_{21} = \dfrac{1}{2} \times 4 \times 1 \times \dfrac{1}{3} \times 1 \times \dfrac{1}{EI} = \dfrac{2}{3EI}$$

$$\delta_{22} = \dfrac{1}{2} \times 4 \times 1 \times \dfrac{2}{3} \times 1 \times \dfrac{1}{EI} \times 2 = \dfrac{8}{3EI}$$

$$\Delta_{1P} = \dfrac{1}{2} \times 4 \times 30 \times \dfrac{1}{2} \times 1 \times \dfrac{1}{EI} = \dfrac{30}{EI}$$

$$\Delta_{2P} = \dfrac{1}{2} \times 4 \times 30 \times \dfrac{1}{2} \times 1 \times \dfrac{1}{EI} + \dfrac{2}{3} \times 4 \times 20 \times \dfrac{1}{2} \times 1 \times \dfrac{1}{EI} = \dfrac{170}{3EI}$$

代入力法方程，求得：$\begin{cases} X_1 = -\dfrac{95}{7} \text{ kN} \cdot \text{m} \\ X_2 = -\dfrac{125}{7} \text{ kN} \cdot \text{m} \end{cases}$

由 $M = \overline{M}_1 X_1 + \overline{M}_2 X_2 + M_P$，作最终 M 图，如图(e)所示。

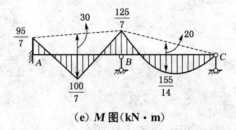

(e) M 图(kN·m)

习题 5-3

(a)【解】

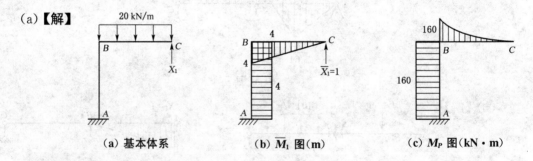

(a) 基本体系　　　　(b) $\overline{M}_1$ 图(m)　　　　(c) M_P 图(kN·m)

选取图(a)所示为基本体系，作$\overline{M}_1$ 图和 M_P 图，如图(b)和(c)。

列出力法方程：$\delta_{11}X_1 + \Delta_{1P} = 0$

求系数和自由项：$\delta_{11} = \dfrac{1}{2} \times 4 \times 4 \times \dfrac{2}{3} \times 4 \times \dfrac{1}{EI} + 4 \times 4 \times 4 \times \dfrac{1}{EI} = \dfrac{256}{3EI}$

$$\Delta_{1P} = \dfrac{-1}{3} \times 4 \times 160 \times \dfrac{3}{4} \times 4 \times \dfrac{1}{EI} - 4 \times 160 \times 4 \times \dfrac{1}{EI} = -\dfrac{3\,200}{EI}$$

代入方程求得：$X_1 = 37.5$ kN

由 $M = \overline{M}_1 X_1 + M_P$，作最终 M 图，如图(d)。

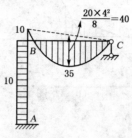

(d) M 图(kN·m)

(b)【解】 选取图(a)所示为基本体系，作 $\overline{M}_1$ 图和 M_P 图，分别如图(b)、(c)。

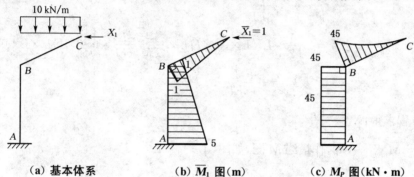

(a) 基本体系　　(b) $\overline{M}_1$ 图(m)　　(c) M_P 图(kN·m)

列出力法方程：$\delta_{11} X_1 + \Delta_{1P} = 0$

求系数和自由项：
$$\delta_{11} = \frac{1}{2} \times 1 \times \sqrt{10} \times \frac{2}{3} \times 1 \times \frac{1}{EI} + \frac{4}{6EI} \times (2 \times 1 \times 1 + 2 \times 5 \times 5 + 1 \times 5 + 1 \times 5)$$

$$= \frac{(124 + \sqrt{10})}{3EI}$$

$$\Delta_{1P} = -\frac{1}{3} \times \sqrt{10} \times 45 \times \frac{3}{4} \times 1 \times \frac{1}{EI} + \frac{4}{6EI} \times (-2 \times 45 \times 1 - 2 \times 45 \times 5 - 1 \times 45 - 5 \times 45)$$

$$= -\frac{(45\sqrt{10} + 2\,160)}{4EI}$$

代入力法方程求得：$X_1 = 13.58$ kN

由 $M = \overline{M}_1 X_1 + M_P$，作最终 M 图，如图(d)。

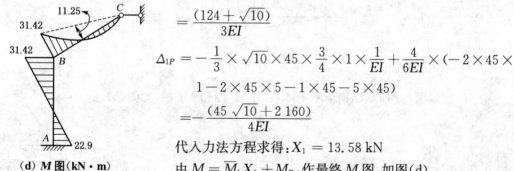

(d) M 图(kN·m)

(c)【解】 法一：选取图(a)所示结构为基本体系，作 $\overline{M}_1$ 图和 M_P 图，如图(b)、(c)。

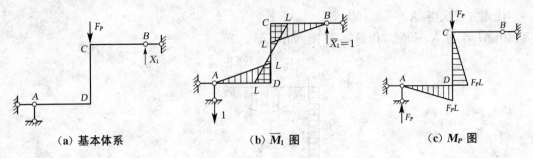

(a) 基本体系　　　(b) $\overline{M}_1$ 图　　　(c) M_P 图

列出力法方程：$\delta_{11}X_1 + \Delta_{1P} = 0$

求系数和自由项：$\delta_{11} = \frac{1}{2} \times L \times L \times \frac{2}{3} \times L \times \frac{1}{2EI} \times 2 + \frac{L}{2} \times L \times \frac{1}{2} \times \frac{2}{3} \times L \times \frac{1}{EI}$

$\times 2 = \frac{2L^3}{3EI}$

$\Delta_{1P} = -\frac{1}{2} \times L \times L \times \frac{2}{3} \times F_P L \times \frac{1}{2EI} + \frac{L}{6EI} \times (-2 \times F_P L \times L + 0 + 0 + F_P L$

$\times L) = -\frac{F_P L^3}{3EI}$

代入方程求得：$X_1 = \frac{F_P}{2}$

由 $M = \overline{M}_1 X_1 + M_P$，作最终 M 图，如图(d)。

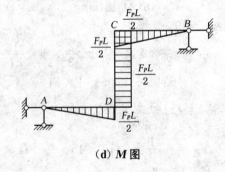

(d) M 图

法二：选取图(a)所示结构为基本体系，作$\overline{M}_1$ 图和 M_P 图，如图(b)、(c)。

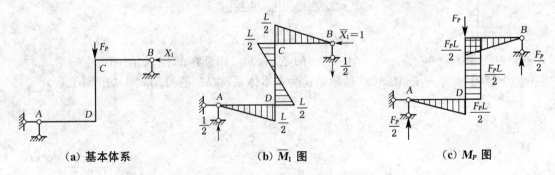

(a) 基本体系　　　(b) $\overline{M}_1$ 图　　　(c) M_P 图

列出力法方程：$\delta_{11}X_1 + \Delta_{1P} = 0$

求系数和自由项：$\delta_{11} = \frac{1}{2} \times L \times \frac{L}{2} \times \frac{2}{3} \times \frac{L}{2} \times \frac{1}{2EI} \times 2 + \frac{1}{2} \times \frac{L}{2} \times \frac{L}{2} \times \frac{2}{3} \times \frac{L}{2} \times \frac{1}{EI}$

$$\times 2 = \frac{L^3}{6EI}$$

$\Delta_{1P} = 0$(由对称性可直接判断)

求得:$X_1 = 0$,故最终 M 图即 M_P 图。

【注解】 力法基本体系的选取方式不唯一,选择合理的基本体系能大大简化计算过程。即使选取不同的基本体系,但最终结果一定是相同的。

(d)【解】 选取图(a)所示结构为基本体系,分别作 $\overline{M}_1$、$\overline{M}_2$ 和 M_P 图,如图(b)、(c)、(d)。

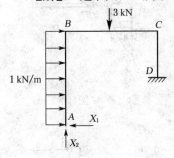

(a) 基本体系

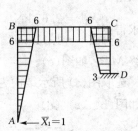

(b) $\overline{M}_1$ 图(m)

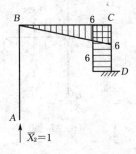

(c) $\overline{M}_2$ 图(m)

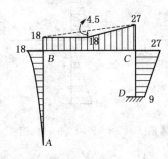

(d) M_P 图(kN·m)

列出力法方程:$\begin{cases} \delta_{11}X_1 + \delta_{12}X_2 + \Delta_{1P} = 0 \\ \delta_{21}X_1 + \delta_{22}X_2 + \Delta_{2P} = 0 \end{cases}$

求系数和自由项:

$\delta_{11} = \frac{1}{2} \times 6 \times 6 \times \frac{2}{3} \times 6 \times \frac{1}{2EI} + 6 \times 6 \times 6 \times \frac{1}{2EI} + \frac{3}{6EI} \times (2 \times 6 \times 6 + 2 \times 3 \times 3 +$

$3 \times 6 + 3 \times 6) = \frac{207}{EI}$

$\delta_{12} = \delta_{21} = \frac{1}{2} \times 6 \times 6 \times 6 \times \frac{1}{2EI} + \frac{3}{6EI} \times (2 \times 6 \times 6 + 2 \times 3 \times 6 + 3 \times 6 + 6 \times 6)$

$= \frac{135}{EI}$

$\delta_{22} = \frac{1}{2} \times 6 \times 6 \times \frac{2}{3} \times 6 \times \frac{1}{2EI} + 3 \times 6 \times 6 \times \frac{1}{EI} = \frac{144}{EI}$

$\Delta_{1P} = -\frac{1}{3} \times 6 \times 18 \times \frac{3}{4} \times 6 \times \frac{1}{2EI} - 3 \times 6 \times 18 \times \frac{1}{2EI} + \frac{3}{6 \times 2EI} \times (-2 \times 18 \times 6 -$

$2 \times 6 \times 27 - 6 \times 18 - 6 \times 27) + \frac{3}{6EI} \times (-2 \times 27 \times 6 - 2 \times 3 \times 9 - 27 \times 3 - 6$

$$\times 9)=-\frac{702}{EI}$$

$$\Delta_{2P}=-\frac{1}{2}\times3\times3\times18\times\frac{1}{2EI}+\frac{3}{6\times2EI}\times(-2\times$$
$$18\times3-2\times6\times27-3\times27-6\times18)+\frac{3}{6EI}$$
$$\times(-6\times27\times2-2\times6\times9-6\times9-6\times27)$$
$$=-\frac{519.75}{EI}$$

代入方程求得：$\begin{cases}X_1=2.67\text{ kN}\\X_2=1.11\text{ kN}\end{cases}$

叠加作最终 M 图,如图(e)。

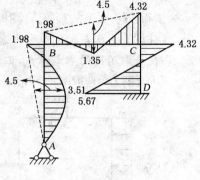

(e) M 图($\text{kN}\cdot\text{m}$)

(e)【解】 选取图(a)所示结构为基本体系,作 $\overline{M}_1$、$\overline{M}_2$ 和 M_P 图,如图(b)、(c)、(d)。

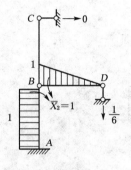
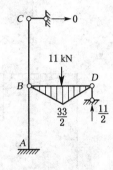

(a) 基本体系   (b) $\overline{M}_1$ 图   (c) $\overline{M}_2$ 图   (d) M_P 图($\text{kN}\cdot\text{m}$)

列出力法方程：$\begin{cases}\delta_{11}X_1+\delta_{12}X_2+\Delta_{1P}=0\\\delta_{21}X_1+\delta_{22}X_2+\Delta_{2P}=0\end{cases}$

求系数和自由项：

$$\delta_{11}=\frac{1}{2}\times6\times1\times\frac{2}{3}\times1\times\frac{1}{EI}\times2+\frac{1}{2}\times6\times1\times\frac{2}{3}\times1\times\frac{1}{2EI}=\frac{5}{EI}$$

$$\delta_{12}=\delta_{21}=-\frac{1}{2}\times6\times1\times\frac{2}{3}\times1\times\frac{1}{EI}+\frac{1}{2}\times1\times6\times1\times\frac{1}{2EI}=-\frac{1}{2EI}$$

$$\delta_{22}=\frac{1}{2}\times6\times1\times\frac{2}{3}\times1\times\frac{1}{EI}+1\times6\times1\times\frac{1}{2EI}=\frac{5}{EI}$$

$$\Delta_{1P}=\frac{1}{2}\times6\times\frac{33}{2}\times\frac{1}{2}\times1\times\frac{1}{EI}=\frac{99}{4EI}$$

$$\Delta_{2P}=-\frac{99}{4EI}$$

代入方程求得：$\begin{cases}X_1=-4.5\text{ kN}\cdot\text{m}\\X_2=4.5\text{ kN}\cdot\text{m}\end{cases}$

叠加作最终 M 图,如图(e)。

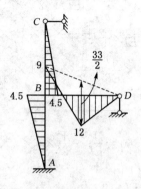

(e) M 图(kN·m)

【注解】 将连接 n 个刚片的刚结点改成铰接时,相当于解除了 $(n-1)$ 个约束,故应施加 $(n-1)$ 对大小相等、方向相反的未知力偶 $X_i(1 \leqslant i \leqslant n-1)$。此外,采用上题中的基本体系,$\overline{M}_1$、$\overline{M}_2$ 及 M_P 图便于求解,图乘求系数时计算量较小,故更加合理。

(f)【解】 选取图(a)所示结构为基本体系,分别作 $\overline{M}_1$、$\overline{M}_2$ 和 M_P 图,如图(b)、(c)、(d)。

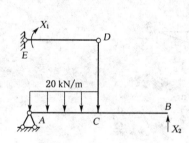

(a) 基本体系

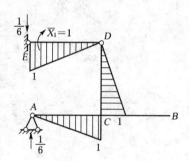

(b) $\overline{M}_1$ 图

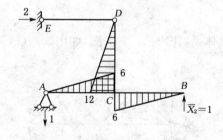

(c) $\overline{M}_2$ 图(m)

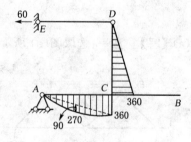

(d) M_P 图(kN·m)

列出力法方程:$\begin{cases} \delta_{11}X_1 + \delta_{12}X_2 + \Delta_{1P} = 0 \\ \delta_{21}X_1 + \delta_{22}X_2 + \Delta_{2P} = 0 \end{cases}$

求系数和自由项:

$\delta_{11} = \dfrac{1}{2} \times 6 \times 1 \times \dfrac{2}{3} \times 1 \times \dfrac{1}{EI} \times 3 = \dfrac{6}{EI}$

$$\delta_{12} = \delta_{21} = -\frac{1}{2} \times 6 \times 1 \times \frac{2}{3} \times 12 \times \frac{1}{EI} - \frac{1}{2} \times 6 \times 1 \times \frac{2}{3} \times 6 \times \frac{1}{EI} = -\frac{36}{EI}$$

$$\delta_{22} = \frac{1}{2} \times 6 \times 6 \times \frac{2}{3} \times 6 \times \frac{1}{EI} \times 2 + \frac{1}{2} \times 6 \times 12 \times \frac{2}{3} \times 12 \times \frac{1}{EI} = \frac{432}{EI}$$

$$\Delta_{1P} = \frac{1}{2} \times 6 \times 1 \times \frac{2}{3} \times 360 \times \frac{1}{EI} + \frac{1}{2} \times 6 \times 1 \times \frac{2}{3} \times 360 \times \frac{1}{EI} + \frac{2}{3} \times 6 \times \frac{20 \times 6^2}{8} \times$$
$$\frac{1}{2} \times 1 \times \frac{1}{EI} = \frac{1\,620}{EI}$$

$$\Delta_{2P} = -\frac{1}{2} \times 12 \times 6 \times \frac{2}{3} \times 360 \times \frac{1}{EI} - \frac{1}{2} \times 6 \times 6 \times \frac{2}{3} \times 360 \times \frac{1}{EI} - \frac{2}{3} \times 6 \times \frac{20 \times 6^2}{8}$$
$$\times \frac{1}{2} \times 6 \times \frac{1}{EI} = -\frac{14\,040}{EI}$$

代入方程求得：$\begin{cases} X_1 = -150 \text{ kN} \cdot \text{m} \\ X_2 = 20 \text{ kN} \end{cases}$

叠加作最终 M 图，如图(e)。

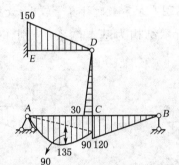

(e) M 图（kN·m）

习题 5-4

(a)【解】 法一：选取图(a)所示结构为基本体系，作出 $\overline{F}_{N1}$，F_{NP} 图，如图(b)、(c)。

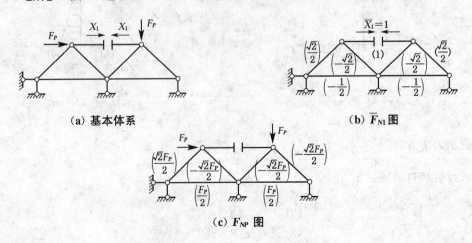

列出力法方程:$\delta_{11}X_1 + \Delta_{1P} = 0$

求系数和自由项:$\delta_{11} = \dfrac{1}{EA} \times \left[1 \times 1 \times 2a + \dfrac{\sqrt{2}}{2} \times \dfrac{\sqrt{2}}{2} \times \sqrt{2}a \times 2 + \left(-\dfrac{\sqrt{2}}{2}\right) \times \left(-\dfrac{\sqrt{2}}{2}\right) \times \sqrt{2}a \right.$

$\left. \times 2 + \left(-\dfrac{1}{2}\right) \times \left(-\dfrac{1}{2}\right) \times 2a \times 2 \right] = \dfrac{(3 + 2\sqrt{2})a}{EA}$

$\Delta_{1P} = \left[\dfrac{\sqrt{2}}{2} \times \dfrac{\sqrt{2}F_P}{2} \times \sqrt{2}a + \left(-\dfrac{\sqrt{2}}{2}\right) \times \left(-\dfrac{\sqrt{2}F_P}{2}\right) \times \sqrt{2}a \times 2 + \dfrac{\sqrt{2}}{2} \times \right.$

$\left. \left(-\dfrac{\sqrt{2}F_P}{2}\right) \times \sqrt{2}a + \left(-\dfrac{1}{2}\right) \times \dfrac{F_P}{2} \times 2a \times 2 \right] \times \dfrac{1}{EA}$

$= \dfrac{(\sqrt{2} - 1)F_P a}{EA}$

代入方程求得:$X_1 = -0.071F_P$

故:$F_{NK} = -0.071F_P$(压)

法二:选取图(a)所示结构为基本体系,作$\overline{F}_{N1}$、F_{NP}图,分别如图(b)、(c)。

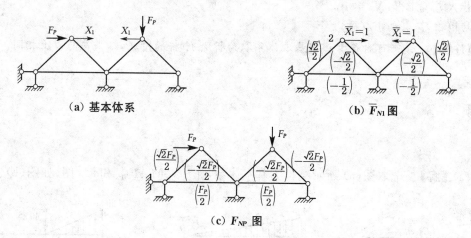

(a) 基本体系 (b) $\overline{F}_{N1}$图

(c) F_{NP}图

列出力法方程:$\delta_{11}X_1 + \Delta_{1P} = -\dfrac{X_1 \cdot 2a}{EA}$

求系数和自由项:$\delta_{11} = \dfrac{(1 + 2\sqrt{2})a}{EA}$,$\Delta_{1P} = \dfrac{(\sqrt{2} - 1)F_P a}{EA}$

代入方程求得:$X_1 = -0.071F_P$

故有:$F_{NK} = -0.071F_P$(压)

【注解】 对比法一与法二可知:法一中的变形协调条件为:$\Delta_1^{基} = \Delta_1^{原} = 0$(切口处两侧截面的相对位移为0);法二中的变形协调条件为:$\Delta_1^{基} = -\Delta_1^{原} = -\dfrac{X_1 \cdot 2a}{EA}$(两结点靠近的距离等于该杆的伸长量)。尽管方法不同,但最终结果是相同的。

(b)【解】 选取图(a)所示结构为基本体系,作$\overline{F}_{N1}$、F_{NP}图,如图(b)、(c)。

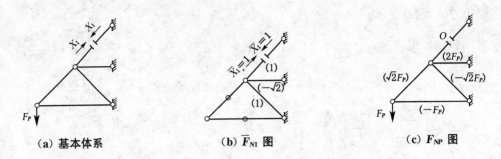

(a) 基本体系　　　　(b) $\overline{F}_{N1}$ 图　　　　(c) F_{NP} 图

列出力法方程：$\delta_{11}X_1 + \Delta_{1P} = 0$

求系数和自由项：

$$\delta_{11} = \frac{1}{EA} \times [1 \times 1 \times \sqrt{2}a \times 2 + (-\sqrt{2}) \times (-\sqrt{2}) \times a] = \frac{(2+2\sqrt{2}a)}{EA}$$

$$\Delta_{1P} = \frac{1}{EA} \times [(-\sqrt{2}) \times 2F_P \times a + 1 \times (-\sqrt{2}F_P) \times \sqrt{2}a] = \frac{-(2+2\sqrt{2})F_P a}{EA}$$

代入方程求得：$X_1 = F_P$

故可得：$F_{NK} = F_P$（拉）

【注解】 读者可自行尝试将基本体系取为拆除 K 杆的情况，结果应与以上相同。

习题 5-5

(a)【解】 选取图(a)所示结构为基本体系，作 $\overline{F}_{N1}$、$\overline{M}_1$、F_{NP} 和 M_P 图，如图(b)、(c)。

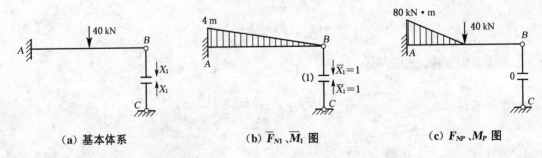

(a) 基本体系　　　　(b) $\overline{F}_{N1}$、$\overline{M}_1$ 图　　　　(c) F_{NP}、M_P 图

列出力法方程：$\delta_{11}X_1 + \Delta_{1P} = 0$

求系数和自由项：$\delta_{11} = \frac{1}{EA} \times 1 \times 1 \times 2 + \frac{1}{2} \times 4 \times 4 \times \frac{2}{3} \times 4 \times \frac{1}{EI} = \frac{643}{30} \times 10^{-4}$

$$\Delta_{1P} = \frac{1}{2} \times 2 \times 80 \times \frac{5}{6} \times 4 \times \frac{1}{EI} = \frac{800}{3} \times 10^{-4}$$

代入求得：$X_1 = -12.44$ kN

叠加作最终 M 和 F_N 图，如图(d)。

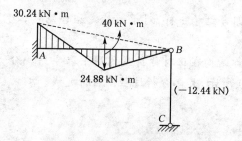

(d) M、F_N 图

(b)【解】 选取图(a)所示结构为基本体系,作$\overline{F}_{N1}$、$\overline{M}_1$、F_{NP} 和 M_P 图,如图(b)、(c)。

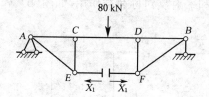

(a) 基本体系

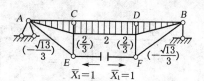

(b) $\overline{F}_{N1}(\text{kN})$、$\overline{M}_1(\text{m})$ 图

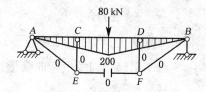

(c) $F_{NP}(\text{kN})$、$M_P(\text{kN} \cdot \text{m})$ 图

列出力法方程:$\delta_{11}X_1 + \Delta_{1P} = 0$
求系数和自由项:

$$\delta_{11} = \frac{1}{EI} \times \left(\frac{1}{2} \times 3 \times 2 \times \frac{2}{3} \times 2 \times 2 + 2 \times 4 \times 2\right) + \frac{1}{EA} \times \left[\frac{2}{3} \times \frac{2}{3} \times 2 \times 2 + \left(-\frac{\sqrt{13}}{3}\right) \right.$$
$$\left. \times \left(-\frac{\sqrt{13}}{3}\right) \times \sqrt{13} \times 2 + 1 \times 1 \times 4\right] = \frac{24}{EI} + \frac{26\sqrt{13} + 52}{9EA}$$

$$\Delta_{1P} = \frac{1}{2} \times 3 \times 2 \times \frac{2}{3} \times \frac{3}{5} \times 200 \times \frac{1}{EI} \times 2 + \frac{2}{6EI} \times (2 \times 120 \times 2 + 2 \times 2 \times 200 + 2 \times 120 + 2 \times 200) \times 2 + 0 = \frac{1760}{EI}$$

代入求得:$X_1 = -70.94 \text{ kN}$
叠加作最终 M、F_N 图,分别如图(d)、(e)。

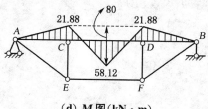

(d) M 图 $(\text{kN} \cdot \text{m})$

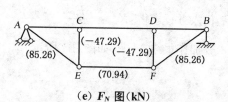

(e) F_N 图 (kN)

【注解】 ① 与静定组合结构一样,对于超静定组合结构,也应分清杆件的类型。

② 本题亦可依据对称结构在正对称荷载作用下取半结构分析,半结构的选取如图(f)所示,具体分析过程请自行完成。

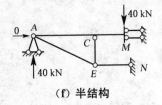

(f) 半结构

习题 5-6

(a)【解】 将原结构分成一对正对称荷载作用和一对反对称荷载作用,如图(b)、(c)。

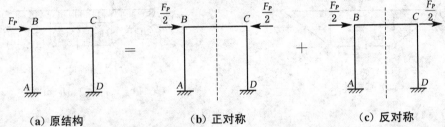

(a) 原结构　　(b) 正对称　　(c) 反对称

① 考察正对称情况:正对称荷载作用下,为一对平衡力系作用在不动结点上,只有 BC 杆产生轴力,且有 $F_{NBC} = -\dfrac{F_P}{2}$,荷载不引起结构发生弯曲变形,故不会产生结构的弯矩,此处不作具体分析(读者可自行证明)。

② 考察反对称情况:选取半结构分析,如图(d),并选取图(e)所示结构为基本体系,作 $\overline{M}_1$、M_P 图,分别如图(f)、(g)。

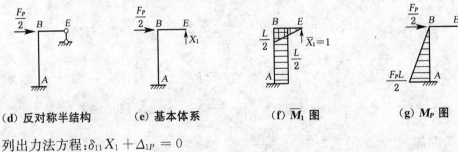

(d) 反对称半结构　　(e) 基本体系　　(f) $\overline{M}_1$ 图　　(g) M_P 图

列出力法方程:$\delta_{11} X_1 + \Delta_{1P} = 0$

求系数和自由项:$\delta_{11} = \left(\dfrac{1}{2} \times \dfrac{L}{2} \times \dfrac{L}{2} \times \dfrac{2}{3} \times \dfrac{L}{2} + \dfrac{1}{2} \times L \times \dfrac{L}{2}\right) \times \dfrac{1}{EI} = \dfrac{7L^3}{24EI}$

$$\Delta_{1P} = -\dfrac{1}{2} \times L \times \dfrac{F_P L}{2} \times \dfrac{L}{2} \times \dfrac{1}{EI} = \dfrac{-F_P L^3}{8EI}$$

代入方程求得:$X_1 = \dfrac{3F_P}{7}$

叠加作最终 M 图,如图(h)所示。

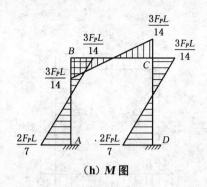

(h) M 图

(b)【解】 原结构有 Ⅰ-Ⅰ、Ⅱ-Ⅱ 两条对称轴(如图(a)),故可取图(b)所示的 $\frac{1}{4}$ 结构进行分析,并选取图(c)所示结构为基本体系,作 $\overline{M}_1$、M_P 图,分别如图(d)、(e)。

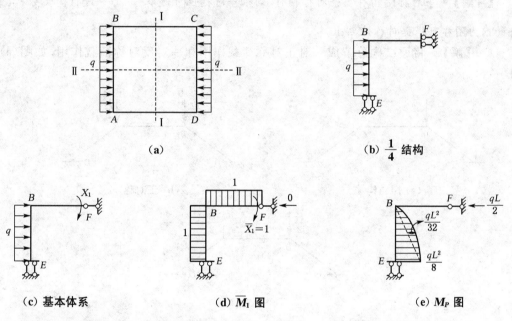

列出力法方程：$\delta_{11}X_1 + \Delta_{1P} = 0$

求系数和自由项：

$$\delta_{11} = \frac{L}{2} \times 1 \times 1 \times \frac{1}{EI} \times 2 = \frac{L}{EI}$$

$$\Delta_{1P} = -\frac{1}{2} \times \frac{L}{2} \times \frac{qL^2}{8} \times 1 \times \frac{1}{EI} - \frac{2}{3} \times \frac{qL^2}{32} \times \frac{L}{2} \times 1 \times \frac{1}{EI} = -\frac{qL^3}{24EI}$$

代入方程求得：$X_1 = \frac{qL^2}{24}$

叠加作最终 M 图,如图(f)所示。

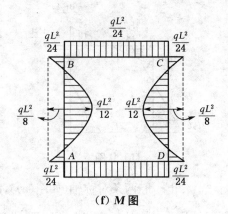

(f) M 图

【注解】 当对称结构有多条对称轴时,则根据对称性可选取 $\frac{1}{4}$ 或 $\frac{1}{8}$ 进行简化分析,最终的内力图亦可根据对称性画出。

(c)**【解】** 将原结构分解成一对正对称荷载作用和一对反对称荷载作用,如图(a)、(b)、(c)。

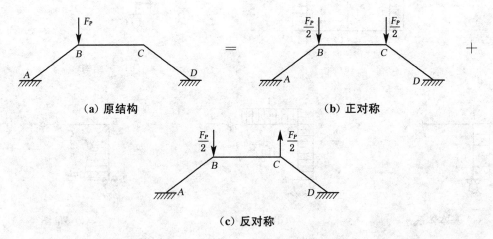

(a) 原结构　　　　　　　　　　(b) 正对称

(c) 反对称

① 考察正对称情况:一对正对称的集中力作用在无线位移的结点 B、C 上,不会引起结构的弯曲变形,故不产生结构的弯矩,在此不作具体分析(读者可自行证明)。

② 考察反对称情况:取半结构分析,如图(d) 所示,并且取图(e)所示结构为基本体系,作 $\overline{M}_1$、M_P 图,分别如图(f)、(g)。

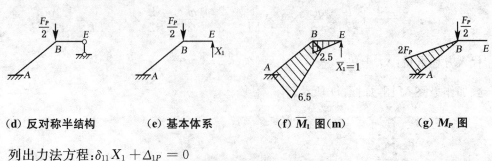

(d) 反对称半结构　　(e) 基本体系　　(f) $\overline{M}_1$ 图(m)　　(g) M_P 图

列出力法方程:$\delta_{11}X_1 + \Delta_{1P} = 0$

求系数和自由项:

$$\delta_{11} = \frac{1}{2} \times 2.5 \times 2.5 \times \frac{2}{3} \times 2.5 \times \frac{1}{EI} + \frac{5}{6EI} \times (2 \times 2.5 \times 2.5 + 2 \times 6.5 \times 6.5 + 2.5$$
$$\times 6.5 \times 2) = \frac{905}{8EI}$$
$$\Delta_{1P} = \frac{5}{6EI} \times (-2 \times 6.5 \times 2F_P + 0 - 2.5 \times 2F_P + 0) = -\frac{155F_P}{6EI}$$

代入求得:$X_1 = 0.228F_P$

叠加作最终 M 图,如图(h)所示。

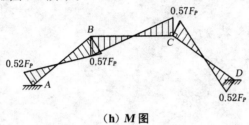

(h) M 图

习题 5-7

(a)【解】 选取图(a)所示结构为基本体系,作 $\overline{F}_{N1}$、$\overline{M}_1$ 图,分别如图(b)、(c)。

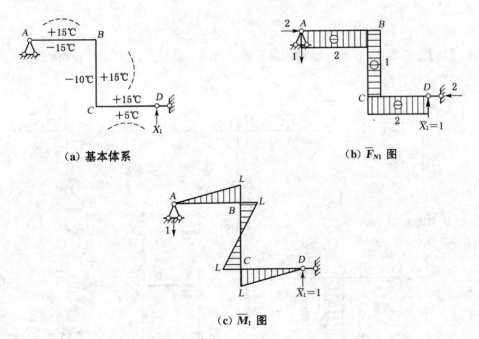

列出力法方程:$\delta_{11}X_1 + \Delta_{1t} = 0$

求系数和自由项:

$$\delta_{11} = \frac{1}{2} \times L \times L \times \frac{2}{3} \times L \times \frac{1}{EI} \times 2 + \frac{1}{2} \times \frac{L}{2} \times L \times \frac{2}{3} \times L \times \frac{1}{EI} \times 2 = \frac{L^3}{EI}$$

$$\Delta_{1t} = \sum \alpha \cdot t_0 \cdot \omega_{\overline{F}_{N1}} + \sum \frac{\alpha \cdot \Delta t}{h} \cdot \omega_{\overline{M}_1}$$

对于 AB 杆：$t_0 = 0, \Delta t = 30℃$

对于 BC 杆：$t_0 = \dfrac{5}{2}℃, \Delta t = 25℃$

对于 CD 杆：$t_0 = 10℃, \Delta t = 10℃$

所以 $\Delta_{1t} = \alpha \times \left[0 + \left(-1 \times L \times \dfrac{5}{2} \right) + (-10 \times 2 \times L) \right] + \dfrac{\alpha}{\dfrac{L}{10}} \times \left[30 \times \dfrac{1}{2} \times L \times L + \right.$

$\left. 0 - 10 \times \dfrac{1}{2} \times L \times L \right] = 77.5\alpha L$

代入求得：$X_1 = -\dfrac{77.5\alpha EI}{L^2}$

叠加作最终 M 图，如图(d)所示。

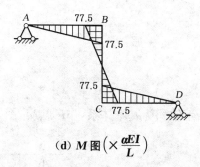

(d) M 图 $\left(\times \dfrac{\alpha EI}{L} \right)$

(b)【解】 选取图(a)所示结构为基本体系，作 $\overline{F}_{N1}$、$\overline{M}_1$、$\overline{F}_{N2}$、$\overline{M}_2$ 图，分别如图(b)、(c)、(d)、(e)。

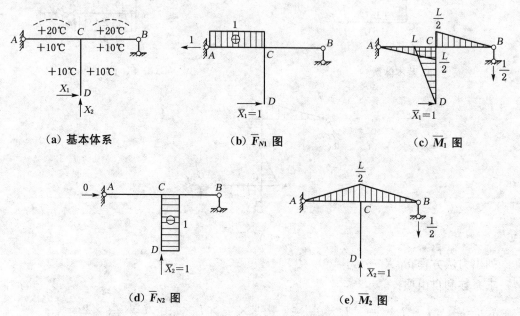

(a) 基本体系　　(b) $\overline{F}_{N1}$ 图　　(c) $\overline{M}_1$ 图

(d) $\overline{F}_{N2}$ 图　　(e) $\overline{M}_2$ 图

列出力法方程：$\begin{cases} \delta_{11}X_1 + \delta_{12}X_2 + \Delta_{1t} = 0 \\ \delta_{21}X_1 + \delta_{22}X_2 + \Delta_{2t} = 0 \end{cases}$

求系数和自由项：

$\delta_{11} = \dfrac{1}{2} \times \dfrac{L}{2} \times L \times \dfrac{2}{3} \times \dfrac{L}{2} \times \dfrac{1}{EI} \times 2 + \dfrac{1}{2} \times L \times L \times \dfrac{2}{3} \times L \times \dfrac{1}{EI} = \dfrac{L^3}{2EI}$

$\delta_{12} = \delta_{21} = 0$

$\delta_{22} = \dfrac{1}{2} \times \dfrac{L}{2} \times L \times \dfrac{2}{3} \times \dfrac{L}{2} \times \dfrac{1}{EI} \times 2 = \dfrac{L^3}{6EI}$

$\Delta_{1t} = \sum \alpha \cdot t_0 \cdot \omega_{\overline{F}_{N1}} + \sum \dfrac{\alpha \cdot \Delta t}{h} \cdot \omega_{\overline{M}_1}$

$= \alpha \times \dfrac{(20+10)}{2} \times 1 \times L + 0 = 15\alpha L$

$\Delta_{2t} = \sum \alpha \cdot t_0 \cdot \omega_{\overline{F}_{N2}} + \sum \dfrac{\alpha \cdot \Delta t}{h} \cdot \omega_{\overline{M}_2}$

$= -\alpha \times \dfrac{(10+10)}{2} \times 1 \times L + \dfrac{\alpha \times 10}{\dfrac{L}{10}} \times \dfrac{1}{2} \times L \times \dfrac{L}{2} \times 2 = 40\alpha L$

代入方程求得：$\begin{cases} X_1 = -\dfrac{30\alpha EI}{L^2} \\ X_2 = -\dfrac{240\alpha EI}{L^2} \end{cases}$

叠加作最终 M 图，如图(f) 所示。

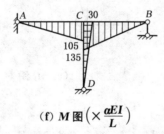

(f) M 图 $\left(\times \dfrac{\alpha EI}{L}\right)$

习题 5-8

(a)【解】 选取图(a) 所示结构为基本体系，作 $\overline{M}_1$ 图，如图(b)。

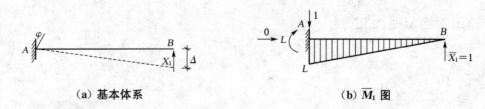

(a) 基本体系   (b) $\overline{M}_1$ 图

列出力法方程：$\delta_{11}X_1 + \Delta_{1C} = -\Delta$

求系数和自由项：$\delta_{11} = \frac{1}{2} \times L \times L \times \frac{2}{3} \times L \times \frac{1}{EI} = \frac{L^3}{3EI}$

$$\Delta_{1C} = -(L \cdot \varphi) = -L \cdot \varphi$$

代入求得：$X_1 = \frac{3EI}{L^2} \cdot \varphi - \frac{3EI}{L^3} \cdot \Delta$

叠加作 M 图，如图(c)所示。

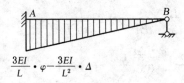

(c) M 图

(b)【解】 选取图(a)所示结构为基本体系，作 $\overline{M}_1$ 图，如图(b)。

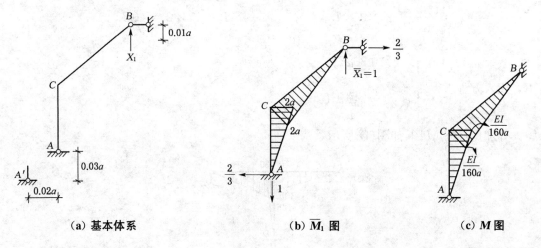

(a) 基本体系   (b) $\overline{M}_1$ 图   (c) M 图

列出力法方程：$\delta_{11} X_1 + \Delta_{1C} = -0.01a$

求系数和自由项：$\delta_{11} = \frac{1}{2} \times 3a \times 2a \times \frac{2}{3} \times 2a \times \frac{1}{EI} + \frac{1}{2} \times 5a \times 2a \times \frac{2}{3} \times 2a \times \frac{1}{EI}$

$$= \frac{32a^3}{3EI}$$

$$\Delta_{1C} = -\left(\frac{2}{3} \times 0.02a + 1 \times 0.03a\right) = -\frac{13a}{300}$$

代入方程求得：$X_1 = \frac{EI}{320a^2}$

叠加作最终 M 图，如图(c)。

习题 5-9

【解】 选取图(a)所示结构为基本体系。

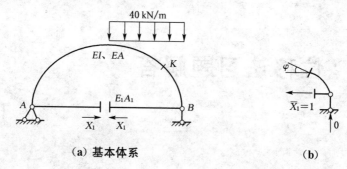

(a) 基本体系   (b)

① 求拉杆内力

列出力法方程：$\delta_{11}X_1 + \Delta_{1P} = 0$，由于 $\dfrac{f}{L} = \dfrac{4}{20} = \dfrac{1}{5}$，属扁拱，故取 $ds = dx, \cos\varphi = 1$

求系数：$\delta_{11} = \int \dfrac{\overline{M}_1^2}{EI} ds + \int \dfrac{\overline{F}_{N1}^2}{EA} ds + \dfrac{1 \times 1 \times 20}{E_1 A_1}$

$\overline{M}_1 = -1 \times y = -y, \overline{F}_{N1} = \cos\varphi = 1$

求得：$\delta_{11} = \int \dfrac{y^2}{EI} ds + \int \dfrac{\cos^2\varphi}{EA} ds + \dfrac{20}{E_1 A_1}$

$= \int_0^{20} \dfrac{[4f(L-x)x]^2}{L^4 \cdot EI} dx + \int_0^L \dfrac{1}{EA} dx + \dfrac{20}{E_1 A_1}$

$= 0.034 + \dfrac{20}{3.6 \times 10^6} + \dfrac{20}{2 \times 10^5} \approx 0.034$

（可见拉杆和拱的轴向变形可忽略）

$\Delta_{1P} = \int \dfrac{\overline{M}_1 \cdot M_P}{EI} ds + \int \dfrac{\overline{F}_{N1} \cdot F_{NP}}{EA} ds + 0$

$M_P = \begin{cases} 100x, & 0 \leqslant x < 10 \\ 100x - \dfrac{40 \cdot (x-10)^2}{2}, & 10 \leqslant x \leqslant 20 \end{cases}; \quad F_{NP} = 0$

求得：$\Delta_{1P} = -8.53$

故：$X_1 = -\dfrac{\Delta_{1P}}{\delta_{11}} = 251 \text{ kN}$

所以拉杆的拉力为 $F_{NAB} = 251 \text{ kN}$（拉）

② 求 K 截面的弯矩

K 截面的几何坐标：$x_K = 15 \text{ m}, y_K = \dfrac{4 \times 4}{20^2} \times 15 \times (20 - 15) = 3 \text{ m}$

等代梁 K 截面的弯矩为：

$M_K^0 = F_{By} \cdot (L - x_K) - \dfrac{q}{2} \times (L - x_K)^2$

$= 300 \times 5 - \dfrac{40}{2} \times 5^2 = 1\,000 \text{ kN} \cdot \text{m}$

拱 K 截面的弯矩为：

$M_K = M_K^0 - F_{NAB} \times y_K$

$= 1\,000 - 251 \times 3$

$= 247 \text{ kN} \cdot \text{m}$

第6章 位移法习题解答

一、本章要点

1. 位移法的基本原理

位移法以某些结点位移作为基本未知量,在自由结点上增加约束装置(附加刚臂或附加链杆),使原结构成为若干根相对独立的单跨超静定梁的组合体。通过结点的"锁住"和"松开"两种状态以及结构的位移和内力之间的对应关系(即所谓的"转角位移方程")求得结构的内力。

2. 等截面直杆的转角位移方程

(1) 两端固定的单跨超静定梁

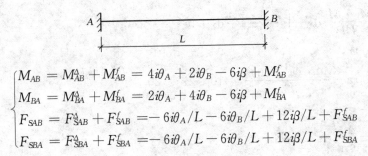

$$\begin{cases} M_{AB} = M_{AB}^\Delta + M_{AB}^f = 4i\theta_A + 2i\theta_B - 6i\beta + M_{AB}^f \\ M_{BA} = M_{BA}^\Delta + M_{BA}^f = 2i\theta_A + 4i\theta_B - 6i\beta + M_{BA}^f \\ F_{SAB} = F_{SAB}^\Delta + F_{SAB}^f = -6i\theta_A/L - 6i\theta_B/L + 12i\beta/L + F_{SAB}^f \\ F_{SBA} = F_{SBA}^\Delta + F_{SBA}^f = -6i\theta_A/L - 6i\theta_B/L + 12i\beta/L + F_{SBA}^f \end{cases}$$

式中:β—— 弦转角,大小为 $\dfrac{\Delta_{AB}}{L} = \dfrac{v_B - v_A}{L}$。

(2) 一端固定另一端铰接的单跨超静定梁

$$\begin{cases} M_{AB} = M_{AB}^\Delta + M_{AB}^f = 3i\theta_A - 3i\beta + M_{AB}^f \\ M_{BA} = 0 \text{(铰支端)} \\ F_{SAB} = F_{SAB}^\Delta + F_{SAB}^f = -3i\theta_A/L + 3i\beta/L + F_{SAB}^f \\ F_{SBA} = F_{SBA}^\Delta + F_{SBA}^f = -3i\theta_A/L + 3i\beta/L + F_{SBA}^f \end{cases}$$

(3) 一端固定另一端定向滑动的单跨超静定梁

$$\begin{cases} M_{AB} = M_{AB}^\theta + M_{AB}^f = i\theta_A + M_{AB}^f \\ M_{BA} = M_{BA}^\theta + M_{BA}^f = -i\theta_A + M_{BA}^f \\ F_{SAB} = F_{SAB}^\theta + F_{SAB}^f = F_{SAB}^f \\ F_{SBA} = 0 \end{cases}$$

3. 位移法基本未知量的确定

(1) 结点角位移未知量

位移法独立的角位移未知量等于结构中刚结点的个数,通常用"附加刚臂"将结构中的刚结点和半刚结点(├─)锁住来限制结点的角位移。

(2) 独立的结点线位移未知量

位移法独立的结点线位移未知量的确定,可通过增设"附加链杆"来限制结点的线位移;同时,对于仅存在刚结点和铰结点(包括支座)连接的结构,亦可采用教材 6.3 节介绍的"铰化法"确定独立的结点线位移未知量。

【注意】 ① 用附加链杆的方法确定结点线位移时,在活动铰、自由端支座及定向滑动支座处,凡与杆轴垂直方向的线位移不作为基本未知量,如图 6-1 所示。② 对于轴向刚度无穷大的排架结构或弯曲刚度无穷大的刚架结构,其基本未知量为柱顶的水平线位移,故仅在柱顶增设附加链杆限制其线位移(参见教材 6.3 节)。

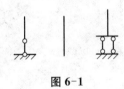

图 6-1

4. 位移法典型方程

对于具有 n 个基本未知量的结构,根据每一个附加约束装置中的总反力或反力矩为零的条件,可得位移法的典型方程如下:

$$\left.\begin{matrix} r_{11}Z_1 + r_{12}Z_2 + \cdots + r_{1n}Z_n + R_{1P} = 0 \\ r_{21}Z_1 + r_{22}Z_2 + \cdots + r_{2n}Z_n + R_{2P} = 0 \\ \vdots \qquad \vdots \\ r_{n1}Z_1 + r_{n2}Z_2 + \cdots + r_{nn}Z_n + R_{nP} = 0 \end{matrix}\right\} \quad (6-1)$$

式中:r_{ii}——主系数,其含义表示基本体系的第 i 个附加装置发生单位位移 $\overline{Z}_i = 1$ 时,引起该约束内的反力或反力矩;

r_{ij}——副系数,其含义表示基本体系的第 j 个附加约束装置发生单位位移 $\overline{Z}_j = 1$ 时,引起第 i 个约束内的反力或反力矩,且由第 4 章中的反力互等定理可知:$r_{ij} = r_{ji}$;

R_{iP}——自由项,其含义表示基本体系由外荷载引起第 i 个约束内的反力或反力矩。

结构的最终弯矩可运用叠加法,即:$M = \sum \overline{M}_i Z_i + M_P$。

5. 支座变位引起的内力

用位移法求解因支座变位引起的结构内力时,其方法与荷载作用时相同,用附加约束装置锁住结点,作基本体系的单位弯矩图以及在支座变位时产生的 M_C 图。此时,仅需将位移法典型方程中的 R_{iP} 改为 R_{iC},即可得到支座变位情况下的位移法典型方程。每个方程的含义为:基本体系在支座变位及各结点位移共同作用下各附加约束装置中的总反力或反力矩为零,结构最终的弯矩为: $M = \sum \overline{M}_i Z_i + M_C$(详见教材习题 6-5)。

二、重点难点分析

1. 弹性支承或弹性结点问题

当结构中存在弹性支承或弹性结点时,在确定其基本未知量时,应在弹性支承或弹性节点处增设附加约束装置,以限制该弹性支承或弹性结点的位移(常常增设"附加刚臂"锁住抗转弹簧,增设"附加链杆"锁住拉压弹簧,如图 6-2(a));同样,对于组合结构中考虑轴向变形的铰接杆,其功能等价于一根刚度为 EA/L 的弹簧,亦需增设附加链杆限制其线位移,如图 6-2(b)。

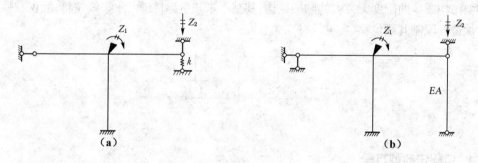

图 6-2

【例 6-1】 试用位移法作图 6-3(a) 所示结构的弯矩图。已知抗转弹簧的刚度系数 $k = 2EI$,横梁 CD 的 EI 无穷大,柱 EI 为常数。(天津大学 2012)

【解】 本题有两个基本未知量,即横梁的水平线位移未知量和 B 处弹性支座的转角位移未知量,基本体系如图 6-3(b)。作 $\overline{M}_1$、$\overline{M}_2$ 图,如图 6-3(c)、(d)所示,由于荷载 F_P 不引起基本体系的弯矩,仅产生附加链杆中的支反力,故无 M_P 图。

位移法典型方程为:

$$\begin{cases} r_{11}Z_1 + r_{12}Z_2 + R_{1P} = 0 \\ r_{21}Z_1 + r_{22}Z_2 + R_{2P} = 0 \end{cases}$$

求系数和自由项:

$$r_{11} = EI + k = 3EI;\, r_{12} = r_{21} = -\frac{3EI}{8};\, r_{22} = \frac{3EI}{8}$$

$$R_{1P} = 0;\, R_{2P} = -F_P$$

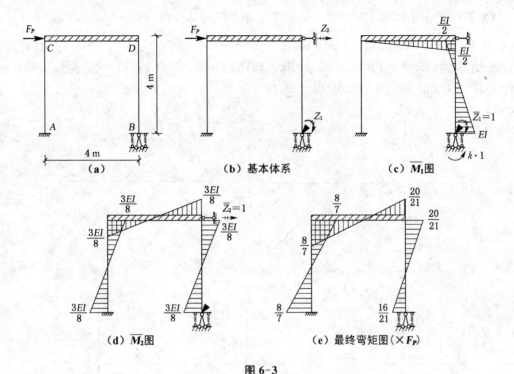

图 6-3

代入方程求得：$Z_1 = 8F_P/21EI$；$Z_2 = 64F_P/21EI$

由 $M = \overline{M}_1 Z_1 + \overline{M}_2 Z_2 + M_P$ 作最终弯矩图，如图 6-3(e) 所示。

2. 结构中存在局部静定部分的简化

用位移法求解超静定结构的内力时，若结构中存在局部静定部分（通过静力平衡条件即可确定其内力的部分），宜先分析静定部分，使原结构得到进一步的简化，从而减少基本未知量。需要注意的是，在对结构进行简化处理时，应将与之相连的静定部分的轴力、剪力和弯矩同时进行简化处理，此时可通过截取隔离体来分析。如图 6-4(a) 所示结构，在用位移法求解其内力时，ABC 为局部静定部分，可通过截取 AB 为隔离体，由 $\sum F_y = 0$ 可求得 $F_{Ay} = P$，从而杆 ABC 的内力即可确定，其弯矩图如图 6-4(a) 所示，故原结构可简化为如图 6-4(b) 所示。

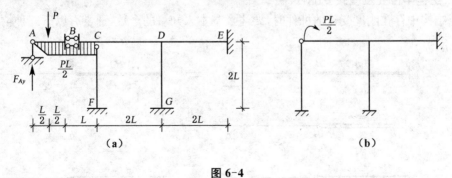

图 6-4

【例 6-2】 试求图 6-5(a) 所示结构中 K 点的水平位移，已知 EI 为常数，设 $EA = 10EI/L^2$。（浙江大学 2009）

【解】 原结构中,$KCDF$ 部分为局部静定,取为隔离体分析,如图 6-5(b) 所示。由 $\sum M_K = 0$ 得:$F_{NCF} = -2\sqrt{2}F_P$,由 $\sum F_x = 0$ 得:$F_{Kx} = 2F_P(\rightarrow)$,由 $\sum F_y = 0$ 得:$F_{Ky} = F_P(\downarrow)$,作该部分的弯矩图。原结构可简化为图 6-5(c),基本体系和 $\overline{M}_1$ 图如图6-5(d)、(e) 所示。荷载作用下不产生弯矩,仅产生附加链杆中的支反力,故无 M_P 图。

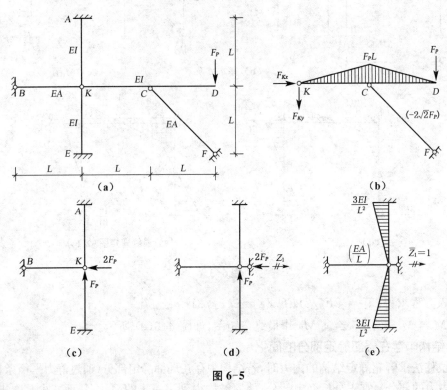

图 6-5

位移法典型方程为:$r_{11}Z_1 + R_{1P} = 0$

求系数和自由项:$r_{11} = \dfrac{EA}{L} + 2 \times \dfrac{3EI}{L^3} = \dfrac{16EI}{L^3}$,$R_{1P} = 2F_P$

代入方程求得:$Z_1 = -F_P L^3 / 8EI$,即为 K 点的水平位移。

3. 结构中存在刚度突变的杆件

当结构中存在刚度变化的杆件时,要注意基本未知量的个数,通常有以下三种情况:

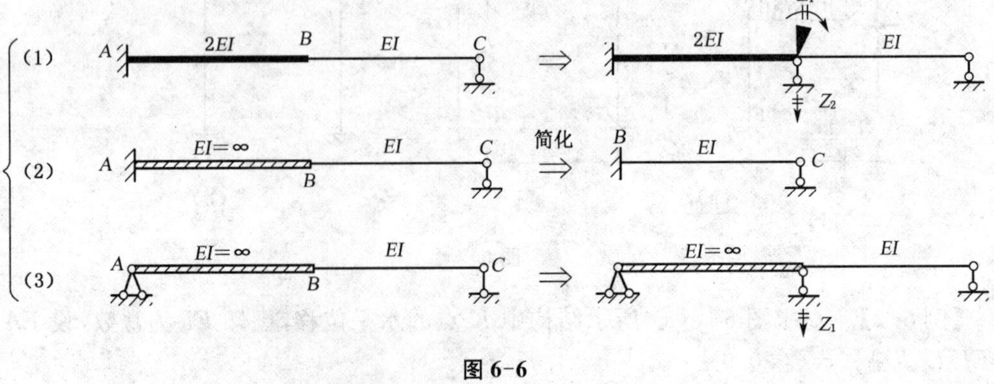

图 6-6

4. 无穷杆与弦转角

用位移法求解结构的内力时,常会遇到 EI 为无穷大的杆件,这种杆件称为**无穷杆**。无穷杆的存在,会对结构的基本未知量以及单位弯矩图产生一定的影响。例如图 6-7(a) 所示结构,已知杆 AB 的 EI 为无穷大,其余各杆的 EI 为常数,其基本未知量为结点 D 处的竖向位移,故基本体系如图 6-7(b) 所示,在作基本体系 $\bar{Z}_1 = 1$ 时的单位弯矩图时,由基本体系的变形图 6-7(c) 可知,BC 杆在 B 处不仅有竖向的单位位移,而且还有转角 $\theta = 1/L$。同样,对于 BD 杆而言,在 B 处也有转角 $\theta = 1/L$,称该转角为**弦转角**,产生的原因是无穷杆发生侧移而不发生弯曲变形,带动与其相连的杆件产生转动(牵连位移),引起附加转角的大小为 1/ 杆长(无穷杆的长度)。基本体系在 $\bar{Z}_1 = 1$ 时的单位弯矩图如图 6-7(d) 所示。

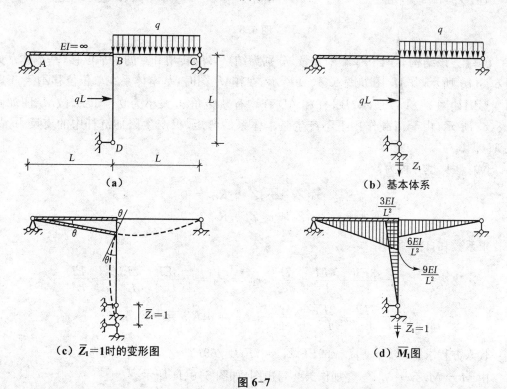

图 6-7

【**例 6-3**】 试用位移法计算图 6-8(a) 所示结构,作出弯矩图,并求 CD 杆的剪力。(浙江大学 2010)

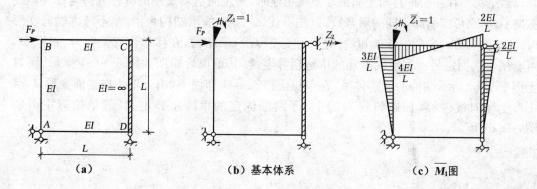

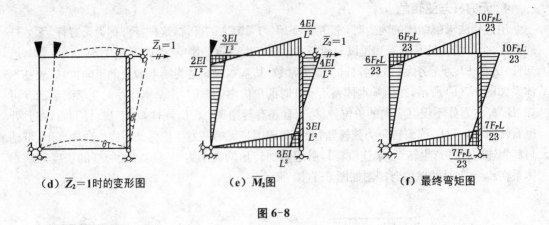

(d) $\overline{Z}_2=1$ 时的变形图　　(e) $\overline{M}_2$ 图　　(f) 最终弯矩图

图 6-8

【解】 该结构有两个基本未知量,分别为结点 B 的转角和 C 的水平位移,基本体系如图 6-8(b) 所示,作 $\overline{M}_1$ 图如图 6-8(c) 所示。在作 $\overline{M}_2$ 图时,基本体系在单位位移 $\overline{Z}_2 = 1$ 时的变形图如图 6-8(d) 所示,BC 杆和 AD 杆均有弦转角 θ,大小为 $\theta = 1/L$,故 $\overline{M}_2$ 图如图 6-8(e) 所示。由于荷载作用下不产生基本体系的弯矩,仅产生附加链杆中的支反力,故无 M_P 图。

位移法典型方程为:

$$\begin{cases} r_{11}Z_1 + r_{12}Z_2 + R_{1P} = 0 \\ r_{21}Z_1 + r_{22}Z_2 + R_{2P} = 0 \end{cases}$$

求系数和自由项:

$$r_{11} = \frac{3EI}{L} + \frac{4EI}{L} = \frac{7EI}{L}; r_{12} = r_{21} = -\frac{3EI}{L^2} + \frac{2EI}{L^2} = -\frac{EI}{L^2}$$

$$r_{22} = \frac{7EI}{L^3} + \frac{3EI}{L^3} = \frac{10EI}{L^3}; R_{1P} = 0; R_{2P} = -F_P$$

代入方程求得:$Z_1 = F_P L^2/69EI$;$Z_2 = 7F_P L^3/69EI$

由 $M = \overline{M}_1 Z_1 + \overline{M}_2 Z_2$ 叠加作最终弯矩图,如图 6-8(f) 所示。

由最终弯矩图可知:$F_{SCD} = \dfrac{7F_P L/23 + 10F_P L/23}{L} = 17F_P/23$(正剪力)

5. 斜杆与定向滑动支座相连

当结构中存在斜杆且与定向滑动支座相连时,若定向滑动支座的链杆方向与杆件轴线方向不同,则可能引起不同的形常数。以图 6-9(a)、(b) 所示结构为例,当不考虑轴向变形时,两结构均有一个角位移未知量。对于图 6-9(a) 所示结构,在作单位弯矩图时,斜杆 BC 可套用一端固定另一端定向滑动的单跨超静定梁,其单位弯矩图如图 6-9(c) 所示。而对于图 6-9(b) 所示结构的基本体系,在单位位移 $\overline{Z}_1 = 1$ 作用下,由于不考虑轴向变形,C 点不产生竖向线位移,因此斜杆 BC 相当于两端固定的单跨超静定梁,其单位弯矩图如图 6-9(d) 所示。

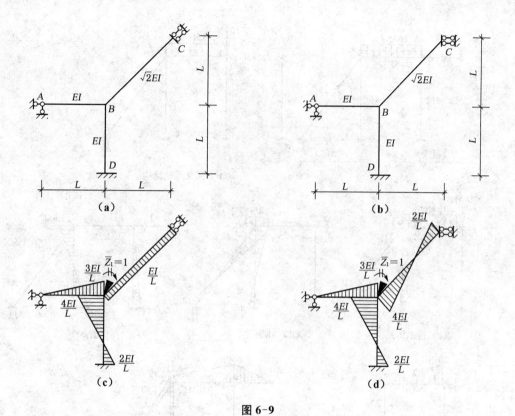

图 6-9

【例 6-4】 试用位移法求解图 6-10(a)所示结构,并作 M 图。(西安建筑科技大学 2012)

【解】 该结构具有两个基本未知量,且存在局部静定部分,可先对原结构进行简化,如图 6-10(b)所示,简化后的基本体系如图 6-10(c)所示。在作 $\overline{M}_1$ 图时,由于不考虑轴向变形,斜杆相当于两端固定的单跨超静定梁,如图 6-10(d)所示。而在作 $\overline{M}_2$ 图时,斜杆只有平动,不产生弯曲变形,故斜杆无弯矩,如图 6-10(e)所示,M_P 图如图 6-10(f)。

位移法典型方程为:

$$\begin{cases} r_{11}Z_1 + r_{12}Z_2 + R_{1P} = 0 \\ r_{21}Z_1 + r_{22}Z_2 + R_{2P} = 0 \end{cases}$$

求系数和自由项:

$$r_{11} = 3EI + 4EI + 4EI = 11EI; r_{12} = r_{21} = -\frac{3EI}{2}; r_{22} = \frac{15EI}{16}$$

$$R_{1P} = 8 \text{ kN} \cdot \text{m}; R_{2P} = 0$$

代入方程求得:$Z_1 = -\dfrac{0.93}{EI}; Z_2 = -\dfrac{1.49}{EI}$

由 $M = \overline{M}_1 Z_1 + \overline{M}_2 Z_2 + M_P$ 作最终弯矩图,如图 6-10(g)所示。

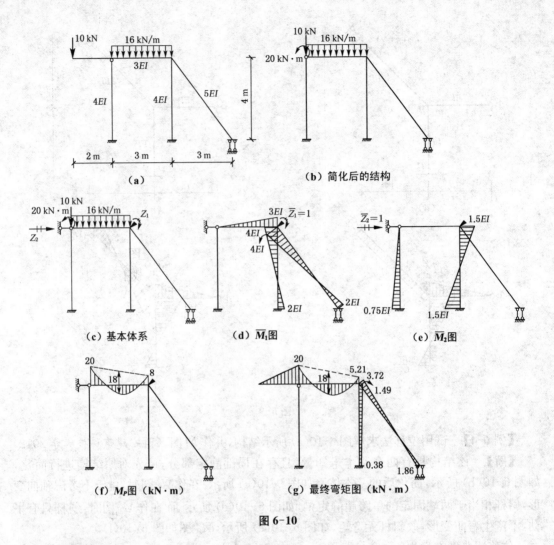

图 6-10

6. 桁架结构

对于桁架结构,每个铰结点具有两个独立的线位移,每一根支座链杆为一个约束,相当于减少一个结点线位移。若以 j 表示桁架的结点数,S 表示支座链杆数,则桁架结构独立的结点线位移未知量为:$n = 2j - S$。例如图 6-11 所示的桁架结构,结点数为 5,支座链杆数为 4,故其结点线位移未知量为:$n = 2 \times 5 - 4 = 6$。

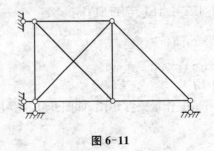

图 6-11

【例 6-5】 用位移法求解图 6-12 所示结构,作受弯杆弯矩图并求各链杆轴力。其中,受弯杆 $I=1\times10^{-4}\,\mathrm{m}^4$,链杆 $A=1\times10^{-3}\,\mathrm{m}^2$,$E=$ 常数,$a=4\,\mathrm{m}$,$P=20\,\mathrm{kN}$。(东南大学 2012)

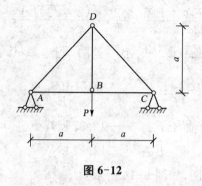

图 6-12

【解】 原结构为对称结构受正对称荷载作用,取半结构分析,如图 6-13(a) 所示,基本体系如图 6-13(b),作 $\overline{F}_{N1}$、$\overline{M}_1$、$\overline{F}_{N2}$ 和 $\overline{M}_2$ 图,如图 6-13(c)、(d),外荷载不产生基本体系的弯矩和轴力,仅产生附加链杆中的反力,故无 $\overline{F}_{NP}$ 和 $\overline{M}_P$ 图。

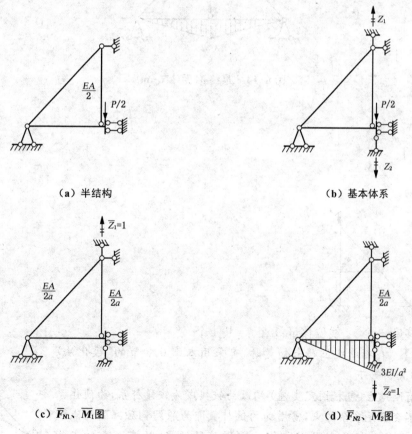

(a) 半结构   (b) 基本体系

(c) $\overline{F}_{N1}$、$\overline{M}_1$ 图   (d) $\overline{F}_{N2}$、$\overline{M}_2$ 图

图 6-13

位移法典型方程：$\begin{cases} r_{11}Z_1 + r_{12}Z_2 + R_{1P} = 0 \\ r_{21}Z_1 + r_{22}Z_2 + R_{2P} = 0 \end{cases}$

求系数和自由项：$r_{11} = \dfrac{EA}{2a} + \dfrac{EA}{2a} \times \dfrac{\sqrt{2}}{2} = \dfrac{(2+\sqrt{2})EA}{4a}$；$r_{12} = r_{21} = \dfrac{EA}{2a}$

$$r_{22} = \dfrac{EA}{2a} + \dfrac{3EI}{a^3};\ R_{1P} = 0;\ R_{2P} = -\dfrac{P}{2} = -10\ \text{kN}$$

代入方程求得：$Z_1 = -\dfrac{103\,744.76}{E},\ Z_2 = \dfrac{177\,103.38}{E}$

由 $\sum \overline{F}_{Ni}Z_i$ 得各链杆的轴力：$F_{NAD} = -12.97\ \text{kN}$，$F_{NBD} = 18.34\ \text{kN}$

$$F_{NCD} = -12.97\ \text{kN}$$

由 $\sum \overline{M}_i Z_i$ 作最终弯矩图，如图 6-14 所示。

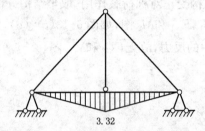

图 6-14　最终 M 图（kN·m）

习题 6-1

（a）

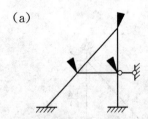

角位移量：3 个　　线位移量：1 个　　共 4 个

【注解】　在判断线位移未知量时，可采用本章 6.3 节的"铰化法"确定。具体分析如下：

将所有刚结点（包括固定支座）均改为铰接成为铰接杆系，为使体系成为几何不变且无多余约束，需增加的链杆数即为原结构独立的结点线位移数。本题的分析见右图，AD 杆为需增加的链杆，故有一个结点线位移。

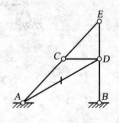

(b)
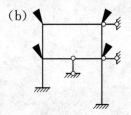

角位移量:4个　　线位移量:3个　　共7个

(c)
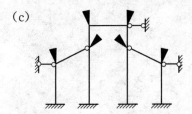

角位移量:6个　　线位移量:3个　　共9个

【注解】　在确定结点的角位移量时,应将所有的刚结点和半刚结点均用附加刚臂锁住。

(d)
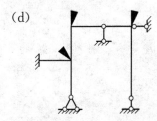

角位移量:3个　　线位移量:2个　　共5个

【注解】　采用附加链杆的方法确定结点的线位移未知量时,在自由端、定向滑动支座及活动铰支座与杆轴垂直方向的线位移,不作为基本未知量。

习题 6-2

(a)
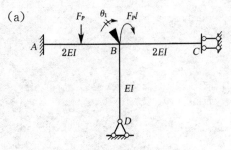

【解】　套用转角位移方程:

$$M_{AB} = 2 \times \frac{2EI}{l} \cdot \theta_1 - \frac{F_P l}{8} = \frac{4EI}{l} \cdot \theta_1 - \frac{F_P l}{8};$$

95

$$M_{BA} = 4 \times \frac{2EI}{l} \cdot \theta_1 + \frac{F_P l}{8} = \frac{8EI}{l} \cdot \theta_1 + \frac{F_P l}{8}$$

$$M_{BC} = \frac{2EI}{l} \cdot \theta_1 + 0 = \frac{2EI}{l} \cdot \theta_1; M_{CB} = -\frac{2EI}{l} \cdot \theta_1$$

$$M_{BD} = 3 \times \frac{EI}{l} \cdot \theta_1 = \frac{3EI}{l} \cdot \theta_1; M_{DB} = 0$$

(b)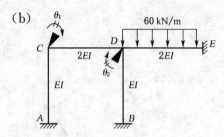

【解】 套用转角位移方程：

$$M_{AC} = \frac{2EI}{l} \cdot \theta_1; M_{CA} = \frac{4EI}{l} \cdot \theta_1$$

$$M_{CD} = \frac{4 \times 2EI}{l} \cdot \theta_1 + \frac{2 \times 2EI}{l} \cdot \theta_2 = \frac{8EI}{l} \cdot \theta_1 + \frac{4EI}{l} \cdot \theta_2$$

$$M_{DC} = \frac{2 \times 2EI}{l} \cdot \theta_1 + \frac{4 \times 2EI}{l} \cdot \theta_2 = \frac{4EI}{l} \cdot \theta_1 + \frac{8EI}{l} \cdot \theta_2$$

$$M_{DB} = \frac{4EI}{l} \cdot \theta_2; M_{BD} = \frac{2EI}{l} \cdot \theta_2$$

$$M_{DE} = \frac{4 \times 2EI}{l} \cdot \theta_2 - \frac{60 \times l^2}{12} = \frac{8EI}{l} \cdot \theta_2 - 5l^2$$

$$M_{ED} = \frac{2 \times 2EI}{l} \cdot \theta_2 + \frac{60 \times l^2}{12} = \frac{4EI}{l} \cdot \theta_2 + 5l^2$$

(c)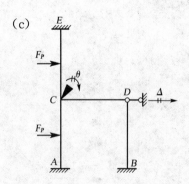

【解】 套用转角位移方程：

$$M_{AC} = \frac{2EI}{l} \cdot \theta - \frac{6EI}{l^2} \cdot \Delta - \frac{F_P l}{8}$$

$$M_{CA} = \frac{4EI}{l} \cdot \theta - \frac{6EI}{l^2} \cdot \Delta + \frac{F_P l}{8}$$

$$M_{CD} = \frac{3EI}{l} \cdot \theta; M_{DC} = 0$$

$M_{DB} = 0; M_{BD} = -\dfrac{3EI}{l^2} \cdot \Delta$

$M_{CE} = \dfrac{4EI}{l} \cdot \theta + \dfrac{6EI}{l^2} \cdot \Delta - \dfrac{F_P l}{8}$

$M_{EC} = \dfrac{2EI}{l} \cdot \theta + \dfrac{6EI}{l^2} \cdot \Delta + \dfrac{F_P l}{8}$

(d)

【解】 套用转角位移方程：
$M_{AB} = 2 \times 2i \times \theta = 4i\theta; M_{BA} = 4 \times 2i \times \theta = 8i\theta$

$M_{BC} = 3 \times i \times \theta - \dfrac{3i}{l} \cdot \Delta = 3i\theta - \dfrac{3i}{l}\Delta$

$M_{CB} = 0$

习题 6-3

(a)【解】 选取图(a)所示结构为基本体系，作 $\overline{M}_1$、M_P 图，如图(b)、(c)。

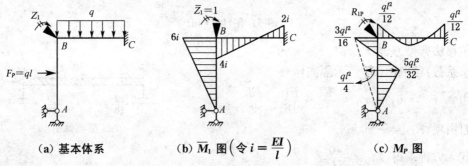

(a) 基本体系　　(b) $\overline{M}_1$ 图$\left(\text{令}\ i = \dfrac{EI}{l}\right)$　　(c) M_P 图

位移法典型方程：$r_{11}Z_1 + R_{1P} = 0$

求系数和自由项：$r_{11} = 6i + 4i = 10i$；$R_{1P} = \dfrac{3ql^2}{16} - \dfrac{ql^2}{12} = \dfrac{5ql^2}{48}$

代入方程求得：$Z_1 = -\dfrac{ql^3}{96EI}$

叠加作最终 M 图，如图(d) 所示。

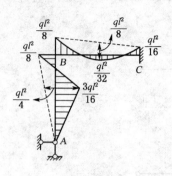

(d) M 图

(b)【解】 选取图(a)所示结构为基本体系,作 $\overline{M}_1$、M_P 图,分别如图(b)、(c)。

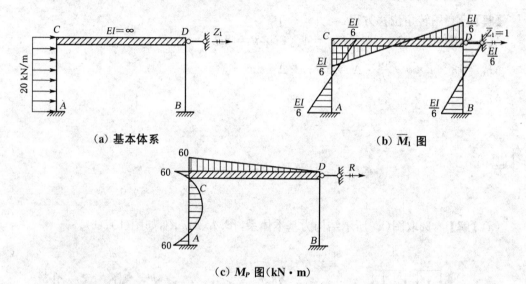

(a) 基本体系　　(b) $\overline{M}_1$ 图

(c) M_P 图(kN·m)

位移法典型方程:$r_{11}Z_1 + R_{1P} = 0$

求系数:截取图(d)所示隔离体

由 $\sum F_x = 0$,得:$r_{11} = \dfrac{EI}{18} + \dfrac{EI}{18} = \dfrac{EI}{9}$

自由项:$R_{1P} = -60$ kN

代入方程求得:$Z_1 = \dfrac{540}{EI}$

叠加作最终 M 图,如图(e)所示。

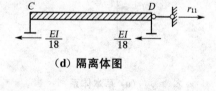

(d) 隔离体图

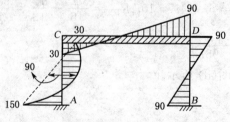

(e) M 图(kN·m)

(c)【解】 选取图(a)所示结构为基本体系,分别作$\overline{M}_1$、$\overline{M}_2$、M_P图,如图(b)、(c)、(d)。

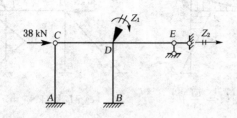

(a) 基本体系

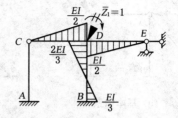

(b) $\overline{M}_1$ 图

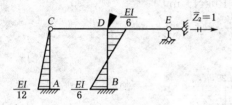

(c) $\overline{M}_2$ 图

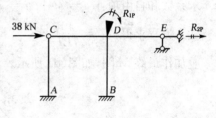

(d) M_P 图

位移法典型方程:$\begin{cases} r_{11}Z_1 + r_{12}Z_2 + R_{1P} = 0 \\ r_{21}Z_1 + r_{22}Z_2 + R_{2P} = 0 \end{cases}$

求系数和自由项:

$r_{11} = \dfrac{EI}{2} + \dfrac{2EI}{3} + \dfrac{EI}{2} = \dfrac{5EI}{3}$

$r_{12} = r_{21} = -\dfrac{EI}{6}, r_{22} = \dfrac{EI}{72} + \dfrac{EI}{18} = \dfrac{5EI}{72}$

$R_{1P} = 0, R_{2P} = -38 \text{ kN}$

代入方程求得:$\begin{cases} Z_1 = \dfrac{72}{EI} \\ Z_2 = \dfrac{720}{EI} \end{cases}$

叠加作最终 M 图,如图(e)所示。

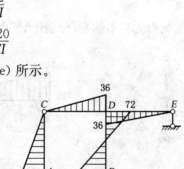

(e) M 图(kN·m)

【注解】 水平力 38 kN 不产生弯矩,但对 R_{2P} 有影响。

(d)【解】 选取图(a)所示结构为基本体系,作$\overline{M}_1$、M_P图,分别如图(b)、(c)。

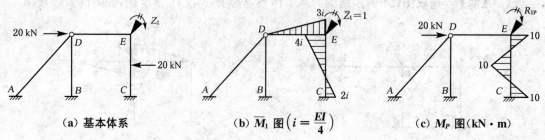

(a) 基本体系　　　　(b) $\overline{M}_1$ 图 $\left(i=\dfrac{EI}{4}\right)$　　　　(c) M_P 图(kN·m)

位移法典型方程：$r_{11}Z_1+R_{1P}=0$

求系数和自由项：$r_{11}=3i+4i=7i$；$R_{1P}=-10$ kN·m

代入方程求得：$Z_1=\dfrac{40}{7EI}$

叠加作最终 M 图，如图(d)所示。

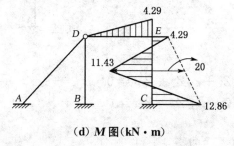

(d) M 图(kN·m)

习题 6-4

（a）【解】　选取图(a)所示结构为基本体系，分别作 $\overline{M}_1$、M_P 图，如图(b)、(c)。

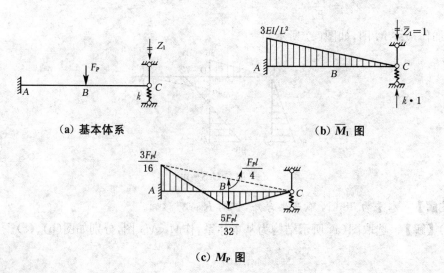

(a) 基本体系　　　　(b) $\overline{M}_1$ 图

(c) M_P 图

位移法典型方程：$r_{11}Z_1+R_{1P}=0$

求系数和自由项: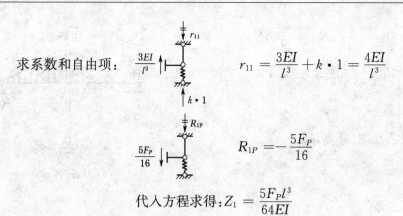

$r_{11} = \dfrac{3EI}{l^3} + k \cdot 1 = \dfrac{4EI}{l^3}$

$R_{1P} = -\dfrac{5F_P}{16}$

代入方程求得: $Z_1 = \dfrac{5F_P l^3}{64EI}$

叠加作最终 M 图,如图(d)所示。

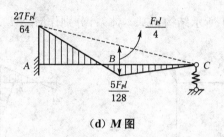

(d) M 图

(b)【解】 选取图(a)所示结构为基本体系,分别作 $\overline{M}_1$、$\overline{M}_2$、M_P 图,如图(b)、(c)、(d)。

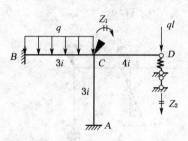

(a) 基本体系

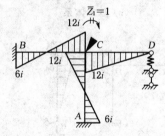

(b) $\overline{M}_1$ 图 $\left(令 i = \dfrac{EI}{l}\right)$

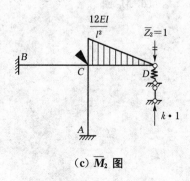

(c) $\overline{M}_2$ 图

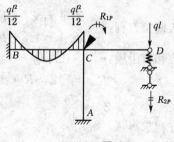

(d) M_P 图

位移法典型方程: $\begin{cases} r_{11}Z_1 + r_{12}Z_2 + R_{1P} = 0 \\ r_{21}Z_1 + r_{22}Z_2 + R_{2P} = 0 \end{cases}$

求系数和自由项: $r_{11} = 12i \times 3 = 36i$;$r_{12} = r_{21} = -\dfrac{12i}{l}$

$$r_{22} = \frac{13i}{l^2}; R_{1P} = \frac{ql^2}{12}; R_{2P} = -ql$$

代入方程求得:
$$\begin{cases} Z_1 = \dfrac{131ql^3}{3\,888EI} \\ Z_2 = \dfrac{35ql^4}{324EI} \end{cases}$$

叠加作最终 M 图,如图(e)所示。

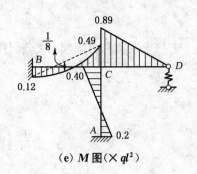

(e) M 图($\times ql^2$)

习题 6-5

(a)【解】 选取图(a)所示结构为基本体系,分别作 $\overline{M}_1$、$\overline{M}_2$、M_C 图,如图(b)、(c)、(d)。

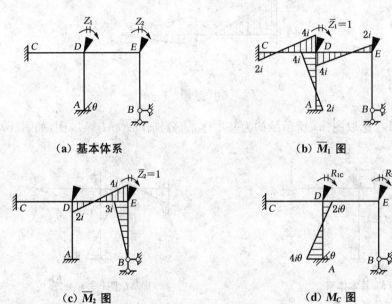

位移法典型方程:
$$\begin{cases} r_{11}Z_1 + r_{12}Z_2 + R_{1C} = 0 \\ r_{21}Z_1 + r_{22}Z_2 + R_{2C} = 0 \end{cases}$$

求系数和自由项:$r_{11} = 12i; r_{12} = r_{21} = 2i; r_{22} = 7i$

$R_{1C} = -2i\theta; R_{2C} = 0$

代入方程求得:
$$\begin{cases} Z_1 = \dfrac{7\theta}{40} \\ Z_2 = -\dfrac{\theta}{20} \end{cases}$$

叠加作最终 M 图,如图(e)所示。

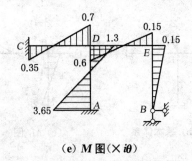

(e) M 图($\times i\theta$)

(b)【解】 选取图(a)所示结构为基本体系,作 $\overline{M}_1$、$\overline{M}_2$、M_C 图,分别如图(b)、(c)、(d)。

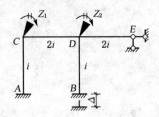

(a) 基本体系

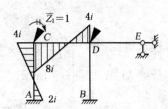

(b) $\overline{M}_1$ 图

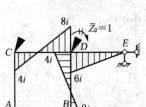

(c) $\overline{M}_2$ 图

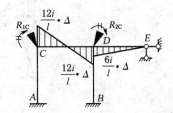

(d) M_C 图

位移法典型方程:$\begin{cases} r_{11}Z_1 + r_{12}Z_2 + R_{1C} = 0 \\ r_{21}Z_1 + r_{22}Z_2 + R_{2C} = 0 \end{cases}$

求系数和自由项:$r_{11} = 12i$;$r_{12} = r_{21} = 4i$;$r_{22} = 18i$

$$R_{1C} = -\frac{12i}{l} \cdot \Delta; R_{2C} = -\frac{6i}{l} \cdot \Delta$$

代入方程求得:$Z_1 = \dfrac{24\Delta}{25l}$;$Z_2 = \dfrac{3\Delta}{25l}$

叠加作最终 M 图,如图(e)所示。

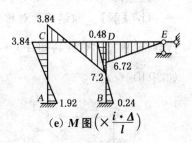

(e) M 图 $\left(\times \dfrac{i \cdot \Delta}{l}\right)$

习题 6-6

(a)【解】 原结构为对称结构受正对称荷载作用的情况,可取半结构进行分析,如图(a);选取图(b)所示结构为基本体系,作 $\overline{M}_1$、M_P 图,分别如图(c)、(d)。

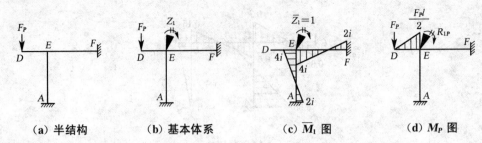

（a）半结构　　（b）基本体系　　（c）$\overline{M}_1$ 图　　（d）M_P 图

位移法典型方程：$r_{11}Z_1 + R_{1P} = 0$

求系数和自由项：$r_{11} = 4i + 4i = 8i$

$$R_{1P} = \frac{F_P l}{2}$$

代入方程求得：$Z_1 = \dfrac{-F_P l^2}{16EI}$

叠加作最终 M 图，如图（e）所示。

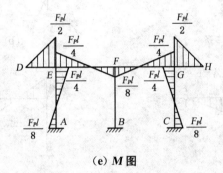

（e）M 图

【注解】　由本题可见，对称性在结构的内力分析过程中具有很大的作用。

（b）【解】　原结构为对称结构承受正对称荷载作用的情况，故取图（a）所示半结构进行分析（根据对称性易知：$F_{Ay} = F_{By} = \dfrac{F_P}{2}$）。再将荷载分成正对称和反对称两种情况考虑，如图（b）、（c）。

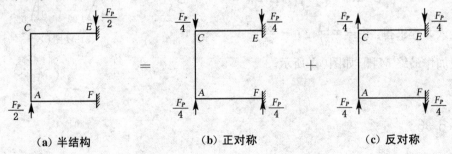

（a）半结构　　　　（b）正对称　　　　（c）反对称

① 正对称荷载情况

正对称荷载作用下，不会使结构产生弯曲变形，只在 AC 杆中产生轴力，其他杆件无内力，读者可自行证明。

② 反对称荷载情况

取半结构进行分析,如图(d)。图(e)为基本体系,作$\overline{M}_1$、$\overline{M}_2$、M_P图,分别如图(f)、(g)、(h)。

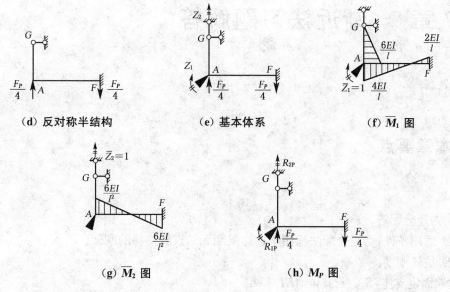

(d) 反对称半结构   (e) 基本体系   (f) $\overline{M}_1$ 图

(g) $\overline{M}_2$ 图   (h) M_P 图

位移法典型方程:$\begin{cases} r_{11}Z_1 + r_{12}Z_2 + R_{1P} = 0 \\ r_{21}Z_1 + r_{22}Z_2 + R_{2P} = 0 \end{cases}$

求系数和自由项:$r_{11} = \dfrac{10EI}{l}$;$r_{12} = r_{21} = -\dfrac{6EI}{l^2}$;$r_{22} = \dfrac{12EI}{l^3}$

$$R_{1P} = 0;R_{2P} = -\dfrac{F_P}{4}$$

代入方程求得:$Z_1 = \dfrac{F_P l^2}{56EI}$,$Z_2 = \dfrac{5F_P l^3}{168EI}$

叠加作最终 M 图,如图(i)所示。

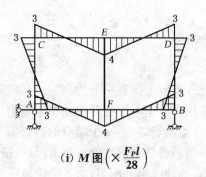

(i) M 图 $\left(\times \dfrac{F_P l}{28} \right)$

【注解】 图(d)所示的反对称半结构中,杆 AF 为剪力静定杆(详见第 7 章),故本题也可只将结点 A 的转角位移作为基本未知量,而杆 AF 视作一端固定另一端定向滑动的单跨超静定梁。

第7章 渐近法习题解答

一、本章要点

1. 力矩分配法

(1) 适用条件：力矩分配法适用于连续梁和无结点线位移的刚架。

(2) 抗转刚度：

远端固定支座：$S_{AB} = 4i = 4EI/L$

远端铰支座：$S_{AB} = 3i = 3EI/L$

远端定向滑动支座：$S_{AB} = i = EI/L$

远端沿杆轴向的活动铰支座：0

远端自由：0

(3) 力矩分配系数：汇交于A点各杆的抗转刚度之和记作$\sum\limits_{A} S$，则各杆在结点A端的力矩分配系数为：$\mu_{Aj} = \dfrac{S_{Aj}}{\sum\limits_{A} S}$，且有$\sum \mu_{Aj} = 1$。

(4) 传递系数：

远端固定支座：1/2

远端铰支座：0

远端定向滑动支座：-1

(5) 力矩分配法解题思路：类似于位移法分为"锁住"和"放松"两种状态，先用附加刚臂锁住结点，在荷载等因素作用下产生附加刚臂中的不平衡力矩。然后松开刚臂，将不平衡力矩反号按各杆的分配系数分配给近端（汇交于结点的各杆端），其次按各杆的传递系数向远端传递，再叠加各杆端弯矩可得各杆端的最终弯矩值，最后按区段叠加法作出结构的弯矩图。需要注意的是，对于多结点的连续梁和刚架，为了更快地得到精确结果，宜从不平衡力矩绝对值较大的结点开始分配。对于后分配的结点，其新的不平衡力矩等于原不平衡力矩与相邻结点传递过来的传递弯矩之代数和。若分配结点较多，可将两个不相邻的结点同时分配和传递。此外，最后一次分配后，若远端为中间结点，则不再传递，若远端为支座结点，仍需传递给支座。

2. 无剪力分配法

无剪力分配法是力矩分配法的一种特例，它仅适用于特殊的有侧移刚架，即结构中存在剪力静定杆,此类杆件的剪力可直接根据平衡条件求出,因而在求解时,此类杆件在锁住状态下等效为一端固定另一端定向滑动的杆件,相应的抗转刚度和传递系数应按远端定向滑动的情况取值,求解过程与一般的力矩分配法相同。

3. 剪力分配法

(1) 适用条件:横梁刚度无穷大的刚架或排架。

(2) 抗侧刚度:

一端固定另一端铰接的杆件:$D = \dfrac{3EI}{h^3}$;

两端固定的杆件:$D = \dfrac{12EI}{h^3}$。

(3) 剪力分配系数:若某一层总的抗侧刚度之和为 $\sum D$,则该层各杆的剪力分配系数为:$\gamma_i = \dfrac{D_i}{\sum D}$,且有 $\sum \gamma_i = 1$。

(4) 剪力分配法解题思路:对于荷载作用在柱顶的排架或刚架,将柱顶总剪力按剪力分配系数分配给各柱,需要注意的是,对于多层结构,下层的柱顶总剪力为作用在本层柱顶的水平荷载,与其上部作用的水平荷载的代数和。当荷载不作用在柱顶时,类似于位移法中的锁住和松开状态,可先在柱顶施加水平附加链杆限制结点的线位移,在荷载作用下将产生附加链杆中的约束反力;然后松开附加链杆,将产生的反力反向施加在柱顶,再利用剪力分配法进行求解,最终将这两种状态的弯矩图进行叠加即为原结构的最终弯矩图。对于排架结构,其柱底弯矩为:$M_{AB} = -F_{SBA} \cdot h$;而对于刚架结构,假定刚架的反弯点在各柱的中点处,其柱底和柱顶弯矩为:$M_{AB} = M_{BA} = -F_{SAB} \cdot h/2$。

二、重点难点分析

1. 对称性的利用

在用渐近法求解超静定结构的内力时,若结构对称,亦可利用对称性取半结构进行简化分析。需要注意的是,半结构中某些杆件的线刚度 i 会因杆长缩短而增大(参见教材习题 7-5 和习题 7-7(b))。

2. 结构中存在局部静定

类似于位移法,若结构中存在局部静定部分,应先对该部分进行内力分析,并对原结构进行简化处理,减少计算工作量。

3. 支座变位引起的内力分析

超静定结构因支座变位引起的内力,亦可采用渐近法进行近似计算,尤其当既有荷载作用又有支座变位时,不平衡力矩中不能遗漏支座变位对不平衡力矩的贡献(参见教材习题 7-6)。

【例 7-1】 用力矩分配法求解图 7-1 所示结构,并作弯矩图。已知支座 B 发生向下的位

移 $\Delta_B = 2cm$，$EI = 2 \times 10^4 \text{kN} \cdot \text{m}^2$（精确到一位小数）。（西安建筑科技大学 2012）

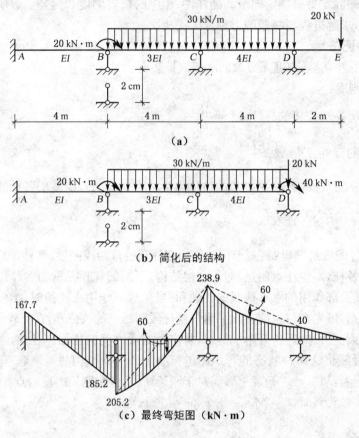

图 7-1

【解】 原结构存在静定部分，简化后的结构如图 7-1(b)。

(1) 计算各杆的抗转刚度（令 $i = EI/4$）。

结点 B：$S_{BA} = 4 \times EI/4 = 4i$；$S_{BC} = 4 \times 3EI/4 = 12i$

结点 C：$S_{CB} = 4 \times 3EI/4 = 12i$；$S_{CD} = 3 \times 4EI/4 = 12i$

(2) 计算各杆的力矩分配系数。

结点 B：$\mu_{BA} = \dfrac{S_{BA}}{S_{BA} + S_{BC}} = \dfrac{4i}{4i + 12i} = 0.25$；$\mu_{BC} = \dfrac{S_{BC}}{S_{BA} + S_{BC}} = \dfrac{12i}{4i + 12i} = 0.75$

结点 C：$\mu_{CB} = \dfrac{S_{CB}}{S_{CB} + S_{CD}} = \dfrac{12i}{12i + 12i} = 0.5$；$\mu_{CD} = \dfrac{S_{CD}}{S_{CB} + S_{CD}} = \dfrac{12i}{12i + 12i} = 0.5$

(3) 锁住结点 B 和 C，计算各杆的固端弯矩。

$M_{AB}^f = -\dfrac{6EI}{4^2} \times 0.02 = -150 \text{ kN} \cdot \text{m}$；$M_{BA}^f = -\dfrac{6EI}{4^2} \times 0.02 = -150 \text{ kN} \cdot \text{m}$

对于 BC 杆:

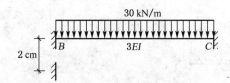

$$M_{BC}^f = \frac{6 \times 3EI}{4^2} \times 0.02 - \frac{30 \times 4^2}{12} = 410 \text{ kN} \cdot \text{m}$$

$$M_{CB}^f = \frac{6 \times 3EI}{4^2} \times 0.02 + \frac{30 \times 4^2}{12} = 490 \text{ kN} \cdot \text{m}$$

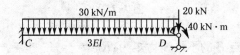

$$M_{CD}^f = \frac{40}{2} - \frac{30 \times 4^2}{8} = -40 \text{ kN} \cdot \text{m}; \quad M_{DC}^f = 40 \text{ kN} \cdot \text{m}$$

(4) 计算各结点的不平衡力矩: $R_B^{\text{不}} = 260 \text{ kN} \cdot \text{m}$; $R_C^{\text{不}} = 450 \text{ kN} \cdot \text{m}$

(5) 由于结点 C 的不平衡力矩绝对值较大,故先从结点 C 开始分配和传递,计算过程如表 7-1,最终弯矩如图 7-1(c)。

结点	A	B		C		D
杆端	AB	BA	BC	CB	CD	DC
分配系数		0.25	0.75	0.5	0.5	
固端弯矩	-150	-150	410	490	-40	40
C 第一次分配传递			-112.5	-225	-225	
B 第一次分配传递	-16	-31.9	-95.6	-47.8		
C 第二次分配传递			12	23.9	23.9	
B 第二次分配传递	-1.5	-3	-9	-4.5		
C 第三次分配传递			1.2	2.3	2.3	
B 第三次分配传递	-0.2	-0.3	-0.9			
最终弯矩	-167.7	-185.2	205.2	238.9	238.9	40

表 7-1 弯矩的分配和传递过程(kN·m)

4. 快速作简单超静定结构的弯矩图

运用力矩分配法的思想,结合第 6 章的形常数和载常数表,可快速作出某些简单超静定结构在一般荷载作用或因支座变位引起的弯矩图。

【例 7-2】 试快速作出图 7-2 所示结构的弯矩图。(东南大学 2010)

【解】 (1) 图 7-2(a)所示的两跨超静定梁,易求得汇交于结点 B 的各杆力矩分配系数

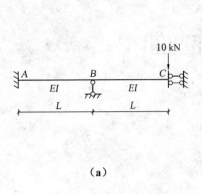
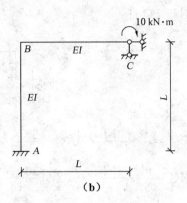

图 7-2

为：$\mu_{BA} = \dfrac{4}{5}, \mu_{BC} = \dfrac{1}{5}$。结点 B 的不平衡力矩为：$R_B^{\text{不}} = -\dfrac{10 \times L}{2} = -5L$。各杆端分配所得的弯矩向远端传递,叠加可得最终弯矩图,如图 7-3(a) 所示。

(2) 图 7-2(b) 所示的单结点刚架结构,易求得汇交于结点 B 的各杆力矩分配系数为：$\mu_{BA} = \dfrac{4}{7}, \mu_{BC} = \dfrac{3}{7}$。结点 B 的不平衡力矩为：$R_B^{\text{不}} = \dfrac{10}{2} = 5 \text{ kN} \cdot \text{m}$。各杆端分配所得的弯矩向远端传递,叠加可得最终弯矩图,如图 7-3(b) 所示。

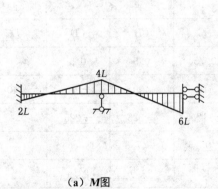

(a) M 图   (b) M 图 (kN·m)

图 7-3

习题 7-1

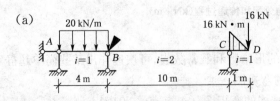

【解】 锁住结点 B

① 计算各杆抗转刚度

$$S_{BA} = 3, S_{BC} = 6$$

② 计算力矩分配系数

$$\mu_{BA} = \frac{3}{3+6} = \frac{1}{3}$$

$$\mu_{BC} = \frac{6}{6+3} = \frac{2}{3}$$

③ 计算固端弯矩

$$M_{AB}^f = 0; M_{BA}^f = \frac{20 \times 4^2}{8} = 40 \text{ kN} \cdot \text{m}$$

$$M_{CD}^f = 16 \text{ kN} \cdot \text{m}; M_{BC}^f = 8 \text{ kN} \cdot \text{m}$$

【注解】 应先对悬臂段进行简化,如下图:

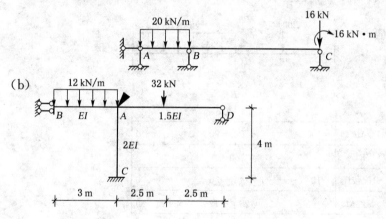

【解】 锁住结点 A

① 计算各杆抗转刚度

$$S_{AB} = \frac{EI}{3}; S_{AD} = \frac{3 \times 1.5EI}{5} = \frac{9EI}{10}$$

$$S_{AC} = \frac{4 \times 2EI}{4} = 2EI$$

② 计算力矩分配系数

$$\mu_{AB} = \frac{\dfrac{EI}{3}}{\dfrac{EI}{3} + \dfrac{9EI}{10} + 2EI} = \frac{10}{97}$$

$$\mu_{AD} = \frac{\dfrac{9EI}{10}}{\dfrac{EI}{3} + \dfrac{9EI}{10} + 2EI} = \frac{27}{97}$$

$$\mu_{AC} = \frac{2EI}{\dfrac{EI}{3} + \dfrac{9EI}{10} + 2EI} = \frac{60}{97}$$

③ 计算固端弯矩

$$M_{BA}^f = \frac{1}{6} \times 12 \times 3^2 = 18 \text{ kN} \cdot \text{m}$$

$$M_{AB}^f = \frac{1}{3} \times 12 \times 3^2 = 36 \text{ kN} \cdot \text{m}$$

$$M_{AD}^f = \frac{3}{16} \times 32 \times 5 = 30 \text{ kN} \cdot \text{m}; M_{DA} = 0$$

$$M_{AC}^f = M_{CA}^f = 0$$

习题 7-2

(a)【解】 锁住结点 B，分配过程见表 7-2。

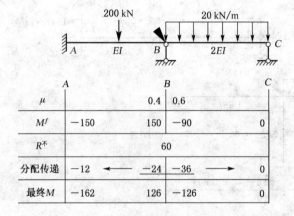

表 7-2 弯矩分配过程（kN·m）

	A		B		C
μ			0.4	0.6	
M^f	−150		150	−90	0
$R^{\text{不}}$			60		
分配传递	−12	←	−24	−36 →	0
最终 M	−162		126	−126	0

作最终 M 图。

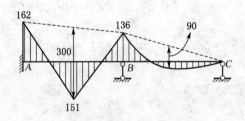

M 图（kN·m）

(b)【解】 先对原结构进行简化，并锁住结点 B，如下图所示，弯矩分配过程见表 7-3。

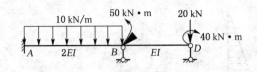

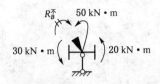

	A		B		D
μ			0.64	0.36	
M^f	−30		30	20	40
$R^{\text{不}}$			100		
分配传递	−32	←	−64	−36 →	0
最终 M	−62		−34	−16	40

表 7-3 弯矩分配过程 (kN·m)

$R_B^{\text{不}} = 20 + 50 + 30 = 100\ \text{kN·m}$

【注解】 在计算不平衡力矩时，必须考虑结点上的集中力偶。

作最终 M 图。

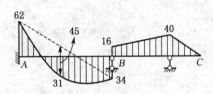

M 图 (kN·m)

习题 7-3

(a)【解】 锁住结点 B，如下图，弯矩分配过程见表 7-4。

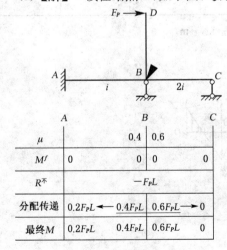

	A		B		C
μ			0.4	0.6	
M^f	0		0	0	0
$R^{\text{不}}$			$-F_PL$		
分配传递	$0.2F_PL$	←	$0.4F_PL$	$0.6F_PL$ →	0
最终 M	$0.2F_PL$		$0.4F_PL$	$0.6F_PL$	0

表 7-4 弯矩分配过程

$R_B^{\text{不}} = -F_PL$

【注解】 应对结构中存在的静定部分首先进行简化，这部分的内力计算不计入弯矩分配过程中。

作最终 M 图。

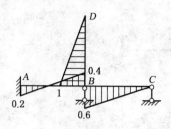

M 图($\times F_P L$)

(b)【解】 锁住结点 A，如下图，弯矩分配过程见表 7-5。

结点 A 不平衡力矩的计算：

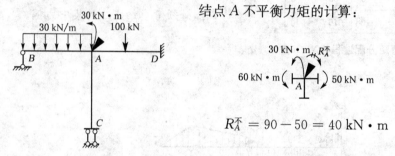

$$R_A^{\text{不}} = 90 - 50 = 40 \text{ kN} \cdot \text{m}$$

结点	B	A			C	D
杆端	BA	AB	AC	AD	CA	DA
分配系数		$\frac{3}{8}$	$\frac{1}{8}$	$\frac{1}{2}$		
固端弯矩	0	60	0	−50	0	50
分配传递	0	−15	−5	−20	5	−10
最终弯矩	0	45	−5	−70	5	40

表 7-5 弯矩分配过程（kN·m）

作最终 M 图。

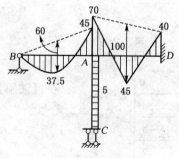

M 图（kN·m）

习题 7-4

【解】 结构存在静定部分 DE,先对结构进行简化,如下图。

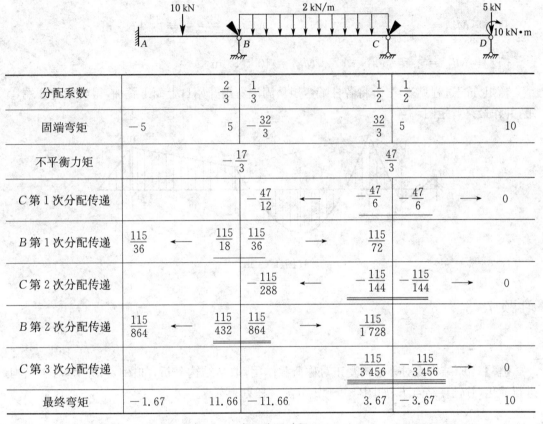

分配系数			$\frac{2}{3}$	$\frac{1}{3}$		$\frac{1}{2}$	$\frac{1}{2}$	
固端弯矩	-5		5	$-\frac{32}{3}$		$\frac{32}{3}$	5	10
不平衡力矩				$-\frac{17}{3}$		$\frac{47}{3}$		
C 第 1 次分配传递				$-\frac{47}{12}$		$-\frac{47}{6}$	$-\frac{47}{6}$	→ 0
B 第 1 次分配传递	$\frac{115}{36}$	←	$\frac{115}{18}$	$\frac{115}{36}$	→	$\frac{115}{72}$		
C 第 2 次分配传递				$-\frac{115}{288}$	←	$-\frac{115}{144}$	$-\frac{115}{144}$	→ 0
B 第 2 次分配传递	$\frac{115}{864}$	←	$\frac{115}{432}$	$\frac{115}{864}$	→	$\frac{115}{1728}$		
C 第 3 次分配传递						$-\frac{115}{3456}$	$-\frac{115}{3456}$	→ 0
最终弯矩	-1.67		11.66	-11.66		3.67	-3.67	10

表 7-6 弯矩分配过程(kN·m)

(1) 计算各杆端的分配系数

结点 B: $\mu_{BA} = \dfrac{S_{BA}}{S_{BA}+S_{BC}} = \dfrac{\dfrac{4EI}{4}}{\dfrac{4EI}{4}+\dfrac{4EI}{8}} = \dfrac{2}{3}$

$\mu_{BC} = \dfrac{S_{BC}}{S_{BA}+S_{BC}} = \dfrac{\dfrac{4EI}{8}}{\dfrac{4EI}{8}+\dfrac{4EI}{4}} = \dfrac{1}{3}$

结点 C: $\mu_{CB} = \dfrac{S_{CB}}{S_{CB}+S_{CD}} = \dfrac{\dfrac{4EI}{8}}{\dfrac{4EI}{8}+\dfrac{3EI}{6}} = \dfrac{1}{2}$

$$\mu_{CD} = \frac{S_{CD}}{S_{CB}+S_{CD}} = \frac{\dfrac{3EI}{6}}{\dfrac{4EI}{8}+\dfrac{3EI}{6}} = \frac{1}{2}$$

(2) 锁住结点 B 和 C，计算各杆的固端弯矩

AB 杆：$M_{AB}^f = -\dfrac{10\times 4}{8} = -5\ \text{kN}\cdot\text{m}$； $M_{BA}^f = \dfrac{10\times 4}{8} = 5\ \text{kN}\cdot\text{m}$

BC 杆：$M_{BC}^f = -\dfrac{2\times 8^2}{12} = -\dfrac{32}{3}\ \text{kN}\cdot\text{m}$； $M_{CB}^f = \dfrac{2\times 8^2}{12} = \dfrac{32}{3}\ \text{kN}\cdot\text{m}$

CD 杆：$M_{CD}^f = \dfrac{10}{2} = 5\ \text{kN}\cdot\text{m}$； $M_{DC}^f = 10\ \text{kN}\cdot\text{m}$

弯矩分配过程见表 7-6，将各杆端弯矩从固端弯矩开始自上而下叠加，得到最终杆端弯矩，并作最终弯矩图。

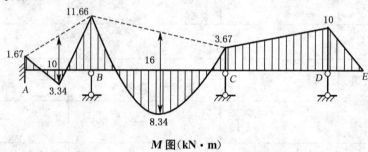

M 图 (kN·m)

习题 7-5

【解】 原结构为对称结构受正对称荷载作用，取半结构分析，如图(a)所示。对半结构进行简化，并锁住结点 E，如图(b)，弯矩分配过程见表 7-7。

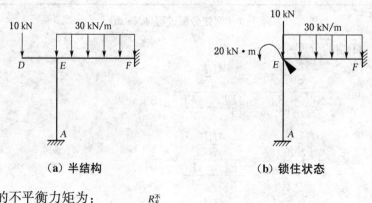

(a) 半结构   (b) 锁住状态

结点 E 的不平衡力矩为：

$R_E^{\text{不}} = -62.5 + 20 = -42.5\ \text{kN}\cdot\text{m}$

结点	A	E		F
杆端	AE	EA	EF	FE
固端弯矩	0	0	−62.5	62.5
不平衡力矩		−42.5		
分配系数		$\frac{1}{2}$	$\frac{1}{2}$	
分配传递	10.625	21.25	21.25	10.625
最终弯矩	10.625	21.25	−41.25	73.125

表 7-7 弯矩分配过程(kN·m)

作结构的最终 M 图。

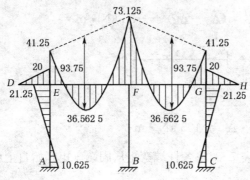

M 图(kN·m)

【注解】 应充分利用对称结构在对称荷载(正、反)作用下的受力及变形特性,同时应对结构中存在的静定部分进行简化处理。

习题 7-6

【解】 原结构在支座 B、C 处发生了下沉,锁住结点 B 和 C。
(1) 计算各杆端的分配系数

结点 B: $\mu_{BA} = \dfrac{S_{BA}}{S_{BA}+S_{BC}} = \dfrac{\dfrac{4EI}{6}}{\dfrac{4EI}{6}+\dfrac{4EI}{6}} = \dfrac{1}{2}$

$\mu_{BC} = \dfrac{S_{BC}}{S_{BC}+S_{BA}} = \dfrac{\dfrac{4EI}{6}}{\dfrac{4EI}{6}+\dfrac{4EI}{6}} = \dfrac{1}{2}$

117

结点 C： $\mu_{CD} = \mu_{CB} = \dfrac{1}{2}$

(2) 计算各杆的固端弯矩

① AB 杆：

$$M_{AB}^f = M_{BA}^f = -\dfrac{6EI}{6^2} \cdot \Delta = -70 \text{ kN} \cdot \text{m}$$

② BC 杆：$\Delta_B = 0.01 \text{ m}$

$$M_{BC}^f = M_{CB}^f = -\dfrac{6EI}{6^2} \cdot (\Delta_C - \Delta_B) = -35 \text{ kN} \cdot \text{m}$$

③ CD 杆：$\Delta_C = 0.015 \text{ m}$

$$M_{CD}^f = M_{DC}^f = \dfrac{6EI}{6^2} \cdot \Delta_C = 105 \text{ kN} \cdot \text{m}$$

弯矩的分配过程见表 7-8，将各杆端弯矩从固端弯矩开始自上而下叠加，得到最终杆端弯矩，并作弯矩图。

结点	A	B		C		D
杆端	AB	BA	BC	CB	CD	DC
分配系数		$\dfrac{1}{2}$	$\dfrac{1}{2}$	$\dfrac{1}{2}$	$\dfrac{1}{2}$	
固端弯矩	−70	−70	−35	−35	105	105
B 第一次分配传递	26.25 ←	52.5	52.5 →	26.25		
C 第一次分配传递			−24.06 ←	−48.125	−48.125 →	−24.06
B 第二次分配传递	6.02 ←	12.03	12.03 →	6.02		
C 第二次分配传递				−3.01	−3.01 →	−1.51
最终弯矩	−37.73	−5.47	5.47	−53.87	53.87	79.43

表 7-8 弯矩分配过程（kN·m）

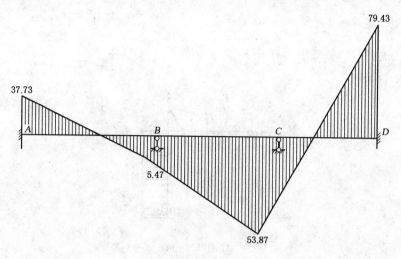

M 图(kN·m)

【注解】 应灵活运用形常数表计算固端弯矩。对结点 C 而言,当结点 B 完成第一次分配和传递后,结点 C 的不平衡力矩应为两侧杆的固端弯矩与由结点 B 传递所得弯矩的代数和。

习题 7-7

(a)【解】 锁住结点 C,如图(a),力矩分配过程见表 7-9。

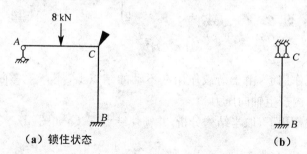

(a) 锁住状态　　　　　　　　(b)

结点	A	C		B
杆端	AC	CA	CB	BC
分配系数		$\dfrac{6}{7}$	$\dfrac{1}{7}$	
固端弯矩	0	9	0	0
分配传递	0	$-\dfrac{54}{7}$	$-\dfrac{9}{7}$	$\dfrac{9}{7}$
最终弯矩	0	$\dfrac{9}{7}$	$-\dfrac{9}{7}$	$\dfrac{9}{7}$

表 7-9　力矩分配过程(kN·m)

抗转刚度：$S_{CA} = 3 \times 2i = 6i, S_{CB} = i$

分配系数：$\mu_{CA} = \dfrac{6i}{6i+i} = \dfrac{6}{7}, \mu_{CB} = \dfrac{1}{7}$

作最终 M 图。

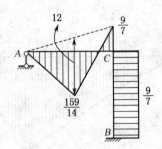

M 图（kN·m）

【注解】 原结构中 BC 杆为剪力静定杆，当将 C 结点锁住时，BC 杆等效为图(b)所示一端固定另一端定向滑动的杆件，此时 BC 杆的抗转刚度为 i，传递系数为 -1。

(b)【解】 原结构为对称结构，将荷载分解成正对称和对反对称荷载，如图(a)、(b)、(c)。

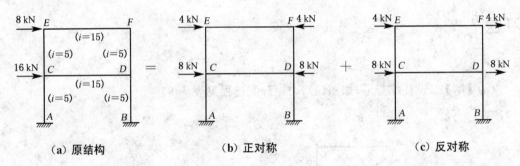

(a) 原结构　　　　(b) 正对称　　　　(c) 反对称

① 正对称荷载作用下，由于荷载作用在不动的结点上，不产生弯曲变形，故各杆无弯矩，仅在 EF、CD 杆内产生轴向压力。

② 反对称荷载作用下，取半结构分析，并锁住结点 E、C，如图(d)。

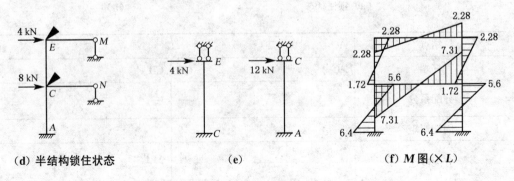

(d) 半结构锁住状态　　　(e)　　　(f) M 图（×L）

(1) 计算分配系数

结点 E：$\mu_{EM} = \dfrac{S_{EM}}{S_{EM} + S_{EC}} = \dfrac{3 \times 30}{3 \times 30 + 5} = \dfrac{18}{19}$

$$\mu_{EC} = \frac{S_{EC}}{S_{EC}+S_{EM}} = \frac{5}{3\times 30+5} = \frac{1}{19}$$

结点 C：
$$\mu_{CE} = \frac{S_{CE}}{S_{CE}+S_{CN}+S_{CA}} = \frac{5}{5+3\times 30+5} = \frac{1}{20}$$

$$\mu_{CN} = \frac{S_{CN}}{S_{CE}+S_{CN}+S_{CA}} = \frac{3\times 30}{5+3\times 30+5} = \frac{9}{10}$$

$$\mu_{CA} = \frac{S_{CA}}{S_{CE}+S_{CN}+S_{CA}} = \frac{5}{5+3\times 30+5} = \frac{1}{20}$$

(2) 计算各杆的固端弯矩

EM 杆： $M^f_{EM} = M^f_{ME} = 0$

EC 杆： $M^f_{EC} = M^f_{CE} = -\frac{1}{2}\times 4\times L = -2L$

CN 杆： $M^f_{CN} = M^f_{NC} = 0$

CA 杆： $M^f_{CA} = M^f_{AC} = -\frac{1}{2}\times 12\times L = -6L$

弯矩分配过程见表 7-10，将各杆端弯矩从固端弯矩开始自上而下依次叠加得最终杆端弯矩值，作弯矩图（如图(f)）。

结点	M	E		C			N	A
杆端	ME	EM	EC	CE	CA	CN	NC	AC
分配系数		$\frac{18}{19}$	$\frac{1}{19}$	$\frac{1}{20}$	$\frac{1}{20}$	$\frac{9}{10}$		
固端弯矩	0	0	$-2L$	$-2L$	$-6L$	0	0	$-6L$
C 第一次分配传递			$-\frac{2L}{5}$ ←	$\frac{2L}{5}$	$\frac{2L}{5}$	$\frac{36L}{5}$ →	0	$-\frac{2L}{5}$
E 第一次分配传递	0	← $\frac{216L}{95}$	$\frac{12L}{95}$ →	$-\frac{12L}{95}$				
C 第二次分配传递			$-\frac{3L}{475}$ ←	$\frac{3L}{475}$	$\frac{3L}{475}$	$\frac{54L}{475}$ →	0	$-\frac{3L}{475}$
E 第二次分配传递	0	← $\frac{54L}{9\,025}$	$\frac{3L}{9\,025}$ →	$-\frac{3L}{9\,025}$				
C 第三次分配传递				$\frac{3L}{180\,500}$	$\frac{3L}{180\,500}$	$\frac{27L}{90\,250}$ →	0	$-\frac{27L}{90\,250}$
最终弯矩	0	2.28L	$-2.28L$	$-1.72L$	$-5.6L$	7.31L	0	$-6.4L$

表 7-10 弯矩分配过程

【注解】 应注意结点 E、C 锁住后，EC 杆和 AC 杆均为剪力静定杆，故均视为一端固定另一端定向滑动的杆件。同时，对于 AC 杆而言，作用在柱顶的集中荷载应为荷载与其上各层水平荷载的代数和，故为 12 kN，见图(e)。此外应注意，半结构使杆长发生变化，从而导致线刚度的变化，故图(d)中的 EM 和 CN 杆的 i 为 30。

习题 7-8

(a)【解】 ① 抗侧刚度的计算:$D_{CA} = \dfrac{3EI}{L^3} = \dfrac{EI}{72}, D_{DB} = \dfrac{3EI}{L^3} = \dfrac{EI}{72}$

② 剪力分配系数计算:$\mu_{CA} = \dfrac{EI/72}{\dfrac{EI}{72} + \dfrac{EI}{72}} = \dfrac{1}{2}, \mu_{DB} = \dfrac{1}{2}$

③ 各柱剪力值计算:$F_{SCA} = 20 \times \mu_{CA} = 10$ kN, $F_{SDB} = 20 \times \mu_{DB} = 10$ kN(见剪力分配图)。

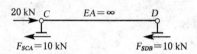

剪力分配图

④ 柱底弯矩值计算:$M_{AC} = -F_{SCA} \times h = -10 \times 6 = -60$ kN·m

$M_{BD} = -F_{SDB} \times h = -10 \times 6 = -60$ kN·m

作最终 M 图。

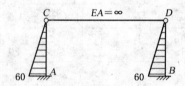

M 图(kN·m)

(b)【解】 上层:

(1) 抗侧刚度: $D_{CB} = \dfrac{12EI}{h_1^3} = \dfrac{EI}{18}, D_{FE} = \dfrac{12EI}{h_1^3} = \dfrac{EI}{18}$

(2) 剪力分配系数: $\mu_{CB} = \dfrac{1}{2}, \mu_{FE} = \dfrac{1}{2}$

(3) 上层各柱分到的剪力值: $F_{SCB} = 100 \times \dfrac{1}{2} = 50$ kN, $F_{SFE} = 100 \times \dfrac{1}{2} = 50$ kN

(4) 上层各柱的弯矩值: $M_{CB} = M_{BC} = -50 \times \dfrac{6}{2} = -150$ kN·m

$M_{FE} = M_{EF} = -50 \times \dfrac{6}{2} = -150$ kN·m

下层:

(1) 抗侧刚度: $D_{BA} = \dfrac{12EI}{h_2^3} = \dfrac{EI}{18}, D_{ED} = \dfrac{12 \times 2EI}{h_2^3} = \dfrac{EI}{9}$

(2) 剪力分配系数: $\mu_{BA} = \dfrac{1}{3}, \mu_{ED} = \dfrac{2}{3}$

(3) 下层各柱分到的剪力值: $F_{SBA} = \dfrac{1}{3} \times 100 = \dfrac{100}{3}$ kN, $F_{SED} = \dfrac{2}{3} \times 100 = \dfrac{200}{3}$ kN

(4) 下层各柱的弯矩值: $M_{BA} = M_{AB} = -\dfrac{100}{3} \times \dfrac{6}{2} = -100$ kN·m

$$M_{ED} = M_{DE} = -\frac{200}{3} \times \frac{6}{2} = -200 \text{ kN} \cdot \text{m}$$

作最终 M 图。

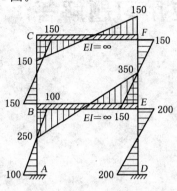

M 图（kN·m）

【注解】 对于 $EI = \infty$ 的杆件，由于梁上无荷载作用，根据刚结点的平衡条件，由柱端弯矩求得梁端弯矩，然后连以直线即可。

第8章 影响线及其应用习题解答

一、本章要点

1. 影响线的方向规定

对于梁,反力一般以向上为正,轴力以受拉为正;剪力以使隔离体顺时针转动为正;弯矩以使下侧受拉为正。一般将正值的影响线画在基线以上,负值画在基线以下。由于单位荷载无量纲,故反力、轴力以及剪力影响线均无单位;而弯矩影响线的单位为长度单位。

【注意】 影响线的基线始终与移动荷载的作用方向垂直。

2. 静力法和机动法

(1) 静力法

用静力法作静定结构的影响线,是指按静力平衡条件建立待求量值的影响线方程,然后绘制影响线。该方法的关键在于确定量值与移动荷载作用位置之间的函数关系。

(2) 机动法

用机动法作静定结构影响线的理论依据是刚体虚位移原理,即将结构的静力平衡问题,转化为确定结构虚位移图的几何问题。

3. 间接荷载作用下的影响线

作间接荷载作用下某量值的影响线分两步进行:首先,作出直接荷载作用下该量值的影响线;然后将各结点投影至上述影响线上,并将各相邻结点之间用直线相连即为所求。

4. 平面桁架的影响线

平面桁架一般只承受结点荷载,可以证明,当荷载在两结点间移动时,影响线为直线。因此只需求出各结点处影响线的竖标,将相邻结点之间连以直线即可。

5. 影响线的应用

(1) 既定荷载作用下的量值计算

设原结构上作用有集中荷载 F_{Pi}(共有 n 个)、均布荷载 q_i(共有 m 个)和集中力偶 M_i(共有 k 个),利用影响线计算量值 S 的公式为:

$$S = \sum_{i=1}^{n} F_{Pi} y_i + \sum_{i=1}^{m} q_i A_i + \sum_{i=1}^{k} M_i \frac{\mathrm{d}y_i}{\mathrm{d}x}$$

式中:y_i——与集中荷载 F_{Pi} 对应的影响线竖标;

A_i——均布荷载 q_i 作用范围内影响线的几何面积代数和;

$\dfrac{\mathrm{d}y_i}{\mathrm{d}x}$——集中力偶 M_i 作用点处影响线切线的斜率。

【例 8-1】 试作图 8-1 所示多跨连续梁的 M_C 和 F_{RD} 影响线，并利用影响线求荷载作用下的 M_C 和 F_{RD}。(北京交通大学 2012)

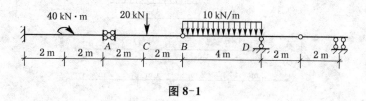

图 8-1

解 ① 用机动法绘制 M_C 和 F_{RD} 的影响线，如图 8-2(a)、(b) 所示。

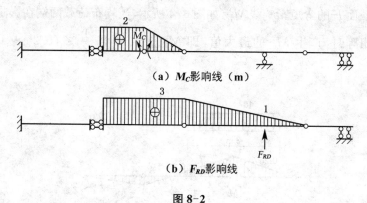

（a）M_C 影响线（m）

（b）F_{RD} 影响线

图 8-2

② 求 M_C 和 F_{RD} 的量值：

$$M_C = 20 \times 2 = 40 \text{ kN} \cdot \text{m}$$
$$F_{RD} = 20 \times 3 + 10 \times (3+1) \times 4 \times 1/2 = 140 \text{ kN}$$

(2) 最不利荷载位置的确定

移动荷载的最不利位置是指某一量值达到最大(或最小负)值时的荷载位置。

① 当实际移动荷载为单个集中荷载 F_P 时，最不利荷载位置为 F_P 作用在影响线的最大正值(或最大负值)竖标时，将产生最大值(或最小值)。

② 当实际移动荷载为均布荷载且可任意断续布置时，由 $S = qA$ 可知，当均布荷载布满 S 影响线的所有正值(或负值)部分时，将产生 S 的最大值(或最小值)。

③ 当有若干个集中荷载作用时，可证明最不利荷载位置中，必有一个集中荷载位于影响线的最大竖标处，此时可根据如下判别式来判定：

$$\frac{\Delta S}{\Delta x} = \sum_{i=1}^{n} F_{Ri} \tan\alpha_i$$

且有：若 S 为极大值，$\cdots \sum\limits_{i=1}^{n} F_{Ri} \tan\alpha_i \geqslant 0$；若 S 为极小值，$\cdots \sum\limits_{i=1}^{n} F_{Ri} \tan\alpha_i \leqslant 0$；找出若干个临界荷载及对应的临界位置后，计算所有临界荷载位置下的量值 S 并比较，其中量值最大的荷载位置即为最不利荷载位置。

【例 8-2】 图 8-3 所示静定梁，有一段均布荷载在梁上移动，截面 E 的弯矩最大值 $M_{E\max}$ 为 _____。（天津大学 2010）

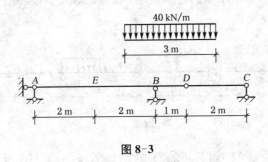

图 8-3

【解】 作截面 E 的弯矩影响线 M_E，如图 8-4 所示，当均布荷载两端在影响线最大值两侧对应的竖标相等时，产生 M_E 的最大值，即 $M_{E\max} = 40 \times \dfrac{1}{2} \times (0.25+1) \times 1.5 \times 2 = 75 \text{ kN} \cdot \text{m}$。

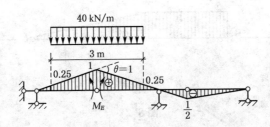

图 8-4 M_E 影响线（m）

二、重点难点分析

1. 伸臂部分的影响线

伸臂部分的影响线可由静力法或机动法作出，其支反力及跨间任一截面的内力影响线，由简支梁的相应影响线向伸臂段延伸即可。

2. 机动法中需注意的问题

（1）机动法绘制静定结构的影响线，实质是按机构部分的虚位移特征绘制虚位移图，若机构中存在几何不变部分，该部分的虚位移为零，故影响线亦为零。

（2）采用机动法作静定结构的影响线时，定向支座或定向滑动连接的两侧杆件应始终保持平行。

习题 8-1

【解】 (1) 作 F_{Ay} 的影响线

由 $\sum F_y = 0$ 得：$F_{Ay} = 1(\uparrow)$，故有：

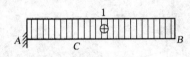

F_{Ay} 影响线

(2) 作 M_A 的影响线

$M_A = -1 \times x = -x(0 \leqslant x \leqslant L)$，故有：

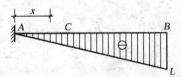

M_A 影响线

(3) 作 M_C 的影响线

当 $F_P = 1$ 位于 AC 段：$M_C = 0\left(0 \leqslant x < \dfrac{L}{3}\right)$

当 $F_P = 1$ 位于 CB 段：$M_C = -\left(x - \dfrac{L}{3}\right) \times 1 = -x + \dfrac{L}{3}\left(\dfrac{L}{3} \leqslant x \leqslant L\right)$

故有：

M_C 影响线

(4) 作 F_{SC} 的影响线

当 $F_P = 1$ 位于 AC 段：$F_{SC} = 0\left(0 \leqslant x < \dfrac{L}{3}\right)$

当 $F_P = 1$ 位于 CB 段：$F_{SC} = 1\left(\dfrac{L}{3} \leqslant x \leqslant L\right)$

故有：

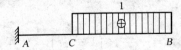

F_{SC} 影响线

习题 8-2

【解】 (1) 作 F_{Ay} 的影响线

由 $\sum F_x = 0$ 得：$F_{Ax} = 0$

由 $\sum M_B = 0$ 得：$F_{Ay} \cdot 3a = F_P \cdot (3a - x) \Rightarrow F_{Ay} = 1 - \dfrac{x}{3a}\,(0 \leqslant x \leqslant 3a)$

故有：

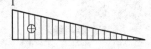

F_{Ay} 影响线

(2) 作 M_C 的影响线

当 $F_P = 1$ 位于 AC 段：$M_C = F_{Ay} \cdot a - F_P \cdot (a - x) = \dfrac{2}{3}x\,(0 \leqslant x < a)$

当 $F_P = 1$ 位于 CB 段：$M_C = F_{Ay} \cdot a = a - \dfrac{x}{3}\,(a \leqslant x \leqslant 3a)$

故有：

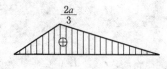

M_C 影响线

(3) 作 F_{NC} 的影响线

由 $\sum F_y = 0$ 得：$F_{By} = 1 - F_{Ay} = \dfrac{x}{3a}\,(0 \leqslant x \leqslant 3a)$

当 $F_P = 1$ 位于 AC 段，取 CB 段为隔离体，可得：

$F_{NC} = \dfrac{\sqrt{2}}{2} \times \dfrac{x}{3a} = \dfrac{\sqrt{2}x}{6a}\,(0 \leqslant x < a)$

$F_{SC} = -\dfrac{\sqrt{2}}{2} \times \dfrac{x}{3a} = -\dfrac{\sqrt{2}x}{6a}\,(0 \leqslant x < a)$

当 $F_P = 1$ 位于 CB 段时，取 AC 段为隔离体，可得：

$F_{NC} = -\dfrac{\sqrt{2}}{2} \times \left(1 - \dfrac{x}{3a}\right) = \dfrac{\sqrt{2}x}{6a} - \dfrac{\sqrt{2}}{2}\,(a \leqslant x \leqslant 3a)$

$F_{SC} = \dfrac{\sqrt{2}}{2} \times \left(1 - \dfrac{x}{3a}\right) = \dfrac{\sqrt{2}}{2} - \dfrac{\sqrt{2}x}{6a}\,(a \leqslant x \leqslant 3a)$

故有：

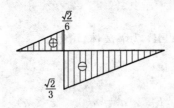

F_{NC} 影响线

（4）作 F_{SC} 的影响线

由(3)分析可知：$F_{SC} = \begin{cases} -\dfrac{\sqrt{2}x}{6a} & (0 \leqslant x < a) \\ \dfrac{\sqrt{2}}{2} - \dfrac{\sqrt{2}x}{6a} & (a \leqslant x \leqslant 3a) \end{cases}$

故有：

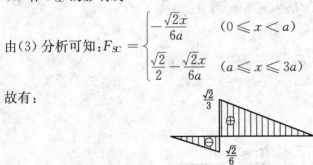

F_{SC} 影响线

【注解】 影响线的基线与 F_P 的作用方向始终垂直。

习题 8-3

【解】 （1）作 F_{SC} 的影响线

由 $\sum F_y = 0$ 得：$F_{By} = 1(\uparrow)$

当 $F_P = 1$ 位于 AC 段，取 CBD 为隔离体，由 $\sum F_y = 0$ 得：

$F_{SC} = -1 (0 \leqslant x < a)$

当 $F_P = 1$ 位于 CBD 段，取 AC 为隔离体，由 $\sum F_y = 0$ 得：

$F_{SC} = 0 (a \leqslant x \leqslant 3a)$

故有：

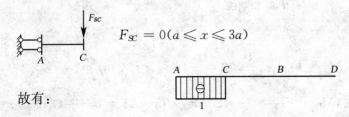

F_{SC} 影响线

(2) 作 M_C 的影响线

当 $F_P=1$ 位于 AC 段，取 CBD 为隔离体，可得：

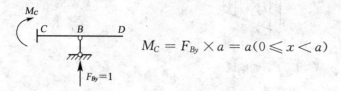

$$M_C = F_{By} \times a = a(0 \leqslant x < a)$$

当 $F_P=1$ 位于 CBD 段，取 CBD 为隔离体，可得：

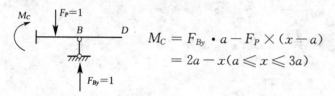

$$M_C = F_{By} \cdot a - F_P \times (x-a)$$
$$= 2a - x(a \leqslant x \leqslant 3a)$$

故有：

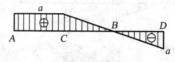

M_C 影响线

习题 8-4

【解】（1）作 F_{NBC} 的影响线

截取下图所示隔离体，由 $\sum M_A = 0$ 得：

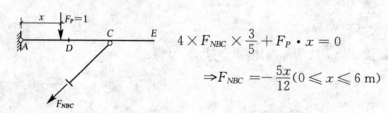

$$4 \times F_{NBC} \times \frac{3}{5} + F_P \cdot x = 0$$

$$\Rightarrow F_{NBC} = -\frac{5x}{12}(0 \leqslant x \leqslant 6\text{ m})$$

故有：

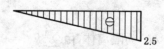

F_{NBC} 影响线

(2) 作 M_D 的影响线

当 $F_P=1$ 位于 AD 段时，$M_D = F_{NBC} \times \frac{3}{5} \times 2 = \frac{x}{2}(0 \leqslant x < 2\text{ m})$

当 $F_P=1$ 位于 DCE 段时，$M_D = F_{NBC} \times \frac{3}{5} \times 2 - F_P \times (x-2) = 2 - \frac{3x}{2}(2\text{ m} \leqslant x \leqslant 6\text{ m})$

故有：

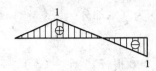

M_D 影响线（m）

（3）作 F_{SD} 的影响线

当 $F_P = 1$ 位于 AD 段时，$F_{SD} = -\dfrac{3}{5} \times F_{NBC} = -\dfrac{x}{4}(0 \leqslant x < 2 \text{ m})$

当 $F_P = 1$ 位于 DCE 段时，$F_{SD} = 1 - F_{NBC} \times \dfrac{3}{5} = 1 - \dfrac{x}{4}(2 \text{ m} \leqslant x \leqslant 6 \text{ m})$

故有：

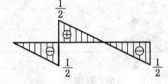

F_{SD} 影响线

（4）作 F_{ND} 的影响线

截取下图所示隔离体，由 $\sum F_x = 0$ 得：

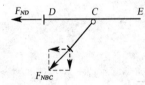

$F_{ND} = -F_{NBC} \times \dfrac{4}{5} = \dfrac{x}{3}(0 \leqslant x \leqslant 6 \text{ m})$

故有：

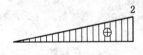

F_{ND} 影响线

【注解】 在作某量值的影响线时，要注意该量值的影响线是否有单位。一般而言，由于 $F_P = 1$ 无量纲，故反力影响线、剪力影响线和轴力影响线均无单位；而弯矩影响线的单位为长度单位。

习题 8-5

【解】 原结构为多跨静定连续梁，作下图所示的层叠图：

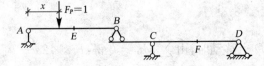

其中：AEB 为附属部分，CFD 为基本部分。

(1) 作 M_E 的影响线

取 AEB 为隔离体，由 $\sum M_A = 0$ 得：$F_{By} = \dfrac{x}{2a}(\uparrow)$

由 $\sum F_y = 0$ 得：$F_{Ay} = 1 - \dfrac{x}{2a}(\uparrow)$

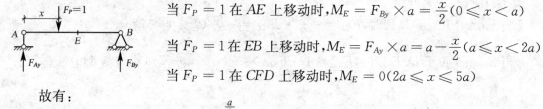

当 $F_P = 1$ 在 AE 上移动时，$M_E = F_{By} \times a = \dfrac{x}{2}(0 \leqslant x < a)$

当 $F_P = 1$ 在 EB 上移动时，$M_E = F_{Ay} \times a = a - \dfrac{x}{2}(a \leqslant x < 2a)$

当 $F_P = 1$ 在 CFD 上移动时，$M_E = 0(2a \leqslant x \leqslant 5a)$

故有：

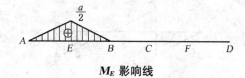

M_E 影响线

(2) 作 F_{SE} 的影响线

当 $F_P = 1$ 在 AE 上移动时，$F_{SE} = -F_{By} = -\dfrac{x}{2a}(0 \leqslant x < a)$

当 $F_P = 1$ 在 EB 上移动时，$F_{SE} = F_{Ay} = 1 - \dfrac{x}{2a}(a \leqslant x < 2a)$

当 $F_P = 1$ 在 CFD 上移动时，$F_{SE} = 0(2a \leqslant x \leqslant 5a)$

故有：

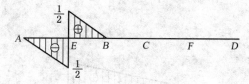

F_{SE} 影响线

(3) 作 F_{SB} 的影响线

当 $F_P = 1$ 在 AEB 上移动时，$F_{SB} = -F_{By} = -\dfrac{x}{2a}(0 \leqslant x < 2a)$

当 $F_P = 1$ 在 BCFD 上移动时，$F_{SB} = 0(2a \leqslant x \leqslant 5a)$

故有：

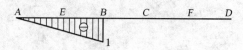

F_{SB} 影响线

(4) 作 F_{Cy} 的影响线

当 $F_P = 1$ 在 AEB 上移动时，由 $\sum M_D = 0$ 得：$F_{Cy} \times 2a - F_{By} \times 3a = 0$

$\Rightarrow F_{Cy} = \dfrac{3x}{4a}(0 \leqslant x < 2a)$

当 $F_P = 1$ 在 BCFD 上移动时，由 $\sum M_D = 0$ 得：$F_{Cy} \times 2a - F_P \times (5a - x) = 0$

$$\Rightarrow F_{Cy} = \frac{5}{2} - \frac{x}{2a}(2a \leqslant x \leqslant 5a)$$

故有：

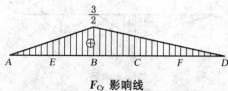

F_{Cy} 影响线

(5) 作 $F_{SC左}$ 的影响线

当 $F_P = 1$ 在 AEB 上移动时，$F_{SC左} = -F_{By} = -\frac{x}{2a}(0 \leqslant x < 2a)$

当 $F_P = 1$ 在 BC 上移动时，$F_{SC左} = -1(2a \leqslant x < 3a)$

当 $F_P = 1$ 在 CFD 上移动时，$F_{SC左} = 0(3a \leqslant x \leqslant 5a)$

故有：

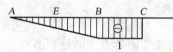

$F_{SC左}$ 影响线

(6) 作 $F_{SC右}$ 的影响线

当 $F_P = 1$ 在 AEB 上移动时，$F_{SC右} = F_{Cy} - F_{By} = \frac{3x}{4a} - \frac{x}{2a} = \frac{x}{4a}(0 \leqslant x < 2a)$

当 $F_P = 1$ 在 BC 上移动时，$F_{SC右} = F_{Cy} - 1 = \frac{5}{2} - \frac{x}{2a} - 1 = \frac{3}{2} - \frac{x}{2a}(2a \leqslant x < 3a)$

当 $F_P = 1$ 在 CFD 上移动时，$F_{SC右} = F_{Cy} = \frac{5}{2} - \frac{x}{2a}(3a \leqslant x \leqslant 5a)$

故有：

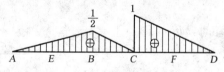

$F_{SC右}$ 影响线

(7) 作 M_F 的影响线

当 $F_P = 1$ 在 AEB 上移动时，$F_{Dy} = F_{By} - F_{Cy} = -\frac{x}{4a}(0 \leqslant x < 2a)$

$M_F = F_{Dy} \cdot a = -\frac{x}{4}(0 \leqslant x < 2a)$

当 $F_P = 1$ 在 BC 上移动时，$M_F = F_{Cy} \cdot a - F_P \cdot (4a - x) = \frac{x - 3a}{2}(2a \leqslant x < 3a)$

当 $F_P = 1$ 在 CF 上移动时，$M_F = F_{Cy} \cdot a - F_P \cdot (4a - x) = \frac{x - 3a}{2}(3a \leqslant x < 4a)$

当 $F_P = 1$ 在 FD 上移动时，$M_F = F_{Cy} \cdot a = \left(\frac{5}{2} - \frac{x}{2a}\right) \times a = \frac{5a - x}{2}(4a \leqslant x \leqslant 5a)$

故有：

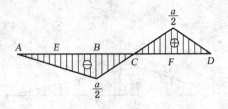

M_F 影响线

【注解】 在用静力法作多跨静定梁的影响线时，应分清附属部分和基本部分，可根据多跨静定梁的传力特性合理截取隔离体分析。

习题 8-6

【解】 先求主梁在移动荷载 $F_P = 1$ 作用下的 M_C 和 F_{SC} 影响线，如影响线图的虚线部分，将各结点投影至影响线图上，再将相邻两结点之间连以直线即为所求。

(1) 作 M_C 的影响线

由 $\sum M_A = 0$ 得：$F_{By} = \dfrac{x}{6}(\uparrow)(0 \leqslant x \leqslant 6 \text{ m})$

由 $\sum F_y = 0$ 得：$F_{Ay} = 1 - F_{By} = 1 - \dfrac{x}{6}(\uparrow)$

$(0 \leqslant x \leqslant 6 \text{ m})$

当 $F_P = 1$ 在 AC 上移动时，$M_C = F_{By} \cdot 5 = \dfrac{5x}{6}$

$(0 \leqslant x < 1 \text{ m})$

当 $F_P = 1$ 在 CB 上移动时，$M_C = F_{Ay} \cdot 1 = 1 - \dfrac{x}{6}$

$(1 \text{ m} \leqslant x \leqslant 6 \text{ m})$

作 M_C 的影响线，如图(b)。

(2) 作 F_{SC} 的影响线

当 $F_P = 1$ 在 AC 上移动时，$F_{SC} = -F_{By} = -\dfrac{5x}{6}$

$(0 \leqslant x < 1 \text{ m})$

当 $F_P = 1$ 在 CB 上移动时，$F_{SC} = F_{Ay} = 1 - \dfrac{x}{6}$

$(1 \text{ m} \leqslant x \leqslant 6 \text{ m})$

作 F_{SC} 影响线，如图(c)。

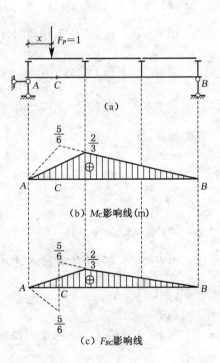

习题 8-7

【解】 先作主梁在移动荷载作用下各量值的影响线，如各影响线图中的虚线部分，再将各结点投影至影响线上,相邻两结点之间连以直线即可。

(1) 作 F_{By} 的影响线

由 $\sum M_A = 0$ 得：$F_{By} = \dfrac{1 \cdot x}{8} = \dfrac{x}{8}(\uparrow)(0 \leqslant x \leqslant 8 \text{ m})$

作 F_{By} 影响线,如图(b)。

(2) 作 M_D 的影响线

由 $\sum F_y = 0$ 得：$F_{Ay} = 1 - F_{By} = 1 - \dfrac{x}{8}(\uparrow)(0 \leqslant x \leqslant 8 \text{ m})$

当 $F_P = 1$ 在 ACD 上移动时，$M_D = F_{By} \cdot 3 = \dfrac{3x}{8}(0 \leqslant x < 5 \text{ m})$

当 $F_P = 1$ 在 DB 上移动时，$M_D = F_{Ay} \cdot 5 = 5 - \dfrac{5x}{8}(5 \text{ m} \leqslant x \leqslant 8 \text{ m})$

作 M_D 影响线,如图(c)。

(3) 作 F_{SD} 的影响线

当 $F_P = 1$ 在 ACD 上移动时，$F_{SD} = -F_{By} = -\dfrac{x}{8}(0 \leqslant x < 5 \text{ m})$

当 $F_P = 1$ 在 DB 上移动时，$F_{SD} = F_{Ay} = 1 - \dfrac{x}{8}(5 \text{ m} \leqslant x \leqslant 8 \text{ m})$

作 F_{SD} 影响线,如图(d)。

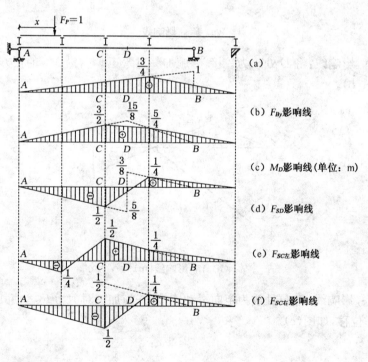

(4) 作 $F_{SC左}$ 影响线

当 $F_P = 1$ 在 AC 上移动时，$F_{SC左} = -F_{By} = -\dfrac{x}{8}(0 \leqslant x < 4 \text{ m})$

当 $F_P = 1$ 在 CDB 上移动时，$F_{SC左} = F_{Ay} = 1 - \dfrac{x}{8}(4 \text{ m} \leqslant x \leqslant 8 \text{ m})$

作 $F_{SC左}$ 影响线,如图(e)。

(5) 作 $F_{SC右}$ 影响线

当 $F_P = 1$ 在 AC 上移动时,$F_{SC右} = -F_{By} = -\dfrac{x}{8}(0 \leqslant x < 4\text{ m})$

当 $F_P = 1$ 在 CDB 上移动时,$F_{SC右} = F_{Ay} = 1 - \dfrac{x}{8}(4\text{ m} \leqslant x \leqslant 8\text{ m})$

作 $F_{SC右}$ 影响线,如图(f)。

习题 8-8

【解】 (1) 作 F_{NBC} 影响线:撤除杆 BC,代以轴力 F_{NBC},令其产生沿 BC 杆方向的单位虚位移,如图(a)。

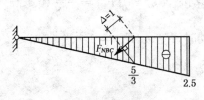

(a) F_{NBC} 影响线

(2) 作 M_D 影响线:将 D 处改为铰接,并施加一对弯矩 M_D,沿 M_D 的正方向产生相对转角 $\theta = 1$,如图(b)。

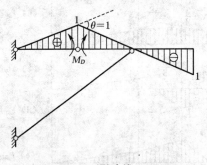

(b) M_D 影响线(m)

(3) 作 F_{SD} 影响线:将 D 处改为定向滑动连接,并施加一对剪力 F_{SD},使其产生沿 F_{SD} 正方向的单位虚位移,如图(c)。

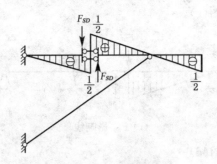

（c）F_{SD} 影响线

（4）作 F_{ND} 影响线：易知 F_{ND} 的大小等于 BC 杆轴力 F_{NBC} 在水平方向的分量，方向与其相反，故用机动法作 F_{ND} 的影响线时，可通过 F_{NBC} 在水平方向产生负的单位虚位移进行求解，即相当于 F_{NBC} 影响线的纵标乘以 $\dfrac{4}{5}$ 并反号，如图（d）。

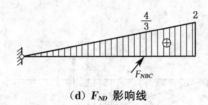

（d）F_{ND} 影响线

【注解】 在用机动法作某量值的影响线时，定向滑动连接结点（ ）两侧的杆件始终保持平行。

习题 8-9

【解】（1）作 M_E 影响线，如图（a）。

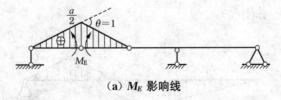

（a）M_E 影响线

（2）作 F_{SE} 影响线，如图（b）。

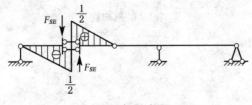

（b）F_{SE} 影响线

(3) 作 F_{SB} 影响线,如图(c)。

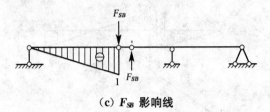

(c) F_{SB} 影响线

(4) 作 F_{Cy} 影响线,如图(d)。

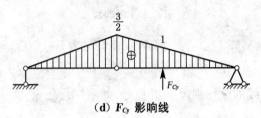

(d) F_{Cy} 影响线

(5) 作 $F_{SC左}$ 影响线,如图(e)。

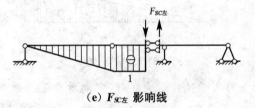

(e) $F_{SC左}$ 影响线

(6) 作 $F_{SC右}$ 影响线,如图(f)。

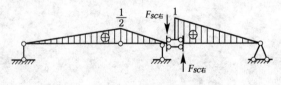

(f) $F_{SC右}$ 影响线

(7) 作 M_F 影响线,如图(g)。

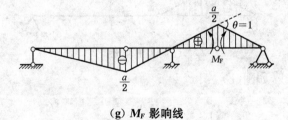

(g) M_F 影响线

第 8 章 影响线及其应用习题解答

习题 8-10

【解】（1）作 C 截面的 M_C 影响线：先用机动法作简支梁的 M_C 影响线（如图(b)中的虚线部分），再将各结点投影到影响线上，相邻结点之间连以直线，如图(a)、(b)。

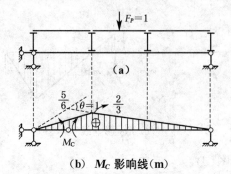

（b） M_C 影响线（m）

（2）作 F_{SC} 影响线：先用机动法作简支梁的 F_{SC} 影响线（如图(c)中的虚线部分），再将各结点投影到影响线上，相邻结点之间连以直线，如图(c)。

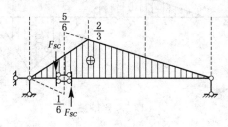

（c） F_{SC} 影响线

【注解】 用机动法作静定结构某量值的影响线时，应撤去相应的约束或支座，并代以正向的该量值，使其沿待求量值的正向产生单位虚位移，则虚位移图即为所求的影响线。若为间接荷载作用，还需将各结点投影至影响线上，相邻结点间连以直线即可。

习题 8-11

【解】（1）作 M_A 影响线，如图(a)。

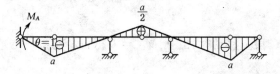

（a） M_A 影响线

(2) 作 M_E 影响线,如图(b)。

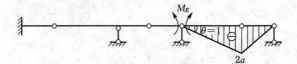

(b) M_E 影响线

(3) 作 F_{SD} 影响线,如图(c)。

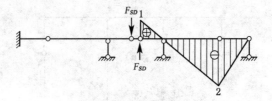

(c) F_{SD} 影响线

(4) 作 F_{Cy} 影响线,如图(d)。

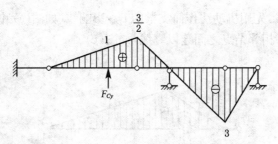

(d) F_{Cy} 影响线

习题 8-12

【解】

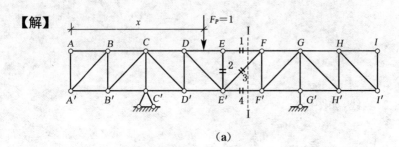

(a)

当 $F_P = 1$ 在 ABC 段上移动时,由 $\sum M_C = 0$ 得: $F_P \cdot (2a-x) + F_{Gy} \cdot 4a = 0$

$\Rightarrow F_{Gy} = \dfrac{x-2a}{4a} (0 \leqslant x \leqslant 2a)$

当 $F_P=1$ 在 CG 段上移动时，由 $\sum M_C=0$ 得：$F_P \cdot (x-2a)+F_{G'y} \cdot 4a$

$\Rightarrow F_{G'y}=\dfrac{x-2a}{4a}(2a<x\leqslant 6a)$

当 $F_P=1$ 在 GHI 段上移动时，由 $\sum M_C=0$ 得：$F_P \cdot (x-2a)=F_{G'y} \cdot 4a$

$\Rightarrow F_{G'y}=\dfrac{x-2a}{4a}(6a<x\leqslant 8a)$

截取 Ⅰ-Ⅰ 截面取右侧隔离体：如图(b)。

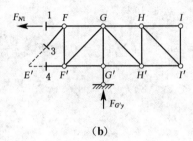

(b)

(1) 作 F_{N1} 影响线

① 当 $F_P=1$ 在 ABC 段上移动时，由 $\sum M_{E'}=0$ 得：$F_{N1} \cdot a+F_{G'y} \cdot 2a=0$

$\Rightarrow F_{N1}=-2F_{G'y}=\dfrac{2a-x}{2a}(0\leqslant x\leqslant 2a)$

② 当 $F_P=1$ 在 CDE 段上移动时，由 $\sum M_{E'}=0$ 得：$F_{N1} \cdot a+F_{G'y} \cdot 2a=0$

$\Rightarrow F_{N1}=\dfrac{2a-x}{2a}(2a<x\leqslant 4a)$

③ 当 $F_P=1$ 在 EI 段上移动时，由 $\sum M_{E'}=0$ 得：$F_{N1} \cdot a+F_{G'y} \cdot 2a-F_P \cdot (x-4a)$

$=0 \Rightarrow F_{N1}=\dfrac{6a-x}{2a}(4a<x\leqslant 8a)$

F_{N1} 影响线如图(c)。

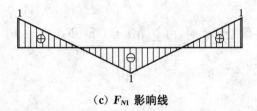

(c) F_{N1} 影响线

(2) 作 F_{N2} 影响线

① 当 $F_P=1$ 在 AD 段和 FI 段移动时，$F_{N2}=0$

② 当 $F_P=1$ 作用在结点 E 上时，$F_{N2}=-1$

F_{N2} 影响线如图(d)。

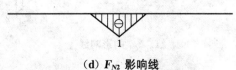

(d) F_{N2} 影响线

(3) 作 F_{N3} 的影响线：取图(b)所示隔离体

① 当 $F_P=1$ 在 ABC 段上移动时，由 $\sum F_y=0$ 得：$F_{N3}\cdot\dfrac{\sqrt{2}}{2}=F_{G'y}$

$\Rightarrow F_{N3}=\sqrt{2}F_{G'y}=\dfrac{\sqrt{2}(x-2a)}{4a}(0\leqslant x\leqslant 2a)$

② 当 $F_P=1$ 在 CDE 段上移动时，由 $\sum F_y=0$ 得：$F_{N3}\cdot\dfrac{\sqrt{2}}{2}=F_{G'y}$

$\Rightarrow F_{N3}=\dfrac{\sqrt{2}(x-2a)}{4a}(2a<x\leqslant 4a)$

③ 当 $F_P=1$ 在 EI 段上移动时，由 $\sum F_y=0$ 得：$F_{N3}\cdot\dfrac{\sqrt{2}}{2}+1=F_{G'y}$

$\Rightarrow F_{N3}=\dfrac{\sqrt{2}(x-6a)}{4a}(4a<x\leqslant 8a)$

F_{N3} 影响线如图(e)。

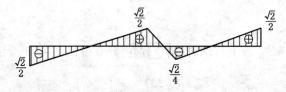

(e) F_{N3} 影响线

(4) 作 F_{N4} 影响线：取图(b)所示隔离体

① 当 $F_P=1$ 在 ABC 段上移动时，由 $\sum M_F=0$ 得：$F_{N4}\cdot a=F_{G'y}\cdot a$

$\Rightarrow F_{N4}=\dfrac{x-2a}{4a}(0\leqslant x\leqslant 2a)$

② 当 $F_P=1$ 在 CF 段上移动时，由 $\sum M_F=0$ 得：$F_{N4}\cdot a=F_{G'y}\cdot a$

$\Rightarrow F_{N4}=\dfrac{x-2a}{4a}(2a<x\leqslant 5a)$

③ 当 $F_P=1$ 在 FI 段上移动时，由 $\sum M_F=0$ 得：$F_{N4}\cdot a+F_P\cdot(x-5a)-F_{G'y}\cdot a=0$ $\Rightarrow F_{N4}=\dfrac{18-3x}{4a}(5a<x\leqslant 8a)$

F_{N4} 影响线如图(f)。

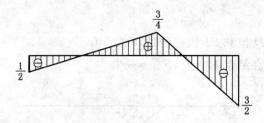

(f) F_{N4} 的影响线

习题 8-13

【解】 当 $F_P=1$ 在下弦移动时，F_{N2} 的内力恒为零，而 F_{N1}、F_{N3}、F_{N4} 的轴力影响线与习题 8-12 中完全相同，故 F_{N1}、F_{N2}、F_{N3}、F_{N4} 影响线如图(a)～图(d)。

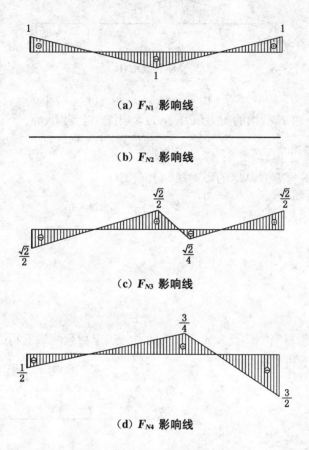

(a) F_{N1} 影响线

(b) F_{N2} 影响线

(c) F_{N3} 影响线

(d) F_{N4} 影响线

习题 8-14

(a)【解】 (1) 求 D 截面的剪力值：先用机动法作 D 截面的剪力影响线，如图(a)。

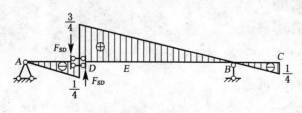

(a) F_{SD} 影响线

故有:$F_{SD}^{左} = 40 \times \frac{3}{4} + 40 \times \frac{1}{2} - 10 \times \frac{1}{4} = 47.5 \text{ kN}$

$F_{SD}^{右} = -40 \times \frac{1}{4} + 40 \times \frac{1}{2} - 10 \times \frac{1}{4} = 7.5 \text{ kN}$

(2) 求 E 截面的弯矩值:先用机动法作 E 截面的弯矩影响线如图(b)。

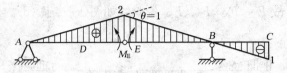

(b) M_E 影响线(m)

故有:$M_E = 40 \times 1 + 40 \times 2 - 10 \times 1 = 110 \text{ kN} \cdot \text{m}$

(b)【解】 (1) 求 D 截面的剪力值:F_{SD} 的影响线如上题图(a)。

故有:$F_{SD} = 4 \times \left(-\frac{1}{2} \times 2 \times \frac{1}{4} + \frac{1}{2} \times 6 \times \frac{3}{4} - \frac{1}{2} \times 2 \times \frac{1}{4} \right) = 7 \text{ kN}$

(2) 求 E 截面的弯矩值:M_E 的影响线如上题图(b)。

故有:$M_E = 4 \times \left(\frac{1}{2} \times 8 \times 2 - \frac{1}{2} \times 2 \times 1 \right) = 28 \text{ kN} \cdot \text{m}$

习题 8-15

【解】 可根据教材第 207 页 8.6.2 节中的方法确定荷载的最不利位置。
取下图所示的不利布置:

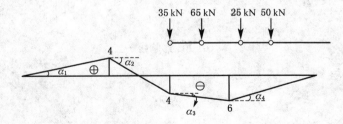

$\tan \alpha_1 = \frac{1}{3}, \tan \alpha_2 = -1, \tan \alpha_3 = -\frac{1}{4}, \tan \alpha_4 = \frac{1}{2}$

当取图中不利位置时,
$P = 35 \text{ kN}$ 稍向左移时:

$\sum F_{Ri} \cdot \tan \alpha_i = 35 \times (-1) + 65 \times \left(-\frac{1}{4}\right) + (25 \times 50) \times \frac{1}{2} = -13.75 < 0$

$P = 35 \text{ kN}$ 稍向右移时:

$\sum F_{Ri} \cdot \tan \alpha_i = (35 + 65) \times \left(-\frac{1}{4}\right) + (25 \times 50) \times \frac{1}{2} = 12.5 > 0$

可见,此时为临界荷载位置。

$$z_{max} = -\left(35 \times 4 + 65 \times 5 + 25 \times \frac{11}{12} \times 6 + 50 \times \frac{7}{12} \times 6\right) = -777.5 \text{ kN}$$

经分析,其他可能的临界荷载与上述计算结果进行比较,z 的绝对值均小于 $|z_{max}|$,所以 $|z_{max}| = 777.5$ kN 为绝对最大值。

习题 8-16

【解】 作 M_C 影响线如图(a)。

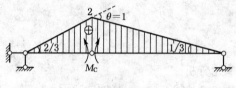

(a) M_C 影响线(m)

由分析可知:应将较密集的荷载布置在影响线竖标最大处附近求最大量值,将疏散的荷载布置在最大处求最小量值,分别如图(b)、(c)。

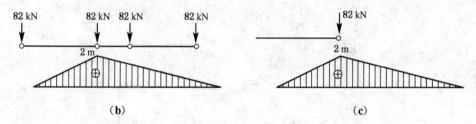

由图(b)可求得:$M_{max} = 82 \times 2 + 82 \times 1.5 + 82 \times \frac{1}{3} = 314.33$ kN·m

由图(c)可求得:$M_{min} = 82 \times 2 = 164$ kN·m

第 9 章　矩阵位移法习题解答

一、本章要点

1. 单元分析

(1) 局部坐标系下的单元分析

局部坐标系下的单元刚度方程为：$\{\overline{F}\}^e = [\overline{k}]^e \{\overline{\delta}\}^e$

式中：

$$[\overline{k}]^e = \begin{pmatrix} \dfrac{EA}{l} & 0 & 0 & -\dfrac{EA}{l} & 0 & 0 \\ 0 & \dfrac{12EI}{l^3} & \dfrac{6EI}{l^2} & 0 & -\dfrac{12EI}{l^3} & \dfrac{6EI}{l^2} \\ 0 & \dfrac{6EI}{l^2} & \dfrac{4EI}{l} & 0 & -\dfrac{6EI}{l^2} & \dfrac{2EI}{l} \\ -\dfrac{EA}{l} & 0 & 0 & \dfrac{EA}{l} & 0 & 0 \\ 0 & -\dfrac{12EI}{l^3} & -\dfrac{6EI}{l^2} & 0 & \dfrac{12EI}{l^3} & -\dfrac{6EI}{l^2} \\ 0 & \dfrac{6EI}{l^2} & \dfrac{2EI}{l} & 0 & -\dfrac{6EI}{l^2} & \dfrac{4EI}{l} \end{pmatrix}$$

为局部坐标系下的单元刚度矩阵，教材 P226 列出了常见的单元刚度矩阵。

(2) 整体坐标系下的单元分析

整体坐标系下的单元刚度方程为：

$$\{F\}^e = [k]^e \{\delta\}^e$$

式中：$[k]^e = [T]^T [\overline{k}]^e [T]$ 为整体坐标系下的单元刚度矩阵。

$$[T] = \begin{pmatrix} \cos\alpha & \sin\alpha & 0 & 0 & 0 & 0 \\ -\sin\alpha & \cos\alpha & 0 & 0 & 0 & 0 \\ 0 & 0 & 1 & 0 & 0 & 0 \\ 0 & 0 & 0 & \cos\alpha & \sin\alpha & 0 \\ 0 & 0 & 0 & -\sin\alpha & \cos\alpha & 0 \\ 0 & 0 & 0 & 0 & 0 & 1 \end{pmatrix}$$

为坐标转换矩阵。

【注意】 ① 单元刚度矩阵具有对称性，这是由反力互等定理决定的。

② 单元刚度矩阵具有奇异性，即不存在逆矩阵。

2. 整体分析

（1）结构总刚度矩阵的建立

首先将各单元在整体坐标系下的单元刚度矩阵，按结点编号表示成分块形式，然后按"对号入座"原则进行"搬家"，便可形成结构的总刚度矩阵，即**直接刚度法**。

【注意】

① 若某个结点上有多个单元相连，则该结点称为公共结点。若某两个结点之间有单元相连，称该结点为相关结点，反之为非相关结点。与公共结点对应的总刚度矩阵中的子块由各单元刚度矩阵的相应子块叠加，非相关结点之间没有刚度贡献，为零子块。

② 当采用先处理法建立总刚度矩阵时，由于各单元已考虑两端的边界条件，因此集成的总刚即为结构最终的总刚度矩阵。而当采用后处理法建立总刚度矩阵时，由直接刚度法形成的是原始总刚度矩阵，还需引入边界条件删去与零位移对应的行（列）后，方可获得最终的总刚度矩阵。

③ 结构的原始总刚度矩阵具有对称性和奇异性，而最终的总刚度矩阵具有对称性和非奇异性。

【例9-1】 若按图9-1中的结点和单元编号以及指定的坐标系，用后处理矩阵位移法求解该刚架时，在单元②的刚度矩阵中，第5行第2列的那个元素的值为：_____（各杆的EI为常量）。运用直接刚度法，应将该元素送至结构的原始总刚度矩阵中的第_____行、第_____列；在引入结构的边界条件时，应删除原始总刚度矩阵中的_____行和列。（东南大学 2014）

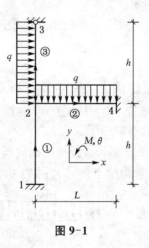

图 9-1

【解】 由于单元②的局部坐标方向与整体坐标系一致，故：

$$[k]_{2\to4}^{②} = [\bar{k}]_{2\to4}^{②} = \begin{pmatrix} \dfrac{EA}{L} & 0 & 0 & -\dfrac{EA}{L} & 0 & 0 \\ 0 & \dfrac{12EI}{L^3} & \dfrac{6EI}{L^2} & 0 & -\dfrac{12EI}{L^3} & \dfrac{6EI}{L^2} \\ 0 & \dfrac{6EI}{L^2} & \dfrac{4EI}{L} & 0 & -\dfrac{6EI}{L^2} & \dfrac{2EI}{L} \\ -\dfrac{EA}{L} & 0 & 0 & \dfrac{EA}{L} & 0 & 0 \\ 0 & -\dfrac{12EI}{L^3} & -\dfrac{6EI}{L^2} & 0 & \dfrac{12EI}{L^3} & -\dfrac{6EI}{L^2} \\ 0 & \dfrac{6EI}{L^2} & \dfrac{2EI}{L} & 0 & -\dfrac{6EI}{L^2} & \dfrac{4EI}{L} \end{pmatrix}$$

第 5 行第 2 列元素值为：$-\dfrac{12EI}{L^3}$；该结构有四个结点，由后处理法建立的原始总刚为 12 阶矩阵，②号单元的刚度矩阵中第 5 行第 2 列元素，位于原始总刚中的 3 阶子块 $[k]_{42}$ 中的第 2 行第 2 列，即在原始总刚中位于第 __11__ 行第 __5__ 列；引入边界条件：$u_1 = v_1 = \theta_1 = u_3 = v_3 = u_4 = v_4 = \theta_4 = 0$，故应删去原始总刚中的第 1,2,3,7,8,10,11,12 行和列。

（2）综合结点荷载向量

建立总刚度方程的依据是结点平衡条件，当结构上不仅作用有结点荷载，还作用有非结点荷载时，必须将非结点荷载转换为等效结点荷载。整个结构的综合结点荷载向量为：

$$\{F\} = \{F_D\} + \{F_E\}$$

式中：$\{F_D\}$——直接结点荷载向量；

$\{F_E\}$——等效结点荷载向量，且有 $\{F_E\} = -\{F^f\}^e$；

$\{F^f\}^e$——单元的固端力向量。

【注意】 求各单元的固端力向量以及等效结点荷载向量时，各单元均视为两端固定的单跨超静定梁。

（3）最终杆端内力

各单元的最终杆端内力，为固端力与综合结点荷载下的杆端力之和，即：$\{\bar{F}\}^e = [T][k]^e \{\Delta\}^e + \{\bar{F}^f\}^e$ 或 $\{\bar{F}\}^e = [\bar{k}]^e [T]\{\Delta\}^e + \{\bar{F}^f\}^e$。求得各单元在局部坐标系下的杆端力后，便可利用区段叠加法作最终内力图。

【例 9-2】 按图 9-2 所示的结构编码，各杆的截面尺寸为 $b \times h = 0.25 \text{ m} \times 0.5 \text{ m}$，杆长 $L = 5 \text{ m}$，$E = 3 \times 10^7$ kPa。已求得结点位移为：$\{\Delta\} = [u_1 \quad v_1 \quad \theta_1]^T = [1.793, 4.660,$

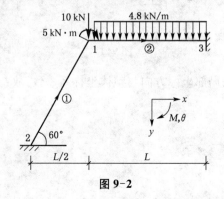

图 9-2

$11.884]^T \times 10^{-5}$。试用矩阵位移法求各单元的杆端力,并作内力图。

【解】(1) 求各单元在局部坐标系下的单元刚度矩阵:

$$[\bar{k}]^① = [\bar{k}]^② = \begin{bmatrix} 75 & 0 & 0 & -75 & 0 & 0 \\ 0 & 0.75 & 1.875 & 0 & -0.75 & 1.875 \\ 0 & 1.875 & 6.25 & 0 & -1.875 & 3.125 \\ -75 & 0 & 0 & 75 & 0 & 0 \\ 0 & -0.75 & -1.875 & 0 & 0.75 & -1.875 \\ 0 & 1.875 & 3.125 & 0 & -1.875 & 6.25 \end{bmatrix} \times 10^4$$

(2) 各单元的杆端位移向量:

单元①:$\alpha = -60°, \cos\alpha = 0.5, \sin\alpha = -0.866$

$$[T] = \begin{bmatrix} 0.5 & -0.866 & 0 & 0 & 0 & 0 \\ 0.866 & 0.5 & 0 & 0 & 0 & 0 \\ 0 & 0 & 1 & 0 & 0 & 0 \\ 0 & 0 & 0 & 0.5 & -0.866 & 0 \\ 0 & 0 & 0 & 0.866 & 0.5 & 0 \\ 0 & 0 & 0 & 0 & 0 & 1 \end{bmatrix}$$

故有:$\{\bar{\Delta}\}^① = [T]\{\Delta\}^① = [0 \ 0 \ 0 \ -3.139 \ 3.883 \ 11.884]^T \times 10^{-5}$

单元②:$\alpha = 0, \{\bar{\Delta}\}^② = \{\Delta\}^② = [1.793 \ 4.660 \ 11.884 \ 0 \ 0 \ 0]^T \times 10^{-5}$

(3) 各单元杆端力向量:

单元①:$\{\bar{F}\}^① = [\bar{k}]^① \{\bar{\Delta}\}^① + \{\bar{F}_P\}^① = \begin{Bmatrix} 23.545 \\ 1.937 \\ 2.986 \\ -23.545 \\ -1.937 \\ 6.699 \end{Bmatrix} + \begin{Bmatrix} 0 \\ 0 \\ 0 \\ 0 \\ 0 \\ 0 \end{Bmatrix} = \begin{Bmatrix} 23.545 \text{ kN} \\ 1.937 \text{ kN} \\ 2.986 \text{ kN·m} \\ -23.545 \text{ kN} \\ -1.937 \text{ kN} \\ 6.699 \text{ kN·m} \end{Bmatrix}$

单元②:$\{\bar{F}\}^② = [\bar{k}]^② \{\bar{\Delta}\}^② + \{\bar{F}_P\}^② = \begin{Bmatrix} 13.450 \\ 2.578 \\ 8.301 \\ -13.450 \\ -2.578 \\ 4.587 \end{Bmatrix} + \begin{Bmatrix} 0 \\ -12 \\ -10 \\ 0 \\ -12 \\ 10 \end{Bmatrix} = \begin{Bmatrix} 13.450 \text{ kN} \\ -9.422 \text{ kN} \\ -1.699 \text{ kN·m} \\ -13.450 \text{ kN} \\ -14.578 \text{ kN} \\ 14.587 \text{ kN·m} \end{Bmatrix}$

(4) 根据各单元的杆端力向量,作内力图,如图 9-3 所示。

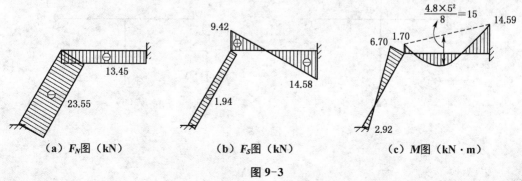

(a) F_N图(kN)　　(b) F_S图(kN)　　(c) M图(kN·m)

图 9-3

二、重点难点分析

1. 单元分析与整体分析

	任　　务	意　　义
单元分析	通过杆端力与杆端位移间的刚度方程，形成单元刚度矩阵。	用矩阵的形式表示杆件的转角位移方程。
整体分析	由变形协调条件和平衡方程建立结点力和结点位移间的刚度方程，形成结构的整体刚度矩阵。	用矩阵的形式表示位移法基本方程。

2. 结点编号的设置

结点通常设置在杆件的转折点、汇交点、支承点以及刚度突变处。需注意的是，若结构中存在刚度突变的截面，应考虑截面突变处的横向线位移和角位移。若存在中间铰，则铰两侧的角位移必须单独进行编码，而横向位移可用同一个位移编码（参见教材习题9-1(c)、(d)）。

3. 不同坐标下的单元刚度矩阵

可以证明，图 9-4 中的单元，在两种不同的局部坐标系下，具有相同的单元刚度矩阵。

图 9-4

4. 无需进行坐标转换的情况

（1）多跨连续梁。由于所有杆轴均在同一个方向，故其局部坐标与整体坐标方向一致，无需坐标转换。

（2）若不考虑刚架的轴向变形，按图 9-5(a)、(b) 所示的结构标识，竖柱的单元刚度矩阵无需进行坐标转换。

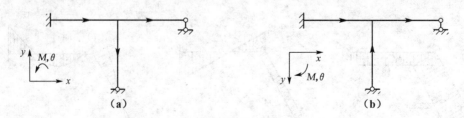

图 9-5

【例 9-3】 试建立图 9-6(a) 所示结构的总刚度矩阵,不考虑杆件的轴向变形。(湖南大学 2011)

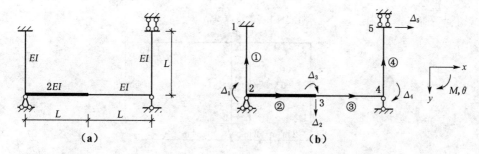

图 9-6

【解】 本例存在杆件刚度变化情况,取图 9-6(b) 所示的结构标识和结点位移编码,竖柱的单元刚度矩阵无需进行坐标转换,采用先处理法建立结构的总刚度矩阵。

(1) 列出各单元的定位向量和单元刚度矩阵

单元①:$\{\lambda\}^{①} = (1)$;$\{k\}^{①} = \left(\dfrac{4EI}{L}\right)$

单元②:$\{\lambda\}^{②} = \begin{Bmatrix} 1 \\ 2 \\ 3 \end{Bmatrix}$;$\{k\}^{②} = \begin{bmatrix} \dfrac{8EI}{L} & -\dfrac{12EI}{L^2} & \dfrac{4EI}{L} \\ -\dfrac{12EI}{L^2} & \dfrac{24EI}{L^3} & -\dfrac{12EI}{L^2} \\ \dfrac{4EI}{L} & -\dfrac{12EI}{L^2} & \dfrac{8EI}{L} \end{bmatrix}$

单元③:$\{\lambda\}^{③} = \begin{Bmatrix} 2 \\ 3 \\ 4 \end{Bmatrix}$;$\{k\}^{③} = \begin{bmatrix} \dfrac{12EI}{L^3} & \dfrac{6EI}{L^2} & \dfrac{6EI}{L^2} \\ \dfrac{6EI}{L^2} & \dfrac{4EI}{L} & \dfrac{2EI}{L} \\ \dfrac{6EI}{L^2} & \dfrac{2EI}{L} & \dfrac{4EI}{L} \end{bmatrix}$

单元④:$\{\lambda\}^{④} = \begin{pmatrix} 4 \\ 5 \end{pmatrix}$;$\{k\}^{④} = \begin{bmatrix} \dfrac{4EI}{L} & -\dfrac{6EI}{L^2} \\ -\dfrac{6EI}{L^2} & \dfrac{12EI}{L^3} \end{bmatrix}$

(2) 采用直接刚度法集成结构的总刚度矩阵

$$[K] = \begin{bmatrix} \dfrac{12EI}{L} & -\dfrac{12EI}{L^2} & \dfrac{4EI}{L} & 0 & 0 \\ -\dfrac{12EI}{L^2} & \dfrac{36EI}{L^3} & -\dfrac{6EI}{L^2} & \dfrac{6EI}{L^2} & 0 \\ \dfrac{4EI}{L} & -\dfrac{6EI}{L^2} & \dfrac{12EI}{L} & \dfrac{2EI}{L} & 0 \\ 0 & \dfrac{6EI}{L^2} & \dfrac{2EI}{L} & \dfrac{8EI}{L} & -\dfrac{6EI}{L^2} \\ 0 & 0 & 0 & -\dfrac{6EI}{L^2} & \dfrac{12EI}{L^3} \end{bmatrix}$$

【例9-4】 试用矩阵位移法建立图9-7所示结构的总刚度矩阵和结点荷载向量,已知各杆 EI 为常数,忽略杆件的轴向变形。(西安建筑科技大学 2012)

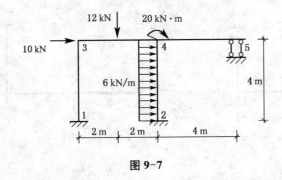

图 9-7

【解】 结构标识和位移编码如图9-8所示,竖柱无需进行坐标转换,采用先处理法建立结构的总刚度矩阵。

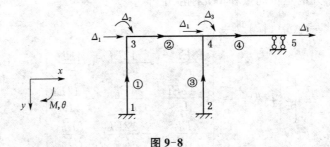

图 9-8

(1) 各单元定位向量和单元刚度矩阵

$$\text{单元①}: \{\lambda\}^{①} = \begin{pmatrix} 1 \\ 2 \end{pmatrix}; \{k\}^{①}_{1 \to 3} = \begin{bmatrix} \dfrac{12EI}{L^3} & -\dfrac{6EI}{L^2} \\ -\dfrac{6EI}{L^2} & \dfrac{4EI}{L} \end{bmatrix}$$

$$\text{单元②}: \{\lambda\}^{②} = \begin{pmatrix} 2 \\ 3 \end{pmatrix}; \{k\}^{②}_{3 \to 4} = \begin{bmatrix} \dfrac{4EI}{L} & \dfrac{2EI}{L} \\ \dfrac{2EI}{L} & \dfrac{4EI}{L} \end{bmatrix}$$

$$\text{单元③}: \{\lambda\}^{③} = \begin{pmatrix} 1 \\ 3 \end{pmatrix}; \{k\}^{③}_{2 \to 4} = \begin{bmatrix} \dfrac{12EI}{L^3} & -\dfrac{6EI}{L^2} \\ -\dfrac{6EI}{L^2} & \dfrac{4EI}{L} \end{bmatrix}$$

$$\text{单元④}: \{\lambda\}^{④} = (3); \{k\}^{④}_{4 \to 5} = \left(\dfrac{4EI}{L}\right)$$

(2) 采用直接刚度法集成结构的总刚度矩阵

$$[K] = \begin{pmatrix} \dfrac{24EI}{L^3} & -\dfrac{6EI}{L^2} & -\dfrac{6EI}{L^2} \\ -\dfrac{6EI}{L^2} & \dfrac{8EI}{L} & \dfrac{2EI}{L} \\ -\dfrac{6EI}{L^2} & \dfrac{2EI}{L} & \dfrac{12EI}{L} \end{pmatrix}$$

(3) 建立结点荷载向量：$[F] = [F_D] + [F_E] = [22\text{ kN} \quad 6\text{ kN}\cdot\text{m} \quad 6\text{ kN}\cdot\text{m}]^T$

习题 9-1

(a)【解】 结点和单元编号如下图所示，原结构为多跨连续梁，无需进行坐标变换，且只考虑杆件的弯曲变形。

(1) 单元分析：$[k]^{①}_{1\to 2} = [\bar{k}]^{①}_{1\to 2} = \begin{bmatrix} 4i & 2i \\ 2i & 4i \end{bmatrix} \begin{matrix} 1 \\ 2 \end{matrix}$；$[k]^{②}_{2\to 3} = [\bar{k}]^{②}_{2\to 3} = \begin{bmatrix} 2i & i \\ i & 2i \end{bmatrix} \begin{matrix} 2 \\ 3 \end{matrix}$

$[k]^{③}_{3\to 4} = [\bar{k}]^{③}_{3\to 4} = \begin{bmatrix} 4i & 2i \\ 2i & 4i \end{bmatrix} \begin{matrix} 3 \\ 4 \end{matrix}$；其中，$i = \dfrac{EI}{l}$

(2) 整体分析：用直接刚度法集成原始总刚 $[K_P]$

$$[K_P] = \begin{bmatrix} 4i & 2i & 0 & 0 \\ 2i & 6i & i & 0 \\ 0 & i & 6i & 2i \\ 0 & 0 & 2i & 4i \end{bmatrix} \begin{matrix} 1 \\ 2 \\ 3 \\ 4 \end{matrix}$$

(3) 引入边界条件：$\theta_1 \neq 0, \theta_2 \neq 0, \theta_3 \neq 0, \theta_4 \neq 0$，故结构的总刚 $[K] = [K_P]$

(b)【解】 结点和单元编号如下图所示，原结构为多跨连续梁，只考虑弯曲变形，且局部坐标系与整体坐标系相同，无需进行坐标转换。

(1) 单元分析：$[k]^{①}_{1\to 2} = [\bar{k}]^{①}_{1\to 2} = \begin{bmatrix} 4i & 2i \\ 2i & 4i \end{bmatrix} \begin{matrix} 1 \\ 2 \end{matrix}$；$[k]^{②}_{2\to 3} = [\bar{k}]^{②}_{2\to 3} = \begin{bmatrix} 2i & i \\ i & 2i \end{bmatrix} \begin{matrix} 2 \\ 3 \end{matrix}$；

$$[k]^{③}_{3\to 4} = [\bar{k}]^{③}_{3\to 4} = \begin{bmatrix} \overset{3}{4i} & \overset{4}{2i} \\ 2i & 4i \end{bmatrix} \begin{matrix} 3 \\ 4 \end{matrix} ; 其中, i = \frac{EI}{l}$$

(2) 整体分析:用直接刚度法集成结构的原始总刚$[K_P]$

$$[K_P] = \begin{bmatrix} \overset{1}{4i} & \overset{2}{2i} & \overset{3}{0} & \overset{4}{0} \\ 2i & 6i & i & 0 \\ 0 & i & 6i & 2i \\ 0 & 0 & 2i & 4i \end{bmatrix} \begin{matrix} 1 \\ 2 \\ 3 \\ 4 \end{matrix}$$

(3) 引入边界条件:$\theta_1 = \theta_4 = 0, \theta_2 \neq 0, \theta_3 \neq 0$,故删去原始总刚中第1、4行(列),得到结构的总刚度矩阵为:$[K] = \begin{bmatrix} 6i & i \\ i & 6i \end{bmatrix}$

(c)【解】 结构标识如下图,原结构杆件刚度有变化,故需考虑刚度变化处的横向位移。

(1) 单元分析:$[k]^{①}_{1\to 2} = [\bar{k}]^{①}_{1\to 2} = \begin{bmatrix} \overset{v_1}{\frac{24EI}{l^3}} & \overset{\theta_1}{\frac{12EI}{l^2}} & \overset{v_2}{-\frac{24EI}{l^3}} & \overset{\theta_{21}}{\frac{12EI}{l^2}} \\ \frac{12EI}{l^2} & \frac{8EI}{l} & -\frac{12EI}{l^2} & \frac{4EI}{l} \\ -\frac{24EI}{l^3} & -\frac{12EI}{l^2} & \frac{24EI}{l^3} & -\frac{12EI}{l^2} \\ \frac{12EI}{l^2} & \frac{4EI}{l} & -\frac{12EI}{l^2} & \frac{8EI}{l} \end{bmatrix} \begin{matrix} v_1 \\ \theta_1 \\ v_2 \\ \theta_{21} \end{matrix}$

$[k]^{②}_{2\to 3} = [\bar{k}]^{②}_{2\to 3} = \begin{bmatrix} \overset{v_2}{\frac{12EI}{l^3}} & \overset{\theta_{23}}{\frac{6EI}{l^2}} & \overset{v_3}{-\frac{12EI}{l^3}} & \overset{\theta_3}{\frac{6EI}{l^2}} \\ \frac{6EI}{l^2} & \frac{4EI}{l} & -\frac{6EI}{l^2} & \frac{2EI}{l} \\ -\frac{12EI}{l^3} & -\frac{6EI}{l^2} & \frac{12EI}{l^3} & -\frac{6EI}{l^2} \\ \frac{6EI}{l^2} & \frac{2EI}{l} & -\frac{6EI}{l^2} & \frac{4EI}{l} \end{bmatrix} \begin{matrix} v_2 \\ \theta_{23} \\ v_3 \\ \theta_3 \end{matrix}$

$[k]^{③}_{3\to 4} = [\bar{k}]^{③}_{3\to 4} = [k]^{②}_{2\to 3}$

(2) 整体分析:用直接刚度法集成结构的原始总刚$[K_P]$

$$[K_P] = \begin{bmatrix} \frac{24EI}{l^3} & \frac{12EI}{l^2} & -\frac{24EI}{l^3} & \frac{12EI}{l^2} & 0 & 0 & 0 & 0 & 0 & 0 \\ \frac{12EI}{l^2} & \frac{8EI}{l} & -\frac{12EI}{l^2} & \frac{4EI}{l} & 0 & 0 & 0 & 0 & 0 & 0 \\ -\frac{24EI}{l^3} & -\frac{12EI}{l^2} & \frac{36EI}{l^3} & -\frac{12EI}{l^2} & \frac{6EI}{l^2} & -\frac{12EI}{l^3} & \frac{6EI}{l^2} & 0 & 0 & 0 \\ \frac{12EI}{l^2} & \frac{4EI}{l} & -\frac{12EI}{l^2} & \frac{8EI}{l} & 0 & 0 & 0 & 0 & 0 & 0 \\ 0 & 0 & \frac{6EI}{l^2} & 0 & \frac{4EI}{l} & -\frac{6EI}{l^2} & \frac{2EI}{l} & 0 & 0 & 0 \\ 0 & 0 & -\frac{12EI}{l^3} & 0 & -\frac{6EI}{l^2} & \frac{24EI}{l^3} & 0 & -\frac{12EI}{l^3} & \frac{6EI}{l^2} & 0 \\ 0 & 0 & \frac{6EI}{l^2} & 0 & \frac{2EI}{l} & 0 & \frac{8EI}{l} & -\frac{6EI}{l^2} & \frac{2EI}{l} & 0 \\ 0 & 0 & 0 & 0 & 0 & -\frac{12EI}{l^3} & -\frac{6EI}{l^2} & \frac{12EI}{l^3} & -\frac{6EI}{l^2} & 0 \\ 0 & 0 & 0 & 0 & 0 & 0 & \frac{6EI}{l^2} & \frac{2EI}{l} & -\frac{6EI}{l^2} & \frac{4EI}{l} \end{bmatrix} \begin{matrix} v_1 \\ \theta_1 \\ v_2 \\ \theta_{21} \\ \theta_{23} \\ v_3 \\ \theta_3 \\ v_4 \\ \theta_4 \end{matrix}$$

(3) 引入边界条件:$v_1 = \theta_1 = v_3 = v_4 = 0$,删去原始总刚中的第1、2、6、8行(列),得到结构的总刚度矩阵。

故有:

$$[K] = \begin{bmatrix} \frac{36EI}{l^3} & -\frac{12EI}{l^2} & \frac{6EI}{l^2} & \frac{6EI}{l^2} & 0 \\ -\frac{12EI}{l^2} & \frac{8EI}{l} & 0 & 0 & 0 \\ \frac{6EI}{l^2} & 0 & \frac{4EI}{l} & \frac{2EI}{l} & 0 \\ \frac{6EI}{l^2} & 0 & \frac{2EI}{l} & \frac{8EI}{l} & \frac{2EI}{l} \\ 0 & 0 & 0 & \frac{2EI}{l} & \frac{4EI}{l} \end{bmatrix} \begin{matrix} v_2 \\ \theta_{21} \\ \theta_{23} \\ \theta_3 \\ \theta_4 \end{matrix}$$

【注解】 若连续梁存在中间铰,则中间铰结点左、右两侧截面的转角位移应分别进行编号,而线位移则用同一编号,在集成原始总刚时应注意正确地"对号入座"。

(d)【解】 结构标识如下图所示,由于杆件刚度有变化,故需考虑刚度变化处的横向位移。

(1) 单元分析：$[k]_{1\to 2}^{①} = [\bar{k}]_{1\to 2}^{①} = \begin{bmatrix} \dfrac{24EI}{l^3} & \dfrac{12EI}{l^2} & -\dfrac{24EI}{l^3} & \dfrac{12EI}{l^2} \\ \dfrac{12EI}{l^2} & \dfrac{8EI}{l} & -\dfrac{12EI}{l^2} & \dfrac{4EI}{l} \\ -\dfrac{24EI}{l^3} & -\dfrac{12EI}{l^2} & \dfrac{24EI}{l^3} & -\dfrac{12EI}{l^2} \\ \dfrac{12EI}{l^2} & \dfrac{4EI}{l} & -\dfrac{12EI}{l^2} & \dfrac{8EI}{l} \end{bmatrix} \begin{matrix} v_1 \\ \theta_1 \\ v_2 \\ \theta_2 \end{matrix}$;

$[k]_{2\to 3}^{②} = [\bar{k}]_{2\to 3}^{②} = \dfrac{1}{2} \times [k]_{1\to 2}^{①}$

$[k]_{3\to 4}^{③} = [\bar{k}]_{3\to 4}^{③} = [k]_{2\to 3}^{②}$

(2) 整体分析：用直接刚度法集成结构的原始总刚 $[K_P]$

$[K_P] = \begin{bmatrix} \dfrac{24EI}{l^3} & \dfrac{12EI}{l^2} & -\dfrac{24EI}{l^3} & \dfrac{12EI}{l^2} & 0 & 0 & 0 & 0 \\ \dfrac{12EI}{l^2} & \dfrac{8EI}{l} & -\dfrac{12EI}{l^2} & \dfrac{4EI}{l} & 0 & 0 & 0 & 0 \\ -\dfrac{24EI}{l^3} & -\dfrac{12EI}{l^2} & \dfrac{36EI}{l^3} & -\dfrac{6EI}{l^2} & -\dfrac{12EI}{l^3} & \dfrac{6EI}{l^2} & 0 & 0 \\ \dfrac{12EI}{l^2} & \dfrac{4EI}{l} & -\dfrac{6EI}{l^2} & \dfrac{12EI}{l} & -\dfrac{6EI}{l^2} & \dfrac{2EI}{l} & 0 & 0 \\ 0 & 0 & -\dfrac{12EI}{l^3} & -\dfrac{6EI}{l^2} & \dfrac{24EI}{l^3} & 0 & -\dfrac{12EI}{l^3} & \dfrac{6EI}{l^2} \\ 0 & 0 & \dfrac{6EI}{l^2} & \dfrac{2EI}{l} & 0 & \dfrac{8EI}{l} & -\dfrac{6EI}{l^2} & \dfrac{2EI}{l} \\ 0 & 0 & 0 & 0 & -\dfrac{12EI}{l^3} & -\dfrac{6EI}{l^2} & \dfrac{12EI}{l^3} & -\dfrac{6EI}{l^2} \\ 0 & 0 & 0 & 0 & \dfrac{6EI}{l^2} & \dfrac{2EI}{l} & -\dfrac{6EI}{l^2} & \dfrac{4EI}{l} \end{bmatrix} \begin{matrix} v_1 \\ \theta_1 \\ v_2 \\ \theta_2 \\ v_3 \\ \theta_3 \\ v_4 \\ \theta_4 \end{matrix}$

(3) 引入边界条件：$v_1 = \theta_1 = v_3 = v_4 = 0$，删去以上原始总刚 $[K_P]$ 中的第 1、2、5、7 行(列)，得到结构的总刚度矩阵 $[K]$

故有：

$[K] = \begin{bmatrix} \dfrac{36EI}{l^3} & -\dfrac{6EI}{l^2} & \dfrac{6EI}{l^2} & 0 \\ -\dfrac{6EI}{l^2} & \dfrac{12EI}{l} & \dfrac{2EI}{l} & 0 \\ \dfrac{6EI}{l^2} & \dfrac{2EI}{l} & \dfrac{8EI}{l} & \dfrac{2EI}{l} \\ 0 & 0 & \dfrac{2EI}{l} & \dfrac{4EI}{l} \end{bmatrix} \begin{matrix} v_2 \\ \theta_2 \\ \theta_3 \\ \theta_4 \end{matrix}$

【注解】 若梁中存在刚度变化的杆件，则在刚度变化处应考虑剪切变形。

习题 9-2

(a)【解】 结构标识如下图所示,原结构为连续梁单元,只考虑弯曲变形。

(1) 单元分析:$[k]_{1\to 2}^{①} = [\bar{k}]_{1\to 2}^{①} = \begin{bmatrix} 4i_1 & 2i_1 \\ 2i_1 & 4i_1 \end{bmatrix} \begin{matrix} 1 \\ 2 \end{matrix}$; $[k]_{2\to 3}^{②} = [\bar{k}]_{2\to 3}^{②} = \begin{bmatrix} 2i_1 & i_1 \\ i_1 & 2i_1 \end{bmatrix} \begin{matrix} 2 \\ 3 \end{matrix}$

(2) 整体分析:用直接刚度法集成结构的原始总刚$[K_P]$

$$[K_P] = \begin{bmatrix} 4i_1 & 2i_1 & 0 \\ 2i_1 & 6i_1 & i_1 \\ 0 & i_1 & 2i_1 \end{bmatrix} \begin{matrix} 1 \\ 2 \\ 3 \end{matrix}$$

(3) 引入边界条件:$\theta_1 = 0, \theta_2 \neq 0, \theta_3 \neq 0$,删去$[K_P]$中的第1行(列),得到结构的总刚度矩阵:

$$[K] = \begin{bmatrix} 6i_1 & i_1 \\ i_1 & 2i_1 \end{bmatrix} \begin{matrix} 2 \\ 3 \end{matrix}$$

(4) 未知的结点位移向量:$[\Delta] = [\theta_2, \theta_3]^T$

综合结点荷载向量:$[F] = [M_2, M_3]^T = [-40, -5]^T$ kN·m

总刚度方程:$[F] = [K] \cdot [\Delta]$,即:

$$\begin{bmatrix} -40 \\ -5 \end{bmatrix} = \begin{bmatrix} 6i_1 & i_1 \\ i_1 & 2i_1 \end{bmatrix} \begin{bmatrix} \theta_2 \\ \theta_3 \end{bmatrix}$$

(5) 求解方程可得:$\begin{bmatrix} \theta_2 \\ \theta_3 \end{bmatrix} = \begin{bmatrix} -\dfrac{75}{11i_1} \\ \dfrac{10}{11i_1} \end{bmatrix} = \begin{bmatrix} -\dfrac{6.82}{i_1} \\ \dfrac{0.91}{i_1} \end{bmatrix}$

(6) 求各杆端弯矩:

单元①:$\begin{bmatrix} \overline{M}_1 \\ \overline{M}_2 \end{bmatrix}^{①} = \begin{bmatrix} M_1 \\ M_2 \end{bmatrix}^{①} = \begin{bmatrix} 4i_1 & 2i_1 \\ 2i_1 & 4i_1 \end{bmatrix} \cdot \begin{bmatrix} 0 \\ -\dfrac{6.82}{i_1} \end{bmatrix} = \begin{bmatrix} -13.64 \\ -27.27 \end{bmatrix}$ kN·m

单元②：$\begin{bmatrix}\overline{M_2}\\\overline{M_3}\end{bmatrix}^{②}=\begin{bmatrix}M_2\\M_3\end{bmatrix}^{②}=\begin{bmatrix}2i_1&i_1\\i_1&2i_1\end{bmatrix}\cdot\begin{bmatrix}-\dfrac{6.82}{i_1}\\\dfrac{0.91}{i_1}\end{bmatrix}=\begin{bmatrix}-12.73\\-5\end{bmatrix}\text{kN}\cdot\text{m}$

作最终 M 图。

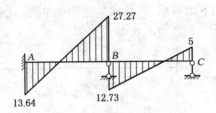

M 图（kN·m）

(b)【解】 结构标识如下图所示，原结构为连续梁单元，只考虑弯曲变形。

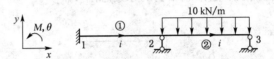

(1) 单元分析：$[k]^{①}_{1\to 2}=[\overline{k}]^{①}_{1\to 2}=\begin{bmatrix}4i&2i\\2i&4i\end{bmatrix}\begin{matrix}1\\2\end{matrix}$ ；$[k]^{②}_{2\to 3}=[\overline{k}]^{②}_{2\to 3}=\begin{bmatrix}4i&2i\\2i&4i\end{bmatrix}\begin{matrix}2\\3\end{matrix}$

(2) 整体分析：用直接刚度法集成结构的原始总刚 $[K_P]$

$$[K_P]=\begin{bmatrix}4i&2i&0\\2i&8i&2i\\0&2i&4i\end{bmatrix}\begin{matrix}1\\2\\3\end{matrix}$$

(3) 引入边界条件：$\theta_1=0,\theta_2\neq 0,\theta_3\neq 0$，故删去原始总刚 $[K_P]$ 的第1行(列)得到结构的整体刚度矩阵：$[K]=\begin{bmatrix}8i&2i\\2i&4i\end{bmatrix}\begin{matrix}2\\3\end{matrix}$

(4) 未知结点位移向量为：$[\Delta]=[\theta_2,\theta_3]^T$

单元②的固端弯矩为：$[F^f]^{②}=\left[\dfrac{ql^2}{12},-\dfrac{ql^2}{12}\right]^T=[30,-30]^T\text{ kN}\cdot\text{m}$

等效结点荷载向量为：$[F_E]^{②}=-[F^f]^{②}=[-30,30]^T\text{ kN}\cdot\text{m}$

总刚度方程：$[F]=[K]\cdot[\Delta]$，即 $\begin{bmatrix}-30\\30\end{bmatrix}=\begin{bmatrix}8i&2i\\2i&4i\end{bmatrix}\begin{bmatrix}\theta_2\\\theta_3\end{bmatrix}$

(5) 求解方程可得：$\begin{bmatrix}\theta_2\\\theta_3\end{bmatrix}=\begin{bmatrix}-\dfrac{45}{7i}\\\dfrac{75}{7i}\end{bmatrix}$

(6) 求各杆端弯矩

单元①：$\begin{bmatrix} \overline{M}_1 \\ \overline{M}_2 \end{bmatrix}^{①} = \begin{bmatrix} M_1 \\ M_2 \end{bmatrix}^{①} = \begin{bmatrix} 4i & 2i \\ 2i & 4i \end{bmatrix} \begin{bmatrix} 0 \\ -\dfrac{45}{7i} \end{bmatrix} = \begin{bmatrix} -\dfrac{90}{7} \\ -\dfrac{180}{7} \end{bmatrix} \text{kN} \cdot \text{m}$

单元②：$\begin{bmatrix} \overline{M}_2 \\ \overline{M}_3 \end{bmatrix}^{②} = \begin{bmatrix} M_2 \\ M_3 \end{bmatrix}^{②} = \begin{bmatrix} 4i & 2i \\ 2i & 4i \end{bmatrix} \begin{bmatrix} -\dfrac{45}{7i} \\ \dfrac{75}{7i} \end{bmatrix} + [F^f]^{②} = \begin{bmatrix} \dfrac{180}{7} \\ 0 \end{bmatrix} \text{kN} \cdot \text{m}$

作最终 M 图。

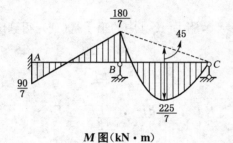

M 图（kN·m）

习题 9-3

(a)【解】 结构标识如下图所示，原结构为多跨连续梁，只考虑弯曲变形，且无需进行坐标转换。

(1) 单元分析：$[k]^{①}_{1\to2} = [\overline{k}]^{①}_{1\to2} = \begin{bmatrix} 4 & 2 \\ 2 & 4 \end{bmatrix} \times \dfrac{0.75EI}{6} = EI \times \begin{bmatrix} \dfrac{1}{2} & \dfrac{1}{4} \\ \dfrac{1}{4} & \dfrac{1}{2} \end{bmatrix} \begin{matrix} 1 \\ 2 \end{matrix}$

$[k]^{②}_{2\to3} = [\overline{k}]^{②}_{2\to3} = \begin{bmatrix} 4 & 2 \\ 2 & 4 \end{bmatrix} \times \dfrac{1.5EI}{8} = \dfrac{3EI}{16} \times \begin{bmatrix} 4 & 2 \\ 2 & 4 \end{bmatrix} \begin{matrix} 2 \\ 3 \end{matrix}$

$[k]^{③}_{3\to4} = [\overline{k}]^{③}_{3\to4} = \begin{bmatrix} 4 & 2 \\ 2 & 4 \end{bmatrix} \times \dfrac{EI}{6} = EI \times \begin{bmatrix} \dfrac{2}{3} & \dfrac{1}{3} \\ \dfrac{1}{3} & \dfrac{2}{3} \end{bmatrix} \begin{matrix} 3 \\ 4 \end{matrix}$

(2) 整体分析：用直接刚度法集成结构的原始总刚$[K_P]$

$$[K_P] = \begin{bmatrix} \dfrac{EI}{2} & \dfrac{EI}{4} & 0 & 0 \\ \dfrac{EI}{4} & \dfrac{5EI}{4} & \dfrac{3EI}{8} & 0 \\ 0 & \dfrac{3EI}{8} & \dfrac{17EI}{12} & \dfrac{EI}{3} \\ 0 & 0 & \dfrac{EI}{3} & \dfrac{2EI}{3} \end{bmatrix} \begin{matrix} 1 \\ 2 \\ 3 \\ 4 \end{matrix}$$

(3) 引入边界条件：$\theta_1 = 0$，删去$[K_P]$中的第1行(列)，得到结构的总刚度矩阵

$$[K] = \begin{bmatrix} \dfrac{5EI}{4} & \dfrac{3EI}{8} & 0 \\ \dfrac{3EI}{8} & \dfrac{17EI}{12} & \dfrac{EI}{3} \\ 0 & \dfrac{EI}{3} & \dfrac{2EI}{3} \end{bmatrix} \begin{matrix} 2 \\ 3 \\ 4 \end{matrix}$$

(4) 未知结点位移向量为：$[\Delta] = [\theta_2, \theta_3, \theta_4]^T$

各杆固端力向量：$[F^f]^① = \left[\dfrac{45 \times 2 \times 4^2}{6^2}, -\dfrac{45 \times 2^2 \times 4}{6^2}\right]^T = [40, -20]^T$ kN·m

$$[F^f]^② = \left[\dfrac{15 \times 8^2}{12}, -\dfrac{15 \times 8^2}{12}\right]^T = [80, -80]^T \text{ kN·m}$$

$$[F^f]^③ = \left[\dfrac{40 \times 6}{8}, -\dfrac{40 \times 6}{8}\right]^T = [30, -30]^T \text{ kN·m}$$

综合结点荷载向量为：$[F] = [M_2, M_3, M_4]^T = [-60, 50, 30]^T$ kN·m

总刚度方程：$[F] = [K] \cdot [\Delta]$，即：$\begin{bmatrix} -60 \\ 50 \\ 30 \end{bmatrix} = \begin{bmatrix} \dfrac{5EI}{4} & \dfrac{3EI}{8} & 0 \\ \dfrac{3EI}{8} & \dfrac{17EI}{12} & \dfrac{EI}{3} \\ 0 & \dfrac{EI}{3} & \dfrac{2EI}{3} \end{bmatrix} \begin{bmatrix} \theta_2 \\ \theta_3 \\ \theta_4 \end{bmatrix}$

(5) 求解方程可得：

$$\begin{bmatrix} \theta_2 \\ \theta_3 \\ \theta_4 \end{bmatrix} = \begin{bmatrix} -\dfrac{5640}{91EI} \\ \dfrac{4240}{91EI} \\ \dfrac{1975}{91EI} \end{bmatrix}$$

(6) 求各杆端弯矩：

单元①：$\begin{bmatrix}\overline{M}_1\\\overline{M}_2\end{bmatrix}^{①}=\begin{bmatrix}M_1\\M_2\end{bmatrix}^{①}=\begin{bmatrix}\dfrac{EI}{2}&\dfrac{EI}{4}\\\dfrac{EI}{4}&\dfrac{EI}{2}\end{bmatrix}\begin{bmatrix}0\\-\dfrac{5\,640}{91EI}\end{bmatrix}+[F^f]^{①}=\begin{bmatrix}24.51\\-50.99\end{bmatrix}\text{kN}\cdot\text{m}$

单元②：$\begin{bmatrix}\overline{M}_2\\\overline{M}_3\end{bmatrix}^{②}=\begin{bmatrix}M_2\\M_3\end{bmatrix}^{②}=\begin{bmatrix}\dfrac{3EI}{4}&\dfrac{3EI}{8}\\\dfrac{3EI}{8}&\dfrac{3EI}{4}\end{bmatrix}\begin{bmatrix}-\dfrac{5\,640}{91EI}\\\dfrac{4\,240}{91EI}\end{bmatrix}+[F^f]^{②}=\begin{bmatrix}50.99\\-68.30\end{bmatrix}\text{kN}\cdot\text{m}$

单元③：$\begin{bmatrix}\overline{M}_3\\\overline{M}_4\end{bmatrix}^{③}=\begin{bmatrix}M_3\\M_4\end{bmatrix}^{③}=\begin{bmatrix}\dfrac{2EI}{3}&\dfrac{EI}{3}\\\dfrac{EI}{3}&\dfrac{2EI}{3}\end{bmatrix}\begin{bmatrix}\dfrac{4\,240}{91EI}\\\dfrac{1\,975}{91EI}\end{bmatrix}+[F^f]^{③}=\begin{bmatrix}68.30\\0\end{bmatrix}\text{kN}\cdot\text{m}$

作最终 M 图。

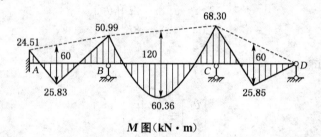

M 图（kN·m）

(b)【解】 结构标识如下图所示，原结构为多跨连续梁，只考虑弯曲变形，且无需进行坐标转换。

(1) 单元分析：$[\overline{k}]^{①}_{\overset{1\to2}{}}=[k]^{①}_{\overset{1\to2}{}}=\begin{bmatrix}4i&2i\\2i&4i\end{bmatrix}\begin{matrix}1\\2\end{matrix}$；$[\overline{k}]^{②}_{\overset{2\to3}{}}=[k]^{②}_{\overset{2\to3}{}}=\begin{bmatrix}4i&2i\\2i&4i\end{bmatrix}\begin{matrix}2\\3\end{matrix}$

$[\overline{k}]^{③}_{\overset{3\to4}{}}=[k]^{③}_{\overset{3\to4}{}}=\begin{bmatrix}4i&2i\\2i&4i\end{bmatrix}\begin{matrix}3\\4\end{matrix}$；其中，$i=\dfrac{EI}{4}$

(2) 整体分析：用直接刚度法集成结构的原始总刚 $[K_P]$

$[K_P]=\begin{bmatrix}4i&2i&0&0\\2i&8i&2i&0\\0&2i&8i&2i\\0&0&2i&4i\end{bmatrix}\begin{matrix}1\\2\\3\\4\end{matrix}$

(3) 引入边界条件：$\theta_1 = \theta_4 = 0$，故删去$[K_P]$中的第1、4行(列)，得到结构的总刚度矩阵：$[K] = \begin{bmatrix} 8i & 2i \\ 2i & 8i \end{bmatrix} \begin{matrix} 2 \\ 3 \end{matrix}$

(4) 未知结点位移向量为：$[\Delta] = [\theta_2, \theta_3]^T$

各杆固端力向量为：$[F^f]^{①} = \left[\dfrac{ql^2}{12}, -\dfrac{ql^2}{12}\right]^T = \left[\dfrac{20}{3}, -\dfrac{20}{3}\right]^T \text{ kN·m}$

$[F^f]^{②} = [0, 0]^T \text{ kN·m}$

$[F^f]^{③} = [F^f]^{①} = \left[\dfrac{20}{3}, -\dfrac{20}{3}\right]^T \text{ kN·m}$

综合结点荷载向量为：$[F] = [M_2, M_3]^T = \left[\dfrac{20}{3}, -\dfrac{20}{3}\right]^T \text{ kN·m}$

总刚度方程：$[F] = [K] \cdot [\Delta]$，即：

$$\begin{bmatrix} \dfrac{20}{3} \\ -\dfrac{20}{3} \end{bmatrix} = \begin{bmatrix} 8i & 2i \\ 2i & 8i \end{bmatrix} \begin{bmatrix} \theta_2 \\ \theta_3 \end{bmatrix}$$

(5) 求解方程可得：

$$\begin{bmatrix} \theta_2 \\ \theta_3 \end{bmatrix} = \begin{bmatrix} \dfrac{10}{9i} \\ -\dfrac{10}{9i} \end{bmatrix}$$

(6) 求各杆端弯矩：

单元①：$\begin{bmatrix} \overline{M}_1 \\ \overline{M}_2 \end{bmatrix}^{①} = \begin{bmatrix} M_1 \\ M_2 \end{bmatrix}^{①} = \begin{bmatrix} 4i & 2i \\ 2i & 4i \end{bmatrix} \begin{bmatrix} 0 \\ \dfrac{10}{9i} \end{bmatrix} + [F^f]^{①} = \begin{bmatrix} \dfrac{80}{9} \\ -\dfrac{20}{9} \end{bmatrix} \text{ kN·m}$

单元②：$\begin{bmatrix} \overline{M}_2 \\ \overline{M}_3 \end{bmatrix}^{②} = \begin{bmatrix} M_2 \\ M_3 \end{bmatrix}^{②} = \begin{bmatrix} 4i & 2i \\ 2i & 4i \end{bmatrix} \begin{bmatrix} \dfrac{10}{9i} \\ -\dfrac{10}{9i} \end{bmatrix} + [F^f]^{②} = \begin{bmatrix} \dfrac{20}{9} \\ -\dfrac{20}{9} \end{bmatrix} \text{ kN·m}$

单元③：由对称性可知：$\begin{bmatrix} \overline{M}_3 \\ \overline{M}_4 \end{bmatrix}^{③} = \begin{bmatrix} \dfrac{20}{9} \\ -\dfrac{80}{9} \end{bmatrix} \text{ kN·m}$

作最终 M 图。

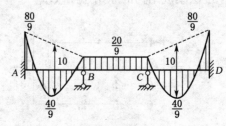

M 图(kN·m)

习题 9-4

【解】

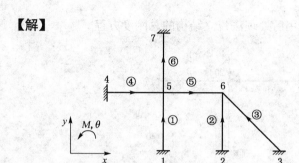

（1）单元分析：

$$[k]^{①}_{1\to 5} = \begin{bmatrix} [k_{11}]^{①} & [k_{15}]^{①} \\ [k_{51}]^{①} & [k_{55}]^{①} \end{bmatrix} \begin{matrix} 1 \\ 5 \end{matrix} ; [k]^{②}_{2\to 6} = \begin{bmatrix} [k_{22}]^{②} & [k_{26}]^{②} \\ [k_{62}]^{②} & [k_{66}]^{②} \end{bmatrix} \begin{matrix} 2 \\ 6 \end{matrix} ; [k]^{③}_{3\to 6} = \begin{bmatrix} [k_{33}]^{③} & [k_{36}]^{③} \\ [k_{63}]^{③} & [k_{66}]^{③} \end{bmatrix} \begin{matrix} 3 \\ 6 \end{matrix}$$

$$[k]^{④}_{4\to 5} = \begin{bmatrix} [k_{44}]^{④} & [k_{45}]^{④} \\ [k_{54}]^{④} & [k_{55}]^{④} \end{bmatrix} \begin{matrix} 4 \\ 5 \end{matrix} ; [k]^{⑤}_{5\to 6} = \begin{bmatrix} [k_{55}]^{⑤} & [k_{56}]^{⑤} \\ [k_{65}]^{⑤} & [k_{66}]^{⑤} \end{bmatrix} \begin{matrix} 5 \\ 6 \end{matrix} ; [k]^{⑥}_{5\to 7} = \begin{bmatrix} [k_{55}]^{⑥} & [k_{57}]^{⑥} \\ [k_{75}]^{⑥} & [k_{77}]^{⑥} \end{bmatrix} \begin{matrix} 5 \\ 7 \end{matrix}$$

其中，任意一个单元单元刚度矩阵中的$[k_{ij}]$均为3×3的矩阵。

（2）整体分析：用直接刚度法集成结构的原始总刚$[K_P]$，其中，任意一个$[k_{ij}]^{©}$均为3×3的矩阵，各单元的子块对号入座。

$$[K_P] = \begin{bmatrix} [k_{11}]^{①} & 0 & 0 & 0 & [k_{15}]^{①} & 0 & 0 \\ 0 & [k_{22}]^{②} & 0 & 0 & 0 & [k_{26}]^{②} & 0 \\ 0 & 0 & [k_{33}]^{③} & 0 & 0 & [k_{36}]^{③} & 0 \\ 0 & 0 & 0 & [k_{44}]^{④} & [k_{45}]^{④} & 0 & 0 \\ [k_{51}]^{①} & 0 & 0 & [k_{54}]^{④} & [k_{55}]^{①+④+⑤+⑥} & [k_{56}]^{⑤} & [k_{57}]^{⑥} \\ 0 & [k_{62}]^{②} & [k_{63}]^{③} & 0 & [k_{65}]^{⑤} & [k_{66}]^{②+③+⑤} & 0 \\ 0 & 0 & 0 & 0 & [k_{75}]^{⑥} & 0 & [k_{77}]^{⑥} \end{bmatrix} \begin{matrix} 1 \\ 2 \\ 3 \\ 4 \\ 5 \\ 6 \\ 7 \end{matrix}$$

故有：$[K_{15}] = [k_{15}]^{①}$；$[K_{66}] = [k_{66}]^{②+③+⑤}$；$[K_{55}] = [k_{55}]^{①+④+⑤+⑥}$

$[K_{52}] = [0]$；$[K_{47}] = [0]$

【注解】 公共结点位置的$[K_{ii}]$应由其相连的各单元共同贡献，如以上结点5、6；非相关结点间的$[K_{ij}]$为零子块。

习题 9-5

(a)【解】 结构标识如下图所示，用后处理法建立结构的总刚度方程。

(1) 单元分析：

$$[\bar{k}]^{①}_{1\to 2} = \begin{bmatrix} \dfrac{EA}{L} & 0 & 0 & -\dfrac{EA}{L} & 0 & 0 \\ 0 & \dfrac{12EI}{L^3} & \dfrac{6EI}{L^2} & 0 & -\dfrac{12EI}{L^3} & \dfrac{6EI}{L^2} \\ 0 & \dfrac{6EI}{L^2} & \dfrac{4EI}{L} & 0 & -\dfrac{6EI}{L^2} & \dfrac{2EI}{L} \\ -\dfrac{EA}{L} & 0 & 0 & \dfrac{EA}{L} & 0 & 0 \\ 0 & -\dfrac{12EI}{L^3} & -\dfrac{6EI}{L^2} & 0 & \dfrac{12EI}{L^3} & -\dfrac{6EI}{L^2} \\ 0 & \dfrac{6EI}{L^2} & \dfrac{2EI}{L} & 0 & -\dfrac{6EI}{L^2} & \dfrac{4EI}{L} \end{bmatrix} \begin{matrix} u_1 \\ v_1 \\ \theta_1 \\ u_2 \\ v_2 \\ \theta_2 \end{matrix}$$

$[\bar{k}]^{②}_{2\to 3} = [\bar{k}]^{①}_{1\to 2}$；单元①、②无需进行坐标转换，故有 $[k]^{①}_{1\to 2} = [\bar{k}]^{①}_{1\to 2}$；$[k]^{②}_{2\to 3} = [\bar{k}]^{②}_{2\to 3}$

单元③：$\alpha = 270°$，$\cos\alpha = 0$，$\sin\alpha = -1$；$[\bar{k}]^{③}_{2\to 4} = [\bar{k}]^{①}_{1\to 2}$

故有：

$$[T] = \begin{bmatrix} 0 & -1 & 0 & 0 & 0 & 0 \\ 1 & 0 & 0 & 0 & 0 & 0 \\ 0 & 0 & 1 & 0 & 0 & 0 \\ 0 & 0 & 0 & 0 & -1 & 0 \\ 0 & 0 & 0 & 1 & 0 & 0 \\ 0 & 0 & 0 & 0 & 0 & 1 \end{bmatrix} ; [T]^T = \begin{bmatrix} 0 & 1 & 0 & 0 & 0 & 0 \\ -1 & 0 & 0 & 0 & 0 & 0 \\ 0 & 0 & 1 & 0 & 0 & 0 \\ 0 & 0 & 0 & 0 & 1 & 0 \\ 0 & 0 & 0 & -1 & 0 & 0 \\ 0 & 0 & 0 & 0 & 0 & 1 \end{bmatrix}$$

$[k]^{③}_{2\to 4} = [T]^T [\bar{k}]^{③} [T] =$

$$\begin{bmatrix} 0 & 1 & 0 & 0 & 0 & 0 \\ -1 & 0 & 0 & 0 & 0 & 0 \\ 0 & 0 & 1 & 0 & 0 & 0 \\ 0 & 0 & 0 & 0 & 1 & 0 \\ 0 & 0 & 0 & -1 & 0 & 0 \\ 0 & 0 & 0 & 0 & 0 & 1 \end{bmatrix} \cdot \begin{bmatrix} \frac{EA}{L} & 0 & 0 & -\frac{EA}{L} & 0 & 0 \\ 0 & \frac{12EI}{L^3} & \frac{6EI}{L^2} & 0 & -\frac{12EI}{L^3} & \frac{6EI}{L^2} \\ 0 & \frac{6EI}{L^2} & \frac{4EI}{L} & 0 & -\frac{6EI}{L^2} & \frac{2EI}{L} \\ -\frac{EA}{L} & 0 & 0 & \frac{EA}{L} & 0 & 0 \\ 0 & -\frac{12EI}{L^3} & -\frac{6EI}{L^2} & 0 & \frac{12EI}{L^3} & -\frac{6EI}{L^2} \\ 0 & \frac{6EI}{L^2} & \frac{2EI}{L} & 0 & -\frac{6EI}{L^2} & \frac{4EI}{L} \end{bmatrix}$$

$$\cdot \begin{bmatrix} 0 & -1 & 0 & 0 & 0 & 0 \\ 1 & 0 & 0 & 0 & 0 & 0 \\ 0 & 0 & 1 & 0 & 0 & 0 \\ 0 & 0 & 0 & 0 & -1 & 0 \\ 0 & 0 & 0 & 1 & 0 & 0 \\ 0 & 0 & 0 & 0 & 0 & 1 \end{bmatrix}$$

$$= \begin{bmatrix} \frac{12EI}{L^3} & 0 & \frac{6EI}{L^2} & -\frac{12EI}{L^3} & 0 & \frac{6EI}{L^2} \\ 0 & \frac{EA}{L} & 0 & 0 & -\frac{EA}{L} & 0 \\ \frac{6EI}{L^2} & 0 & \frac{4EI}{L} & -\frac{6EI}{L^2} & 0 & \frac{2EI}{L} \\ -\frac{12EI}{L^3} & 0 & -\frac{6EI}{L^2} & \frac{12EI}{L^3} & 0 & -\frac{6EI}{L^2} \\ 0 & -\frac{EA}{L} & 0 & 0 & \frac{EA}{L} & 0 \\ \frac{6EI}{L^2} & 0 & \frac{2EI}{L} & -\frac{6EI}{L^2} & 0 & \frac{4EI}{L} \end{bmatrix} \begin{matrix} u_2 \\ v_2 \\ \theta_2 \\ u_4 \\ v_4 \\ \theta_4 \end{matrix}$$

(2) 整体分析:用直接刚度法集成结构的原始总刚$[K_P]$,各单元的单刚子块"对号入座"。

$$[K_P] = \begin{bmatrix} [k_{11}]^{①} & [k_{12}]^{①} & & \\ [k_{21}]^{①} & [k_{22}]^{①+②+③} & [k_{23}]^{②} & [k_{24}]^{③} \\ & [k_{32}]^{②} & [k_{33}]^{②} & \\ & [k_{42}]^{③} & & [k_{44}]^{③} \end{bmatrix} \begin{matrix} 1 \\ 2 \\ 3 \\ 4 \end{matrix}$$

其中$[k_{ij}]^{©}$为3×3矩阵,$[K_P]$为12×12矩阵。

(3) 引入边界条件:$u_1 = v_1 = \theta_1 = u_3 = v_3 = \theta_3 = u_4 = v_4 = \theta_4 = 0$,故删去$[K_P]$中的第1、2、3、7、8、9、10、11、12行(列),得到结构的总刚度矩阵。

$$[K] = [k_{22}^{①+②+③}] = \begin{bmatrix} \dfrac{2EA}{L} + \dfrac{12EI}{L^3} & 0 & \dfrac{6EI}{L^2} \\ 0 & \dfrac{EA}{L} + \dfrac{24EI}{L^3} & 0 \\ \dfrac{6EI}{L^2} & 0 & \dfrac{12EI}{L} \end{bmatrix} \begin{matrix} u_2 \\ v_2 \\ \theta_2 \end{matrix}$$

(4) 未知结点位移向量：$[\Delta] = [u_2, v_2, \theta_2]^T$

综合结点荷载向量：$[F] = [F_{x2}, F_{y2}, M_2]^T = [20 \text{ kN}, -20 \text{ kN}, -40 \text{ kN} \cdot \text{m}]$

总刚度方程：$[F] = [K] \cdot [\Delta]$，即：

$$\begin{bmatrix} 20 \\ -20 \\ -40 \end{bmatrix} = \begin{bmatrix} \dfrac{2EA}{L} + \dfrac{12EI}{L^3} & 0 & \dfrac{6EI}{L^2} \\ 0 & \dfrac{EA}{L} + \dfrac{24EI}{L^3} & 0 \\ \dfrac{6EI}{L^2} & 0 & \dfrac{12EI}{L} \end{bmatrix} \begin{bmatrix} u_2 \\ v_2 \\ \theta_2 \end{bmatrix} = 10^3 \times \begin{bmatrix} 847.56 & 0 & 3.78 \\ 0 & 435.12 & 0 \\ 3.78 & 0 & 7.56 \end{bmatrix} \begin{bmatrix} u_2 \\ v_2 \\ \theta_2 \end{bmatrix}$$

(5) 代入数据解方程得：$\begin{bmatrix} u_2 \\ v_2 \\ \theta_2 \end{bmatrix} = \begin{bmatrix} 4.73 \times 10^{-5} \\ -4.60 \times 10^{-5} \\ -5.31 \times 10^{-3} \end{bmatrix}$

(6) 求各杆端力：

单元①：$\begin{bmatrix} \overline{F}_{N1} \\ \overline{F}_{S1} \\ \overline{M}_1 \\ \overline{F}_{N2} \\ \overline{F}_{S2} \\ \overline{M}_2 \end{bmatrix}^{①} = [k]_{\overline{1 \to 2}}^{①} \cdot \begin{bmatrix} 0 \\ 0 \\ 0 \\ u_2 \\ v_2 \\ \theta_2 \end{bmatrix}^{①} = \begin{bmatrix} -19.866 \text{ kN} \\ -19.72 \text{ kN} \\ -6.52 \text{ kN} \cdot \text{m} \\ 19.866 \text{ kN} \\ 19.72 \text{ kN} \\ -13.22 \text{ kN} \cdot \text{m} \end{bmatrix}$

单元②：$\begin{bmatrix} \overline{F}_{N2} \\ \overline{F}_{S2} \\ \overline{M}_2 \\ \overline{F}_{N3} \\ \overline{F}_{S3} \\ \overline{M}_3 \end{bmatrix}^{②} = [k]_{\overline{2 \to 3}}^{②} \cdot \begin{bmatrix} u_2 \\ v_2 \\ \theta_2 \\ 0 \\ 0 \\ 0 \end{bmatrix}^{②} = \begin{bmatrix} 19.866 \text{ kN} \\ -20.42 \text{ kN} \\ -13.57 \text{ kN} \cdot \text{m} \\ -19.866 \text{ kN} \\ 20.42 \text{ kN} \\ -6.86 \text{ kN} \cdot \text{m} \end{bmatrix}$

单元③：$\begin{bmatrix} \overline{F}_{N2} \\ \overline{F}_{S2} \\ \overline{M}_2 \\ \overline{F}_{N4} \\ \overline{F}_{S4} \\ \overline{M}_4 \end{bmatrix}^{③} = [T] \cdot [k]_{\overline{2 \to 4}}^{③} \cdot \begin{bmatrix} u_2 \\ v_2 \\ \theta_2 \\ 0 \\ 0 \\ 0 \end{bmatrix} = \begin{bmatrix} 19.32 \text{ kN} \\ -19.71 \text{ kN} \\ -13.21 \text{ kN} \cdot \text{m} \\ -19.32 \text{ kN} \\ 19.71 \text{ kN} \\ -6.51 \text{ kN} \cdot \text{m} \end{bmatrix}$

作最终 M 图。

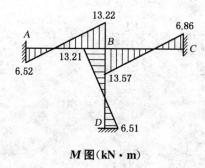

M 图(kN·m)

【注解】 本题若采用先处理法形成结构的总刚过程较为简便,且易快速求得,读者可自行尝试。

(b)【解】 结构标识如下图所示,用后处理法求解结构的总刚度方程。

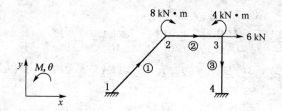

(1) 单元分析:

单元①:$\alpha = 45°, \cos\alpha = \dfrac{\sqrt{2}}{2}, \sin\alpha = \dfrac{\sqrt{2}}{2}$

$$[T] = \begin{bmatrix} \dfrac{\sqrt{2}}{2} & \dfrac{\sqrt{2}}{2} & 0 & 0 & 0 & 0 \\ -\dfrac{\sqrt{2}}{2} & \dfrac{\sqrt{2}}{2} & 0 & 0 & 0 & 0 \\ 0 & 0 & 1 & 0 & 0 & 0 \\ 0 & 0 & 0 & \dfrac{\sqrt{2}}{2} & \dfrac{\sqrt{2}}{2} & 0 \\ 0 & 0 & 0 & -\dfrac{\sqrt{2}}{2} & \dfrac{\sqrt{2}}{2} & 0 \\ 0 & 0 & 0 & 0 & 0 & 1 \end{bmatrix}; [T]^T = \begin{bmatrix} \dfrac{\sqrt{2}}{2} & -\dfrac{\sqrt{2}}{2} & 0 & 0 & 0 & 0 \\ \dfrac{\sqrt{2}}{2} & \dfrac{\sqrt{2}}{2} & 0 & 0 & 0 & 0 \\ 0 & 0 & 1 & 0 & 0 & 0 \\ 0 & 0 & 0 & \dfrac{\sqrt{2}}{2} & -\dfrac{\sqrt{2}}{2} & 0 \\ 0 & 0 & 0 & \dfrac{\sqrt{2}}{2} & \dfrac{\sqrt{2}}{2} & 0 \\ 0 & 0 & 0 & 0 & 0 & 1 \end{bmatrix}$$

$$[\bar{k}]^{①}_{1\to 2} = \begin{bmatrix} \dfrac{EA}{\sqrt{2}L} & 0 & 0 & -\dfrac{EA}{\sqrt{2}L} & 0 & 0 \\ 0 & \dfrac{12EI}{(\sqrt{2}L)^3} & \dfrac{6EI}{(\sqrt{2}L)^2} & 0 & -\dfrac{12EI}{(\sqrt{2}L)^3} & \dfrac{6EI}{(\sqrt{2}L)^2} \\ 0 & \dfrac{6EI}{(\sqrt{2}L)^2} & \dfrac{4EI}{\sqrt{2}L} & 0 & -\dfrac{6EI}{(\sqrt{2}L)^2} & \dfrac{2EI}{\sqrt{2}L} \\ -\dfrac{EA}{\sqrt{2}L} & 0 & 0 & \dfrac{EA}{\sqrt{2}L} & 0 & 0 \\ 0 & -\dfrac{12EI}{(\sqrt{2}L)^3} & -\dfrac{6EI}{(\sqrt{2}L)^2} & 0 & \dfrac{12EI}{(\sqrt{2}L)^3} & -\dfrac{6EI}{(\sqrt{2}L)^2} \\ 0 & \dfrac{6EI}{(\sqrt{2}L)^2} & \dfrac{2EI}{\sqrt{2}L} & 0 & -\dfrac{6EI}{(\sqrt{2}L)^2} & \dfrac{4EI}{\sqrt{2}L} \end{bmatrix}$$

$$[k]^{①}_{1\to 2} = [T]^T [\bar{k}]^{①} [T] =$$

$$\begin{array}{c} \quad u_1 \quad\quad\quad v_1 \quad\quad\quad \theta_1 \quad\quad\quad u_2 \quad\quad\quad v_2 \quad\quad\quad \theta_2 \\ \begin{bmatrix} \dfrac{\sqrt{2}EA}{4L}+\dfrac{3\sqrt{2}EI}{2L^3} & \dfrac{\sqrt{2}EA}{4L}-\dfrac{3\sqrt{2}EI}{2L^3} & -\dfrac{3\sqrt{2}EI}{2L^2} & -\dfrac{\sqrt{2}EA}{4L}-\dfrac{3\sqrt{2}EI}{2L^3} & -\dfrac{\sqrt{2}EA}{4L}+\dfrac{3\sqrt{2}EI}{2L^3} & -\dfrac{3\sqrt{2}EI}{2L^2} \\ \dfrac{\sqrt{2}EA}{4L}-\dfrac{3\sqrt{2}EI}{2L^3} & \dfrac{\sqrt{2}EA}{4L}+\dfrac{3\sqrt{2}EI}{2L^3} & \dfrac{3\sqrt{2}EI}{2L^2} & -\dfrac{\sqrt{2}EA}{4L}+\dfrac{3\sqrt{2}EI}{2L^3} & -\dfrac{\sqrt{2}EA}{4L}-\dfrac{3\sqrt{2}EI}{2L^3} & \dfrac{3\sqrt{2}EI}{2L^2} \\ -\dfrac{3\sqrt{2}EI}{2L^2} & \dfrac{3\sqrt{2}EI}{2L^2} & \dfrac{2\sqrt{2}EI}{L} & \dfrac{3\sqrt{2}EI}{2L^2} & -\dfrac{3\sqrt{2}EI}{2L^2} & \dfrac{\sqrt{2}EI}{L} \\ -\dfrac{\sqrt{2}EA}{4L}-\dfrac{3\sqrt{2}EI}{2L^3} & -\dfrac{\sqrt{2}EA}{4L}+\dfrac{3\sqrt{2}EI}{2L^3} & \dfrac{3\sqrt{2}EI}{2L^2} & \dfrac{\sqrt{2}EA}{4L}+\dfrac{3\sqrt{2}EI}{2L^3} & \dfrac{\sqrt{2}EA}{4L}-\dfrac{3\sqrt{2}EI}{2L^3} & \dfrac{3\sqrt{2}EI}{2L^2} \\ \dfrac{\sqrt{2}EA}{4L}+\dfrac{3\sqrt{2}EI}{2L^3} & -\dfrac{\sqrt{2}EA}{4L}-\dfrac{3\sqrt{2}EI}{2L^3} & -\dfrac{3\sqrt{2}EI}{2L^2} & \dfrac{\sqrt{2}EA}{4L}-\dfrac{3\sqrt{2}EI}{2L^3} & \dfrac{\sqrt{2}EA}{4L}+\dfrac{3\sqrt{2}EI}{2L^3} & -\dfrac{3\sqrt{2}EI}{2L^2} \\ -\dfrac{3\sqrt{2}EI}{2L^2} & \dfrac{3\sqrt{2}EI}{2L^2} & \dfrac{\sqrt{2}EI}{L} & \dfrac{3\sqrt{2}EI}{2L^2} & -\dfrac{3\sqrt{2}EI}{2L^2} & \dfrac{2\sqrt{2}EI}{L} \end{bmatrix} \begin{matrix} u_1 \\ v_1 \\ \theta_1 \\ u_2 \\ v_2 \\ \theta_2 \end{matrix} \end{array}$$

单元②:$\alpha = 0°$,无需进行坐标转换。

$$\text{故}\ [k]^{②}_{2\to 3} = [\bar{k}]^{②}_{2\to 3} = \begin{array}{c} \quad u_2 \quad\ v_2 \quad\ \theta_2 \quad\ u_3 \quad\ v_3 \quad\ \theta_3 \\ \begin{bmatrix} \dfrac{EA}{L} & 0 & 0 & -\dfrac{EA}{L} & 0 & 0 \\ 0 & \dfrac{12EI}{L^3} & \dfrac{6EI}{L^2} & 0 & -\dfrac{12EI}{L^3} & \dfrac{6EI}{L^2} \\ 0 & \dfrac{6EI}{L^2} & \dfrac{4EI}{L} & 0 & -\dfrac{6EI}{L^2} & \dfrac{2EI}{L} \\ -\dfrac{EA}{L} & 0 & 0 & \dfrac{EA}{L} & 0 & 0 \\ 0 & -\dfrac{12EI}{L^3} & -\dfrac{6EI}{L^2} & 0 & \dfrac{12EI}{L^3} & -\dfrac{6EI}{L^2} \\ 0 & \dfrac{6EI}{L^2} & \dfrac{2EI}{L} & 0 & -\dfrac{6EI}{L^2} & \dfrac{4EI}{L} \end{bmatrix} \begin{matrix} u_2 \\ v_2 \\ \theta_2 \\ u_3 \\ v_3 \\ \theta_3 \end{matrix} \end{array}$$

单元③:$\alpha = 270°$,$\cos\alpha = 0$,$\sin\alpha = -1$

$$[T]=\begin{bmatrix} 0 & -1 & 0 & 0 & 0 & 0 \\ 1 & 0 & 0 & 0 & 0 & 0 \\ 0 & 0 & 1 & 0 & 0 & 0 \\ 0 & 0 & 0 & 0 & -1 & 0 \\ 0 & 0 & 0 & 1 & 0 & 0 \\ 0 & 0 & 0 & 0 & 0 & 1 \end{bmatrix}; [T]^T=\begin{bmatrix} 0 & 1 & 0 & 0 & 0 & 0 \\ -1 & 0 & 0 & 0 & 0 & 0 \\ 0 & 0 & 1 & 0 & 0 & 0 \\ 0 & 0 & 0 & 0 & 1 & 0 \\ 0 & 0 & 0 & -1 & 0 & 0 \\ 0 & 0 & 0 & 0 & 0 & 1 \end{bmatrix}$$

$$[\bar{k}]^{③}_{3\to 4}=\begin{bmatrix} \dfrac{EA}{L} & 0 & 0 & -\dfrac{EA}{L} & 0 & 0 \\ 0 & \dfrac{12EI}{L^3} & \dfrac{6EI}{L^2} & 0 & -\dfrac{12EI}{L^3} & \dfrac{6EI}{L^2} \\ 0 & \dfrac{6EI}{L^2} & \dfrac{4EI}{L} & 0 & -\dfrac{6EI}{L^2} & \dfrac{2EI}{L} \\ -\dfrac{EA}{L} & 0 & 0 & \dfrac{EA}{L} & 0 & 0 \\ 0 & -\dfrac{12EI}{L^3} & -\dfrac{6EI}{L^2} & 0 & \dfrac{12EI}{L^3} & -\dfrac{6EI}{L^2} \\ 0 & \dfrac{6EI}{L^2} & \dfrac{2EI}{L} & 0 & -\dfrac{6EI}{L^2} & \dfrac{4EI}{L} \end{bmatrix}$$

$$[k]^{③}_{3\to 4}=[T]^T[\bar{k}]^{③}[T]=\begin{array}{c}\phantom{\begin{bmatrix}0\end{bmatrix}}\\ \phantom{\begin{bmatrix}0\end{bmatrix}}\end{array}\begin{array}{cccccc} u_3 & v_3 & \theta_3 & u_4 & v_4 & \theta_4 \end{array}$$
$$\begin{bmatrix} \dfrac{12EI}{L^3} & 0 & \dfrac{6EI}{L^2} & -\dfrac{12EI}{L^3} & 0 & \dfrac{6EI}{L^2} \\ 0 & \dfrac{EA}{L} & 0 & 0 & -\dfrac{EA}{L} & 0 \\ \dfrac{6EI}{L^2} & 0 & \dfrac{4EI}{L} & -\dfrac{6EI}{L^2} & 0 & \dfrac{2EI}{L} \\ -\dfrac{12EI}{L^3} & 0 & -\dfrac{6EI}{L^2} & \dfrac{12EI}{L^3} & 0 & -\dfrac{6EI}{L^2} \\ 0 & -\dfrac{EA}{L} & 0 & 0 & \dfrac{EA}{L} & 0 \\ \dfrac{6EI}{L^2} & 0 & \dfrac{2EI}{L} & -\dfrac{6EI}{L^2} & 0 & \dfrac{4EI}{L} \end{bmatrix}\begin{array}{c} u_3 \\ v_3 \\ \theta_3 \\ u_4 \\ v_4 \\ \theta_4 \end{array}$$

（2）整体分析：用直接刚度法集成结构的原始总刚$[K_P]$，将各单元相应的子块"对号入座"可得。

$$[K_P]=\begin{array}{c}\\ \\ \\ \\\end{array}\begin{array}{cccc} 1 & 2 & 3 & 4 \end{array}$$
$$\begin{bmatrix} [k_{11}]^{①} & [k_{12}]^{①} & 0 & 0 \\ [k_{21}]^{①} & [k_{22}]^{①+②} & [k_{23}]^{②} & 0 \\ 0 & [k_{32}]^{②} & [k_{33}]^{②+③} & [k_{34}]^{③} \\ 0 & 0 & [k_{43}]^{③} & [k_{44}]^{③} \end{bmatrix}\begin{array}{c} 1 \\ 2 \\ 3 \\ 4 \end{array}$$

（3）引入边界条件：$u_1=v_1=\theta_1=u_4=v_4=\theta_4=0$，删去原始总刚$[K_P]$中1、4子块对应的行和列，得到结构的总刚度矩阵：

$$[K]=\begin{bmatrix} k_{22}^{①+②} & k_{23}^{②} \\ k_{32}^{②} & k_{33}^{②+③} \end{bmatrix}$$

$$= \begin{bmatrix} \dfrac{(4+\sqrt{2})EA}{4L}+\dfrac{3\sqrt{2}EI}{2L^3} & \dfrac{\sqrt{2}EA}{4L}-\dfrac{3\sqrt{2}EI}{2L^3} & \dfrac{3\sqrt{2}EI}{2L^2} & -\dfrac{EA}{L} & 0 & 0 \\ \dfrac{\sqrt{2}EA}{4L}-\dfrac{3\sqrt{2}EI}{2L^3} & \dfrac{\sqrt{2}EA}{4L}+\dfrac{(24+3\sqrt{2})EI}{2L^3} & \dfrac{(12-3\sqrt{2})EI}{2L^2} & 0 & -\dfrac{12EI}{L^3} & \dfrac{6EI}{L^2} \\ \dfrac{3\sqrt{2}EI}{2L^2} & \dfrac{(12-3\sqrt{2})EI}{2L^2} & \dfrac{(4+2\sqrt{2})EI}{L} & 0 & -\dfrac{6EI}{L^2} & \dfrac{2EI}{L} \\ -\dfrac{EA}{L} & 0 & 0 & \dfrac{EA}{L}+\dfrac{12EI}{L^3} & 0 & \dfrac{6EI}{L^2} \\ 0 & -\dfrac{12EI}{L^3} & -\dfrac{6EI}{L^2} & 0 & \dfrac{EA}{L}+\dfrac{12EI}{L^3} & -\dfrac{6EI}{L^2} \\ 0 & \dfrac{6EI}{L^2} & \dfrac{2EI}{L} & \dfrac{6EI}{L^2} & -\dfrac{6EI}{L^2} & \dfrac{8EI}{L} \end{bmatrix}$$

(4) 综合结点荷载向量:$[F] = [F_{x2}, F_{y2}, M_2, F_{x3}, F_{y3}, M_3]^T = [0, 0, -8 \text{ kN}\cdot\text{m}, 6 \text{ kN}, 0, 4 \text{ kN}\cdot\text{m}]^T$

未知结点位移向量:$[\Delta] = [u_2, v_2, \theta_2, u_3, v_3, \theta_3]^T$

整体刚度方程:$[F] = [K]\cdot[\Delta]$,即:

$$\begin{bmatrix} 0 \\ 0 \\ -8 \\ 6 \\ 0 \\ 4 \end{bmatrix} = 10^4 \times \begin{bmatrix} 9.4755 & 2.4743 & 0.00371 & -7 & 0 & 0 \\ 2.4743 & 2.4790 & 0.00679 & 0 & -0.0035 & 0.0105 \\ 0.00371 & 0.00679 & 0.07170 & 0 & -0.0105 & 0.021 \\ -7 & 0 & 0 & 7.0035 & 0 & 0.0105 \\ 0 & -0.0035 & -0.0105 & 0 & 7.0035 & -0.0105 \\ 0 & 0.0105 & 0.021 & 0.0105 & -0.0105 & 0.084 \end{bmatrix} \begin{bmatrix} u_2 \\ v_2 \\ \theta_2 \\ u_3 \\ v_3 \\ \theta_3 \end{bmatrix}$$

(5) 求解方程可得:

$[\Delta] = [u_2, v_2, \theta_2, u_3, v_3, \theta_3]^T = [598.7821 \text{ m}, -597.6579 \text{ m}, -107.8245 \text{ rad}, 599.2281 \text{ m}, -0.3489 \text{ m}, 74.3353 \text{ rad}]^T \times 10^{-4}$

(6) 求各杆端力:

单元①:$\begin{bmatrix} \overline{F}_{N1} \\ \overline{F}_{S1} \\ \overline{M}_1 \\ \overline{F}_{N2} \\ \overline{F}_{S2} \\ \overline{M}_2 \end{bmatrix}^{①} = [T]\cdot[k]^{①}\cdot\begin{bmatrix} 0 \\ 0 \\ 0 \\ u_2 \\ v_2 \\ \theta_2 \end{bmatrix}^{①} = \begin{bmatrix} -3.94 \text{ kN} \\ -0.48 \text{ kN} \\ 2.84 \text{ kN}\cdot\text{m} \\ 3.94 \text{ kN} \\ 0.48 \text{ kN} \\ 1.24 \text{ kN}\cdot\text{m} \end{bmatrix}^{①}$

单元②:$\begin{bmatrix} \overline{F}_{N2} \\ \overline{F}_{S2} \\ \overline{M}_2 \\ \overline{F}_{N3} \\ \overline{F}_{S3} \\ \overline{M}_3 \end{bmatrix}^{②} = [k]^{②}\cdot\begin{bmatrix} u_2 \\ v_2 \\ \theta_2 \\ u_3 \\ v_3 \\ \theta_3 \end{bmatrix}^{②} = \begin{bmatrix} -3.12 \text{ kN} \\ -2.44 \text{ kN} \\ -9.24 \text{ kN}\cdot\text{m} \\ 3.12 \text{ kN} \\ 2.44 \text{ kN} \\ -5.41 \text{ kN}\cdot\text{m} \end{bmatrix}$

单元③:
$\begin{Bmatrix} \overline{F}_{N3} \\ \overline{F}_{S3} \\ \overline{M}_3 \\ \overline{F}_{N4} \\ \overline{F}_{S4} \\ \overline{M}_4 \end{Bmatrix}^{③} = [T] \cdot [k]^{③} \cdot \begin{Bmatrix} u_3 \\ v_3 \\ \theta_3 \\ 0 \\ 0 \\ 0 \end{Bmatrix}^{③} = \begin{Bmatrix} 2.44 \text{ kN} \\ 2.88 \text{ kN} \\ 9.41 \text{ kN} \cdot \text{m} \\ -2.44 \text{ kN} \\ -2.88 \text{ kN} \\ 7.85 \text{ kN} \cdot \text{m} \end{Bmatrix}^{③}$

作最终 M 图。

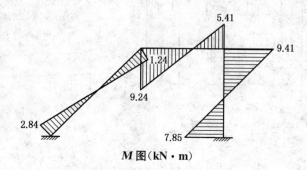

M 图(kN·m)

习题 9-6

(a)【解】 结构标识如下图所示,用后处理法求解结构的总刚度方程。

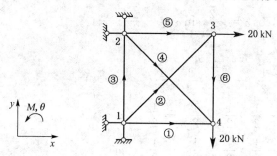

(1) 单元分析:

单元①:$[k]^{①}_{1 \to 4} = [\overline{k}]^{①}_{1 \to 4} = \begin{bmatrix} \dfrac{EA}{L} & 0 & -\dfrac{EA}{L} & 0 \\ 0 & 0 & 0 & 0 \\ -\dfrac{EA}{L} & 0 & \dfrac{EA}{L} & 0 \\ 0 & 0 & 0 & 0 \end{bmatrix} \begin{matrix} u_1 \\ v_1 \\ u_4 \\ v_4 \end{matrix}$

单元②:$\alpha = 45°, \cos\alpha = \dfrac{\sqrt{2}}{2}, \sin\alpha = \dfrac{\sqrt{2}}{2}$

$$[k]_{1\to 3}^{②} = \frac{EA}{\sqrt{2}L} \times \begin{bmatrix} \cos^2\alpha & \sin\alpha\cos\alpha & -\cos^2\alpha & -\sin\alpha\cos\alpha \\ \sin\alpha\cos\alpha & \sin^2\alpha & -\sin\alpha\cos\alpha & -\sin^2\alpha \\ -\cos^2\alpha & -\sin\alpha\cos\alpha & \cos^2\alpha & \sin\alpha\cos\alpha \\ -\sin\alpha\cos\alpha & -\sin^2\alpha & \sin\alpha\cos\alpha & \sin^2\alpha \end{bmatrix}$$

$$= \frac{EA}{\sqrt{2}L} \times \begin{matrix} & u_1 & v_1 & u_3 & v_3 & \\ & \frac{1}{2} & \frac{1}{2} & -\frac{1}{2} & -\frac{1}{2} & u_1 \\ & \frac{1}{2} & \frac{1}{2} & -\frac{1}{2} & -\frac{1}{2} & v_1 \\ & -\frac{1}{2} & -\frac{1}{2} & \frac{1}{2} & \frac{1}{2} & u_3 \\ & -\frac{1}{2} & -\frac{1}{2} & \frac{1}{2} & \frac{1}{2} & v_3 \end{matrix}$$

单元③：$\alpha = 90°, \cos\alpha = 0, \sin\alpha = 1$

$$[k]_{1\to 2}^{③} = \frac{EA}{L} \times \begin{matrix} & u_1 & v_1 & u_2 & v_2 & \\ & 0 & 0 & 0 & 0 & u_1 \\ & 0 & 1 & 0 & -1 & v_1 \\ & 0 & 0 & 0 & 0 & u_2 \\ & 0 & -1 & 0 & 1 & v_2 \end{matrix}$$

单元④：$\alpha = 315°, \cos\alpha = \frac{\sqrt{2}}{2}, \sin\alpha = -\frac{\sqrt{2}}{2}$

$$[k]_{2\to 4}^{④} = \frac{EA}{\sqrt{2}L} \times \begin{matrix} & u_2 & v_2 & u_4 & v_4 & \\ & \frac{1}{2} & -\frac{1}{2} & -\frac{1}{2} & \frac{1}{2} & u_2 \\ & -\frac{1}{2} & \frac{1}{2} & \frac{1}{2} & -\frac{1}{2} & v_2 \\ & -\frac{1}{2} & \frac{1}{2} & \frac{1}{2} & -\frac{1}{2} & u_4 \\ & \frac{1}{2} & -\frac{1}{2} & -\frac{1}{2} & \frac{1}{2} & v_4 \end{matrix}$$

单元⑤：$\alpha = 0°$，无需进行坐标转换

$$[k]_{2\to 3}^{⑤} = [\bar{k}]_{2\to 3}^{⑤} = \begin{matrix} & u_2 & v_2 & u_3 & v_3 & \\ & \frac{EA}{L} & 0 & -\frac{EA}{L} & 0 & u_2 \\ & 0 & 0 & 0 & 0 & v_2 \\ & -\frac{EA}{L} & 0 & \frac{EA}{L} & 0 & u_3 \\ & 0 & 0 & 0 & 0 & v_3 \end{matrix}$$

单元⑥：$\alpha = 270°, \cos\alpha = 0, \sin\alpha = -1$

$$[k]^{⑥}_{3\to4} = \frac{EA}{L} \times \begin{bmatrix} 0 & 0 & 0 & 0 \\ 0 & 1 & 0 & -1 \\ 0 & 0 & 0 & 0 \\ 0 & -1 & 0 & 1 \end{bmatrix} \begin{matrix} u_3 \\ v_3 \\ u_4 \\ v_4 \end{matrix} \quad \begin{matrix} u_3 & v_3 & u_4 & v_4 \end{matrix}$$

(2) 整体分析：用直接刚度法集成结构的原始总刚$[K_P]$

$$[K_P] = \frac{EA}{L} \times$$

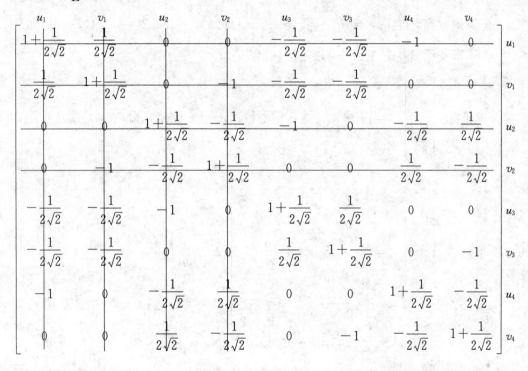

(3) 引入边界条件：$u_1 = v_1 = u_2 = v_2 = 0$，删去原始总刚$[K_P]$中的第1、2、3、4行(列)，得到结构的总刚度矩阵：

$$[K] = \frac{EA}{L} \times \begin{bmatrix} 1+\frac{1}{2\sqrt{2}} & \frac{1}{2\sqrt{2}} & 0 & 0 \\ \frac{1}{2\sqrt{2}} & 1+\frac{1}{2\sqrt{2}} & 0 & -1 \\ 0 & 0 & 1+\frac{1}{2\sqrt{2}} & -\frac{1}{2\sqrt{2}} \\ 0 & -1 & -\frac{1}{2\sqrt{2}} & 1+\frac{1}{2\sqrt{2}} \end{bmatrix}$$

(4) 综合结点荷载向量：$[F] = [F_{x3}, F_{y3}, F_{x4}, F_{y4}]^T = [20 \text{ kN}, 0, 0, -20 \text{ kN}]^T$

未知结点位移向量：$[\Delta] = [u_3, v_3, u_4, v_4]^T$

总刚度方程：$[F] = [K] \cdot [\Delta]$，即：

$$\begin{bmatrix} 20\ \text{kN} \\ 0 \\ 0 \\ -20\ \text{kN} \end{bmatrix} = \frac{EA}{L} \times \begin{bmatrix} 1+\frac{1}{2\sqrt{2}} & \frac{1}{2\sqrt{2}} & 0 & 0 \\ \frac{1}{2\sqrt{2}} & 1+\frac{1}{2\sqrt{2}} & 0 & -1 \\ 0 & 0 & 1+\frac{1}{2\sqrt{2}} & -\frac{1}{2\sqrt{2}} \\ 0 & -1 & -\frac{1}{2\sqrt{2}} & 1+\frac{1}{2\sqrt{2}} \end{bmatrix} \begin{bmatrix} u_3 \\ v_3 \\ u_4 \\ v_4 \end{bmatrix}$$

(5) 解方程可得：$[u_3,v_3,u_4,v_4]^T = \frac{L}{EA} \times [26.53,-45.02,-13.47,-51.55]^T$

(6) 求各杆端力：

单元①：$\begin{bmatrix} \overline{F}_{N1} \\ \overline{F}_{S1} \\ \overline{F}_{N4} \\ \overline{F}_{S4} \end{bmatrix}^{①} = [k]^{①}_{1\to 4} \begin{bmatrix} 0 \\ 0 \\ u_4 \\ v_4 \end{bmatrix}^{①} = [13.47,0,-13.47,0]^T\ \text{kN}$

单元②：$\begin{bmatrix} \overline{F}_{N1} \\ \overline{F}_{S1} \\ \overline{F}_{N3} \\ \overline{F}_{S3} \end{bmatrix}^{②} = \begin{bmatrix} \frac{\sqrt{2}}{2} & \frac{\sqrt{2}}{2} & 0 & 0 \\ -\frac{\sqrt{2}}{2} & \frac{\sqrt{2}}{2} & 0 & 0 \\ 0 & 0 & \frac{\sqrt{2}}{2} & \frac{\sqrt{2}}{2} \\ 0 & 0 & -\frac{\sqrt{2}}{2} & \frac{\sqrt{2}}{2} \end{bmatrix} [k]^{②}_{1\to 3} \begin{bmatrix} 0 \\ 0 \\ u_3 \\ v_3 \end{bmatrix}^{②}$

$= [9.245,0,-9.245,0]^T\ \text{kN}$

单元③：$\begin{bmatrix} \overline{F}_{N1} \\ \overline{F}_{S1} \\ \overline{F}_{N2} \\ \overline{F}_{S2} \end{bmatrix}^{③} = \begin{bmatrix} 0 & 1 & 0 & 0 \\ -1 & 0 & 0 & 0 \\ 0 & 1 & 0 & 0 \\ -1 & 0 & 0 & 0 \end{bmatrix} [k]^{③}_{1\to 2} \begin{bmatrix} 0 \\ 0 \\ 0 \\ 0 \end{bmatrix}^{③} = [0,0,0,0]^T$

单元④：$\begin{bmatrix} \overline{F}_{N2} \\ \overline{F}_{S2} \\ \overline{F}_{N4} \\ \overline{F}_{S4} \end{bmatrix}^{④} = \begin{bmatrix} \frac{\sqrt{2}}{2} & -\frac{\sqrt{2}}{2} & 0 & 0 \\ \frac{\sqrt{2}}{2} & \frac{\sqrt{2}}{2} & 0 & 0 \\ 0 & 0 & \frac{\sqrt{2}}{2} & -\frac{\sqrt{2}}{2} \\ 0 & 0 & \frac{\sqrt{2}}{2} & \frac{\sqrt{2}}{2} \end{bmatrix} [k]^{④}_{2\to 4} \begin{bmatrix} 0 \\ 0 \\ u_4 \\ v_4 \end{bmatrix}^{④} = \begin{bmatrix} -19.04 \\ 0 \\ 19.04 \\ 0 \end{bmatrix}\ \text{kN}$

单元⑤：$\begin{bmatrix}\overline{F}_{N2}\\\overline{F}_{S2}\\\overline{F}_{N3}\\\overline{F}_{S3}\end{bmatrix}^{⑤}=[k]_{2\to3}^{⑤}\begin{bmatrix}0\\0\\u_3\\v_3\end{bmatrix}^{⑤}=[-26.53,0,26.53,0]^T\text{ kN}$

单元⑥：$\begin{bmatrix}\overline{F}_{N3}\\\overline{F}_{S3}\\\overline{F}_{N4}\\\overline{F}_{S4}\end{bmatrix}^{⑥}=\begin{bmatrix}0&-1&0&0\\1&0&0&0\\0&0&0&-1\\0&0&1&0\end{bmatrix}[k]_{3\to4}^{⑥}\begin{bmatrix}u_3\\v_3\\u_4\\v_4\end{bmatrix}^{⑥}=\begin{bmatrix}-6.53\\0\\6.53\\0\end{bmatrix}\text{ kN}$

各杆的轴力如下图所示，以受拉为正，受压为负。

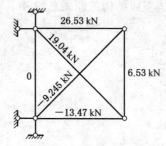

(b)【解】 结构标识如图(a)所示，用后处理法求解结构的总刚。

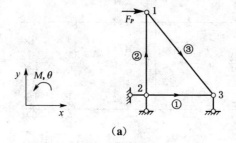

(a)

(1) 单元分析：

单元①：$[k]_{2\to3}^{①}=[\overline{k}]_{2\to3}^{①}=\dfrac{0.6EA}{0.6l}\times\begin{bmatrix}1&0&-1&0\\0&0&0&0\\-1&0&1&0\\0&0&0&0\end{bmatrix}\begin{matrix}u_2\\v_2\\u_3\\v_3\end{matrix}$

$\begin{matrix}u_2&v_2&u_3&v_3\end{matrix}$

单元②：$\alpha=90°,\cos\alpha=0,\sin\alpha=1$

$[k]_{2\to1}^{②}=\dfrac{0.8EA}{0.8l}\times\begin{bmatrix}0&0&0&0\\0&1&0&-1\\0&0&0&0\\0&-1&0&1\end{bmatrix}\begin{matrix}u_2\\v_2\\u_1\\v_1\end{matrix}$

$\begin{matrix}u_2&v_2&u_1&v_1\end{matrix}$

单元③：$\cos\alpha = \dfrac{3}{5}$，$\sin\alpha = -\dfrac{4}{5}$

$$[k]^{③}_{1\to 3} = \dfrac{EA}{l} \times \begin{bmatrix} \dfrac{9}{25} & -\dfrac{12}{25} & -\dfrac{9}{25} & \dfrac{12}{25} \\ -\dfrac{12}{25} & \dfrac{16}{25} & \dfrac{12}{25} & -\dfrac{16}{25} \\ -\dfrac{9}{25} & \dfrac{12}{25} & \dfrac{9}{25} & -\dfrac{12}{25} \\ \dfrac{12}{25} & -\dfrac{16}{25} & -\dfrac{12}{25} & \dfrac{16}{25} \end{bmatrix} \begin{matrix} u_1 \\ v_1 \\ u_3 \\ v_3 \end{matrix}$$

(2) 整体分析：用直接刚度法集成结构的原始总刚$[K_P]$

$$[K_P] = \dfrac{EA}{l} \times \begin{bmatrix} \dfrac{9}{25} & -\dfrac{12}{25} & 0 & 0 & -\dfrac{9}{25} & \dfrac{12}{25} \\ -\dfrac{12}{25} & \dfrac{41}{25} & 0 & -1 & \dfrac{12}{25} & -\dfrac{16}{25} \\ 0 & 0 & 1 & 0 & -1 & 0 \\ 0 & -1 & 0 & 1 & 0 & 0 \\ -\dfrac{9}{25} & \dfrac{12}{25} & -1 & 0 & \dfrac{34}{25} & -\dfrac{12}{25} \\ \dfrac{12}{25} & -\dfrac{16}{25} & 0 & 0 & -\dfrac{12}{25} & \dfrac{16}{25} \end{bmatrix} \begin{matrix} u_1 \\ v_1 \\ u_2 \\ v_2 \\ u_3 \\ v_3 \end{matrix}$$

(3) 引入边界条件：$u_2 = v_2 = u_3 = 0$，故删去原始总刚$[K_P]$中的第3、4、6行（列），得到结构的总刚度矩阵：

$$[K] = \dfrac{EA}{l} \times \begin{bmatrix} \dfrac{9}{25} & -\dfrac{12}{25} & -\dfrac{9}{25} \\ -\dfrac{12}{25} & \dfrac{41}{25} & \dfrac{12}{25} \\ -\dfrac{9}{25} & \dfrac{12}{25} & \dfrac{34}{25} \end{bmatrix} \begin{matrix} u_1 \\ v_1 \\ u_3 \end{matrix}$$

(4) 综合结点荷载向量：$[F] = [F_{x1}, F_{y1}, F_{x3}]^T = [F_P, 0, 0]^T$
未知结点位移向量：$[\Delta] = [u_1, v_1, u_3]^T$
总刚度方程：$[F] = [K][\Delta]$，即：

$$\begin{bmatrix} F_P \\ 0 \\ 0 \end{bmatrix} = \frac{EA}{l} \times \begin{bmatrix} \frac{9}{25} & -\frac{12}{25} & -\frac{9}{25} \\ -\frac{12}{25} & \frac{41}{25} & \frac{12}{25} \\ -\frac{9}{25} & \frac{12}{25} & \frac{34}{25} \end{bmatrix} \begin{bmatrix} u_1 \\ v_1 \\ u_3 \end{bmatrix}$$

(5) 求解方程可得：$[u_1, v_1, u_3]^T = \dfrac{l}{EA} \times \left[\dfrac{50F_P}{9}, \dfrac{4F_P}{3}, F_P\right]^T$

(6) 求各杆端力：

单元①：$\begin{bmatrix} \overline{F}_{N2} \\ \overline{F}_{S2} \\ \overline{F}_{N3} \\ \overline{F}_{S3} \end{bmatrix}^{①} = [k]^{①}_{2 \to 3} \begin{bmatrix} 0 \\ 0 \\ F_P \\ 0 \end{bmatrix}^{①} \times \dfrac{EA}{l} = [-F_P, 0, F_P, 0]^T$

单元②：$\begin{bmatrix} \overline{F}_{N2} \\ \overline{F}_{S2} \\ \overline{F}_{N1} \\ \overline{F}_{S1} \end{bmatrix}^{②} = \begin{bmatrix} 0 & 1 & 0 & 0 \\ -1 & 0 & 0 & 0 \\ 0 & 0 & 0 & 1 \\ 0 & 0 & -1 & 0 \end{bmatrix} [k]^{②}_{2 \to 1} \begin{bmatrix} 0 \\ 0 \\ \dfrac{50F_P l}{9EA} \\ \dfrac{4F_P l}{3EA} \end{bmatrix}^{②} = \begin{bmatrix} -\dfrac{4F_P}{3} \\ 0 \\ \dfrac{4F_P}{3} \\ 0 \end{bmatrix}$

单元③：$\begin{bmatrix} \overline{F}_{N1} \\ \overline{F}_{S1} \\ \overline{F}_{N3} \\ \overline{F}_{S3} \end{bmatrix}^{③} = \begin{bmatrix} \dfrac{3}{5} & -\dfrac{4}{5} & 0 & 0 \\ \dfrac{4}{5} & \dfrac{3}{5} & 0 & 0 \\ 0 & 0 & \dfrac{3}{5} & -\dfrac{4}{5} \\ 0 & 0 & \dfrac{4}{5} & \dfrac{3}{5} \end{bmatrix} [k]^{③}_{1 \to 3} \begin{bmatrix} \dfrac{50F_P l}{9EA} \\ \dfrac{4F_P l}{3EA} \\ \dfrac{F_P l}{EA} \\ 0 \end{bmatrix}^{③} = \begin{bmatrix} \dfrac{5F_P}{3} \\ 0 \\ -\dfrac{5F_P}{3} \\ 0 \end{bmatrix}$

从而得到：$F_{N23} = F_P$（受拉），$F_{N21} = \dfrac{4F_P}{3}$（受拉），$F_{N13} = -\dfrac{5F_P}{3}$（受压）

各杆轴力如图(b)所示，以受拉为正，受压为负。

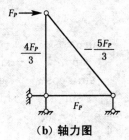

(b) 轴力图

习题 9-7

(a)【解】 结构标识如下图所示,用后处理矩阵位移法求解结构的总刚度矩阵。

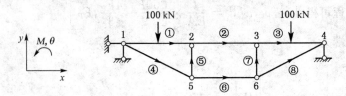

(1) 单元分析:

单元①:$[k]_{1\to 2}^{①} = [\bar{k}]_{1\to 2}^{①}$

$$= \begin{bmatrix} \frac{E_2A_2}{2} & 0 & 0 & -\frac{E_2A_2}{2} & 0 & 0 \\ 0 & \frac{3E_2I_2}{2} & \frac{3E_2I_2}{2} & 0 & -\frac{3E_2I_2}{2} & \frac{3E_2I_2}{2} \\ 0 & \frac{3E_2I_2}{2} & 2E_2I_2 & 0 & -\frac{3E_2I_2}{2} & E_2I_2 \\ -\frac{E_2A_2}{2} & 0 & 0 & \frac{E_2A_2}{2} & 0 & 0 \\ 0 & -\frac{3E_2I_2}{2} & -\frac{3E_2I_2}{2} & 0 & \frac{3E_2I_2}{2} & -\frac{3E_2I_2}{2} \\ 0 & \frac{3E_2I_2}{2} & E_2I_2 & 0 & -\frac{3E_2I_2}{2} & 2E_2I_2 \end{bmatrix} \begin{matrix} u_1 \\ v_1 \\ \theta_1 \\ u_2 \\ v_2 \\ \theta_2 \end{matrix}$$

其中上方列标为 $u_1, v_1, \theta_1, u_2, v_2, \theta_2$。

单元②:$[k]_{2\to 3}^{②} = [\bar{k}]_{2\to 3}^{②} = [k]_{1\to 2}^{①}$

单元③:$[k]_{3\to 4}^{③} = [\bar{k}]_{3\to 4}^{③} = [k]_{1\to 2}^{①}$

单元④:$\cos\alpha = \frac{2}{\sqrt{5}}, \sin\alpha = -\frac{1}{\sqrt{5}}$

$$[k]_{1\to 5}^{④} = \frac{E_1A_1}{\sqrt{5}} \times \begin{bmatrix} \cos^2\alpha & \sin\alpha\cos\alpha & -\cos^2\alpha & -\sin\alpha\cos\alpha \\ \sin\alpha\cos\alpha & \sin^2\alpha & -\sin\alpha\cos\alpha & -\sin^2\alpha \\ -\cos^2\alpha & -\sin\alpha\cos\alpha & \cos^2\alpha & \sin\alpha\cos\alpha \\ -\sin\alpha\cos\alpha & -\sin^2\alpha & \sin\alpha\cos\alpha & \sin^2\alpha \end{bmatrix}$$

$$= \frac{E_1A_1}{5\sqrt{5}} \times \begin{bmatrix} 4 & -2 & -4 & 2 \\ -2 & 1 & 2 & -1 \\ -4 & 2 & 4 & -2 \\ 2 & -1 & -2 & 1 \end{bmatrix} \begin{matrix} u_1 \\ v_1 \\ u_5 \\ v_5 \end{matrix}$$

单元⑤：$\alpha = 90°, \cos\alpha = 0, \sin\alpha = 1$

$$[k]_{5\to 2}^{⑤} = \frac{E_1 A_1}{1} \times \begin{bmatrix} \cos^2\alpha & \sin\alpha\cos\alpha & -\cos^2\alpha & -\sin\alpha\cos\alpha \\ \sin\alpha\cos\alpha & \sin^2\alpha & -\sin\alpha\cos\alpha & -\sin^2\alpha \\ -\cos^2\alpha & -\sin\alpha\cos\alpha & \cos^2\alpha & \sin\alpha\cos\alpha \\ -\sin\alpha\cos\alpha & -\sin^2\alpha & \sin\alpha\cos\alpha & \sin^2\alpha \end{bmatrix}$$

$$= E_1 A_1 \times \begin{bmatrix} u_5 & v_5 & u_2 & v_2 \\ 0 & 0 & 0 & 0 \\ 0 & 1 & 0 & -1 \\ 0 & 0 & 0 & 0 \\ 0 & -1 & 0 & 1 \end{bmatrix} \begin{matrix} u_5 \\ v_5 \\ u_2 \\ v_2 \end{matrix}$$

单元⑥：$\alpha = 0°$，无需进行坐标转换。

$$[k]_{5\to 6}^{⑥} = [\bar{k}]_{5\to 6}^{⑥} = \frac{E_1 A_1}{2} \times \begin{bmatrix} u_5 & v_5 & u_6 & v_6 \\ 1 & 0 & -1 & 0 \\ 0 & 0 & 0 & 0 \\ -1 & 0 & 1 & 0 \\ 0 & 0 & 0 & 0 \end{bmatrix} \begin{matrix} u_5 \\ v_5 \\ u_6 \\ v_6 \end{matrix}$$

单元⑦：$\alpha = 90°, \cos\alpha = 0, \sin\alpha = 1$

$$[k]_{6\to 3}^{⑦} = [k]_{5\to 2}^{⑤} = E_1 A_1 \times \begin{bmatrix} u_6 & v_6 & u_3 & v_3 \\ 0 & 0 & 0 & 0 \\ 0 & 1 & 0 & -1 \\ 0 & 0 & 0 & 0 \\ 0 & -1 & 0 & 1 \end{bmatrix} \begin{matrix} u_6 \\ v_6 \\ u_3 \\ v_3 \end{matrix}$$

单元⑧：$\cos\alpha = \dfrac{2}{\sqrt{5}}, \sin\alpha = \dfrac{1}{\sqrt{5}}$

$$[k]_{6\to 4}^{⑧} = \frac{E_1 A_1}{\sqrt{5}} \times \begin{bmatrix} \cos^2\alpha & \sin\alpha\cos\alpha & -\cos^2\alpha & -\sin\alpha\cos\alpha \\ \sin\alpha\cos\alpha & \sin^2\alpha & -\sin\alpha\cos\alpha & -\sin^2\alpha \\ -\cos^2\alpha & -\sin\alpha\cos\alpha & \cos^2\alpha & \sin\alpha\cos\alpha \\ -\sin\alpha\cos\alpha & -\sin^2\alpha & \sin\alpha\cos\alpha & \sin^2\alpha \end{bmatrix}$$

$$= \frac{E_1 A_1}{5\sqrt{5}} \times \begin{bmatrix} u_6 & v_6 & u_4 & v_4 \\ 4 & 2 & -4 & -2 \\ 2 & 4 & -2 & -4 \\ -4 & -2 & 4 & 2 \\ -2 & -4 & 2 & 4 \end{bmatrix} \begin{matrix} u_6 \\ v_6 \\ u_4 \\ v_4 \end{matrix}$$

（2）整体分析：用直接刚度法集成结构的原始总刚$[K_P]$，将各单元相应的子块按结点"对号入座"。

$$[K_P] = \begin{bmatrix} [k_{11}]^{①+④} & [k_{12}]^{①} & 0 & 0 & [k_{15}]^{④} & 0 \\ [k_{21}]^{①} & [k_{22}]^{①+②+⑤} & [k_{23}]^{②} & 0 & [k_{25}]^{⑤} & 0 \\ 0 & [k_{32}]^{②} & [k_{33}]^{②+③+⑦} & [k_{34}]^{③} & 0 & [k_{36}]^{⑦} \\ 0 & 0 & [k_{43}]^{③} & [k_{44}]^{③+⑧} & 0 & [k_{46}]^{⑧} \\ [k_{51}]^{④} & [k_{52}]^{⑤} & 0 & 0 & [k_{55}]^{④+⑤+⑥} & [k_{56}]^{⑥} \\ 0 & 0 & [k_{63}]^{⑦} & [k_{64}]^{⑧} & [k_{65}]^{⑥} & [k_{66}]^{⑥+⑦+⑧} \end{bmatrix} \begin{matrix} 1 \\ 2 \\ 3 \\ 4 \\ 5 \\ 6 \end{matrix}$$

$$\begin{matrix} 1 & 2 & 3 & 4 & 5 & 6 \end{matrix}$$

（3）引入边界支承条件：$u_1 = v_1 = v_4 = 0$，删去原始总刚$[K_P]$中的第1、2、11行(列)，得到结构的总刚度矩阵$[K]$（见 P181）。

（4）各单元的等效结点荷载：

$$[F_E]^{①}_{1 \to 2} = [0, -50 \text{ kN}, -25 \text{ kN} \cdot \text{m}, 0, -50 \text{ kN}, 25 \text{ kN} \cdot \text{m}]^T$$

$$[F_E]^{②}_{2 \to 3} = [0, 0, 0, 0, 0, 0]^T$$

$$[F_E]^{③}_{3 \to 4} = [0, -50 \text{ kN}, -25 \text{ kN} \cdot \text{m}, 0, -50 \text{ kN}, 25 \text{ kN} \cdot \text{m}]^T$$

$$[F_E]^{④}_{1 \to 4} = [F_E]^{⑤}_{5 \to 2} = [F_E]^{⑥}_{5 \to 6} = [F_E]^{⑦}_{6 \to 3} = [F_E]^{⑧}_{6 \to 4} = [0, 0, 0, 0]^T$$

故结构的综合结点荷载向量为：

$$[F] = [-25 \text{ kN} \cdot \text{m}, 0, -50 \text{ kN}, 25 \text{ kN} \cdot \text{m}, 0, -50 \text{ kN}, 25 \text{ kN} \cdot \text{m}, 0, 25 \text{ kN} \cdot \text{m}, 0, 0, 0]^T$$

未知结点位移向量：

$$[\Delta] = [\theta_1, u_2, v_2, \theta_2, u_3, v_3, \theta_3, u_4, \theta_4, u_5, v_5, u_6, v_6]^T$$

结构的总刚度方程：$[F] = [K][\Delta]$

（5）求解方程可得：

$$[\Delta] = [\theta_1, u_2, v_2, \theta_2, u_3, v_3, \theta_3, u_4, \theta_4, u_5, v_5, u_6, v_6]^T$$
$$= [65.140\ 9 \text{ rad}, -0.953\ 4 \text{ m}, -81.807\ 3 \text{ m}, -12.499\ 8 \text{ rad}, -1.906\ 7 \text{ m},$$
$$-81.807\ 4 \text{ m}, 12.499\ 8 \text{ rad}, -2.860\ 1 \text{ m}, 65.141\ 0 \text{ rad}, -11.188\ 4 \text{ m},$$
$$-76.928\ 0 \text{ m}, 8.328\ 4 \text{ m}, -76.928\ 2 \text{ m}]^T \times 10^{-4}$$

（6）求各单元杆端力：以单元①和⑥为例：

$$[\overline{F}]^{①} = \begin{bmatrix} \overline{F}_{N1} \\ \overline{F}_{S1} \\ \overline{M}_1 \\ \overline{F}_{N2} \\ \overline{F}_{S2} \\ \overline{M}_2 \end{bmatrix}^{①} = [\overline{k}]^{①} \cdot [\overline{\Delta}]^{①} + [F^f]^{①} = [\overline{k}]^{①} \begin{bmatrix} 0 \\ 0 \\ \theta_1 \\ u_2 \\ v_2 \\ \theta_2 \end{bmatrix}^{①} + \begin{bmatrix} 0 \\ 50 \text{ kN} \\ 25 \text{ kN} \cdot \text{m} \\ 0 \\ 50 \text{ kN} \\ -25 \text{ kN} \cdot \text{m} \end{bmatrix}^{①} = \begin{bmatrix} 84.43 \text{ kN} \\ 57.78 \text{ kN} \\ 0 \\ -84.43 \text{ kN} \\ 42.22 \text{ kN} \\ 15.57 \text{ kN} \cdot \text{m} \end{bmatrix}^{①}$$

$$[K] = \begin{array}{c}
 \\
\theta_1 \\
u_2 \\
v_2 \\
\theta_2 \\
u_3 \\
v_3 \\
\theta_3 \\
u_4 \\
\theta_4 \\
u_5 \\
v_5 \\
u_6 \\
v_6
\end{array}
\begin{bmatrix}
\theta_1 & u_2 & v_2 & \theta_2 & u_3 & v_3 & \theta_3 & u_4 & \theta_4 & u_5 & v_5 & u_6 & v_6 \\
2E_2I_2 & 0 & -\dfrac{3E_2I_2}{2} & E_2I_2 & 0 & 0 & 0 & 0 & 0 & 0 & 0 & 0 & 0 \\
0 & E_2A_2 & 0 & 0 & -\dfrac{E_2A_2}{2} & 0 & 0 & 0 & 0 & 0 & 0 & 0 & 0 \\
-\dfrac{3E_2I_2}{2} & 0 & 3E_2I_2+E_1A_1 & 0 & 0 & -\dfrac{3E_2I_2}{2} & \dfrac{3E_2I_2}{2} & 0 & 0 & 0 & -E_1A_1 & 0 & 0 \\
E_2I_2 & 0 & 0 & 4E_2I_2 & 0 & -\dfrac{3E_2I_2}{2} & E_2I_2 & 0 & 0 & 0 & 0 & 0 & 0 \\
0 & -\dfrac{E_2A_2}{2} & 0 & 0 & E_2A_2 & 0 & 0 & -\dfrac{E_2A_2}{2} & 0 & 0 & 0 & 0 & -E_1A_1 \\
0 & 0 & -\dfrac{3E_2I_2}{2} & -\dfrac{3E_2I_2}{2} & 0 & 3E_2I_2 & -\dfrac{3E_2I_2}{2} & 0 & 0 & 0 & 0 & 0 & 0 \\
0 & 0 & \dfrac{3E_2I_2}{2} & E_2I_2 & 0 & -\dfrac{3E_2I_2}{2} & 4E_2I_2 & 0 & 2E_2I_2 & 0 & 0 & 0 & \dfrac{2E_1A_1}{5\sqrt{5}} \\
0 & 0 & 0 & 0 & -\dfrac{E_2A_2}{2} & 0 & 0 & \dfrac{4E_1A_1}{5\sqrt{5}}+\dfrac{E_2A_2}{2} & 0 & -\dfrac{4E_1A_1}{5\sqrt{5}} & -\dfrac{2E_1A_1}{5\sqrt{5}} & \dfrac{4E_1A_1}{5\sqrt{5}} & \dfrac{2E_1A_1}{5\sqrt{5}} \\
0 & 0 & 0 & 0 & 0 & 0 & 2E_2I_2 & 0 & E_2I_2 & 0 & 0 & 0 & 0 \\
0 & 0 & 0 & 0 & 0 & 0 & 0 & -\dfrac{4E_1A_1}{5\sqrt{5}} & 0 & \dfrac{(8+5\sqrt{5})E_1A_1}{10\sqrt{5}} & -\dfrac{2E_1A_1}{5\sqrt{5}} & -\dfrac{E_1A_1}{2} & 0 \\
0 & 0 & -E_1A_1 & 0 & 0 & 0 & 0 & -\dfrac{2E_1A_1}{5\sqrt{5}} & 0 & -\dfrac{2E_1A_1}{5\sqrt{5}} & \dfrac{(1+5\sqrt{5})E_1A_1}{5\sqrt{5}} & 0 & 0 \\
0 & 0 & 0 & 0 & 0 & 0 & 0 & \dfrac{4E_1A_1}{5\sqrt{5}} & 0 & -\dfrac{E_1A_1}{2} & 0 & \dfrac{(8+5\sqrt{5})E_1A_1}{10\sqrt{5}} & \dfrac{2E_1A_1}{5\sqrt{5}} \\
0 & 0 & 0 & 0 & -E_1A_1 & 0 & \dfrac{2E_1A_1}{5\sqrt{5}} & \dfrac{2E_1A_1}{5\sqrt{5}} & 0 & 0 & 0 & \dfrac{2E_1A_1}{5\sqrt{5}} & \dfrac{(4+5\sqrt{5})E_1A_1}{5\sqrt{5}}
\end{bmatrix}$$

$$[\overline{F}]^{⑥} = \begin{bmatrix} \overline{F}_{N5} \\ \overline{F}_{S5} \\ \overline{F}_{N6} \\ \overline{F}_{S6} \end{bmatrix}^{①} = [\overline{k}]^{⑥}[\overline{\Delta}]^{⑥} = [k]^{⑥} \begin{bmatrix} u_5 \\ v_5 \\ u_6 \\ v_6 \end{bmatrix}^{⑥} = \begin{bmatrix} -84.43 \text{ kN} \\ 0 \\ 84.43 \text{ kN} \\ 0 \end{bmatrix}$$

同理可求得其余各杆的内力值。作结构的弯矩图,并将各二力杆的轴力标于下图中。

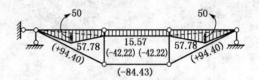

M 图(kN·m)、F_N 图(kN)

(b)【解】 原结构为对称结构受正对称荷载作用,可取半结构进行分析,结构标识如下图所示,用后处理矩阵位移法求解结构的总刚度矩阵。

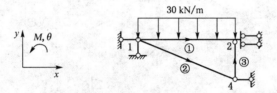

(1) 单元分析:

单元①:

$$[k]^{①}_{1\to 2} = [\overline{k}]^{①}_{1\to 2}$$

$$= \begin{bmatrix} \dfrac{E_2 A_2}{2.4} & 0 & 0 & -\dfrac{E_2 A_2}{2.4} & 0 & 0 \\ 0 & \dfrac{12E_2 I_2}{2.4^3} & \dfrac{6E_2 I_2}{2.4^2} & 0 & -\dfrac{12E_2 I_2}{2.4^3} & \dfrac{6E_2 I_2}{2.4^2} \\ 0 & \dfrac{6E_2 I_2}{2.4^2} & \dfrac{4E_2 I_2}{2.4} & 0 & -\dfrac{6E_2 I_2}{2.4^2} & \dfrac{2E_2 I_2}{2.4} \\ -\dfrac{E_2 A_2}{2.4} & 0 & 0 & \dfrac{E_2 A_2}{2.4} & 0 & 0 \\ 0 & -\dfrac{12E_2 I_2}{2.4^3} & -\dfrac{6E_2 I_2}{2.4^2} & 0 & \dfrac{12E_2 I_2}{2.4^3} & -\dfrac{6E_2 I_2}{2.4^2} \\ 0 & \dfrac{6E_2 I_2}{2.4^2} & \dfrac{2E_2 I_2}{2.4} & 0 & -\dfrac{6E_2 I_2}{2.4^2} & \dfrac{4E_2 I_2}{2.4} \end{bmatrix} \begin{matrix} u_1 \\ v_1 \\ \theta_1 \\ u_2 \\ v_2 \\ \theta_2 \end{matrix}$$

单元②:$\cos\alpha = \dfrac{3}{\sqrt{10}}, \sin\alpha = -\dfrac{1}{\sqrt{10}}$

$$[k]^{②}_{1\to 4} = \frac{5E_1A_1}{4\sqrt{10}} \times \begin{bmatrix} \cos^2\alpha & \sin\alpha\cos\alpha & -\cos^2\alpha & -\sin\alpha\cos\alpha \\ \sin\alpha\cos\alpha & \sin^2\alpha & -\sin\alpha\cos\alpha & -\sin^2\alpha \\ -\cos^2\alpha & -\sin\alpha\cos\alpha & \cos^2\alpha & \sin\alpha\cos\alpha \\ -\sin\alpha\cos\alpha & -\sin^2\alpha & \sin\alpha\cos\alpha & \sin^2\alpha \end{bmatrix}$$

$$= \frac{E_1A_1}{8\sqrt{10}} \times \begin{bmatrix} 9 & -3 & -9 & 3 \\ -3 & 1 & 3 & -1 \\ -9 & 3 & 9 & -3 \\ 3 & -1 & -3 & 1 \end{bmatrix} \begin{matrix} u_1 \\ v_1 \\ u_4 \\ v_4 \end{matrix}$$

单元③:$\alpha = 90°, \cos\alpha = 0, \sin\alpha = 1$

$$[k]^{③}_{4\to 2} = \frac{5E_1A_1}{8} \times \begin{bmatrix} \cos^2\alpha & \sin\alpha\cos\alpha & -\cos^2\alpha & -\sin\alpha\cos\alpha \\ \sin\alpha\cos\alpha & \sin^2\alpha & -\sin\alpha\cos\alpha & -\sin^2\alpha \\ -\cos^2\alpha & -\sin\alpha\cos\alpha & \cos^2\alpha & \sin\alpha\cos\alpha \\ -\sin\alpha\cos\alpha & -\sin^2\alpha & \sin\alpha\cos\alpha & \sin^2\alpha \end{bmatrix}$$

$$= \frac{5E_1A_1}{8} \times \begin{bmatrix} 0 & 0 & 0 & 0 \\ 0 & 1 & 0 & -1 \\ 0 & 0 & 0 & 0 \\ 0 & -1 & 0 & 1 \end{bmatrix} \begin{matrix} u_4 \\ v_4 \\ u_2 \\ v_2 \end{matrix}$$

(2) 整体分析:用直接刚度法集成结构的原始总刚$[K_P]$(见 P184)。

(3) 引入边界条件:$u_1 = v_1 = u_2 = \theta_2 = u_4 = 0$,删去原始总刚$[K_P]$中的第1、2、4、6、7 行(列),得到结构的总刚$[K]$

$$[K] = \begin{bmatrix} \dfrac{4E_2I_2}{2.4} & -\dfrac{6E_2I_2}{2.4^2} & 0 \\ -\dfrac{6E_2I_2}{2.4^2} & \dfrac{12E_2I_2}{2.4^3} + \dfrac{5E_1A_1}{8} & -\dfrac{5E_1A_1}{8} \\ 0 & -\dfrac{5E_1A_1}{8} & \dfrac{(5\sqrt{10}+1)E_1A_1}{8\sqrt{10}} \end{bmatrix} \begin{matrix} \theta_1 \\ v_2 \\ v_4 \end{matrix}$$

$$= 10^3 \times \begin{bmatrix} 20.76 & -12.975 & 0 \\ -12.975 & 64.8885 & -54.076 \\ 0 & -54.076 & 57.495 \end{bmatrix}$$

(4) 各单元的综合结点荷载:

单元①:$[F^f]^{①} = [0, 36\text{ kN}, 14.4\text{ kN}\cdot\text{m}, 0, 36\text{ kN}, -14.4\text{ kN}\cdot\text{m}]^T$

$[F]^{①}_{1\to 2} = [F_e]^{①} = [0, -36\text{ kN}, -14.4\text{ kN}\cdot\text{m}, 0, -36\text{ kN}, 14.4\text{ kN}\cdot\text{m}]^T$

单元② 和单元③:$[F]^{②}_{1\to 4} = [F]^{③}_{4\to 2} = [0,0,0,0]^T$

故可得结构的综合结点荷载向量为:$[F] = [-14.4\text{ kN}\cdot\text{m}, -36\text{ kN}, 0]^T$

$$[K_P]=\begin{array}{c|cccccccc}
 & u_1 & v_1 & \theta_1 & u_2 & v_2 & \theta_2 & u_4 & v_4 \\
\hline
u_1 & \dfrac{E_2A_2}{2.4}+\dfrac{9E_1A_1}{8\sqrt{10}} & -\dfrac{3E_1A_1}{8\sqrt{10}} & 0 & -\dfrac{E_2A_2}{2.4} & 0 & 0 & -\dfrac{9E_1A_1}{8\sqrt{10}} & \dfrac{3E_1A_1}{8\sqrt{10}} \\
v_1 & -\dfrac{3E_1A_1}{8\sqrt{10}} & \dfrac{12E_2I_2}{2.4^3}+\dfrac{E_1A_1}{8\sqrt{10}} & \dfrac{6E_2I_2}{2.4^2} & 0 & -\dfrac{12E_2I_2}{2.4^3} & \dfrac{6E_2I_2}{2.4^2} & \dfrac{3E_1A_1}{8\sqrt{10}} & -\dfrac{E_1A_1}{8\sqrt{10}} \\
\theta_1 & 0 & \dfrac{6E_2I_2}{2.4^2} & \dfrac{4E_2I_2}{2.4} & 0 & -\dfrac{6E_2I_2}{2.4^2} & \dfrac{2E_2I_2}{2.4} & 0 & 0 \\
u_2 & -\dfrac{E_2A_2}{2.4} & 0 & 0 & \dfrac{E_2A_2}{2.4} & 0 & 0 & 0 & 0 \\
v_2 & 0 & -\dfrac{12E_2I_2}{2.4^3} & -\dfrac{6E_2I_2}{2.4^2} & 0 & \dfrac{12E_2I_2}{2.4^3}+\dfrac{5E_1A_1}{8} & -\dfrac{6E_2I_2}{2.4^2} & 0 & -\dfrac{5E_1A_1}{8} \\
\theta_2 & 0 & \dfrac{6E_2I_2}{2.4^2} & \dfrac{2E_2I_2}{2.4} & 0 & -\dfrac{6E_2I_2}{2.4^2} & \dfrac{4E_2I_2}{2.4} & 0 & 0 \\
u_4 & -\dfrac{9E_1A_1}{8\sqrt{10}} & \dfrac{3E_1A_1}{8\sqrt{10}} & 0 & 0 & 0 & 0 & \dfrac{9E_1A_1}{8\sqrt{10}} & -\dfrac{3E_1A_1}{8\sqrt{10}} \\
v_4 & \dfrac{3E_1A_1}{8\sqrt{10}} & -\dfrac{E_1A_1}{8\sqrt{10}} & 0 & 0 & -\dfrac{5E_1A_1}{8} & 0 & -\dfrac{3E_1A_1}{8\sqrt{10}} & \dfrac{(5\sqrt{10}+1)E_1A_1}{8\sqrt{10}} \\
\end{array}$$

未知结点位移向量为：$[\Delta] = [\theta_1, v_2, v_4]^T$
结构的总刚度方程：$[F] = [K][\Delta]$

（5）求解方程可得：$[\Delta] = [\theta_1, v_2, v_4]^T$
$$= [-5.544 \text{ rad}, -7.761 \text{ m}, -7.317 \text{ m}]^T \times 10^{-3}$$

（6）求各杆杆端力：以单元①为例。

$$[\overline{F}]^① = [\overline{k}]^①[\overline{\Delta}]^① + [F^f]^① = [k]^① \begin{bmatrix} 0 \\ 0 \\ -5.544 \text{ rad} \\ 0 \\ -7.761 \text{ m} \\ 0 \end{bmatrix} \times 10^{-3} + \begin{bmatrix} 0 \\ 36 \text{ kN} \\ 14.4 \text{ kN} \cdot \text{m} \\ 0 \\ 36 \text{ kN} \\ -14.4 \text{ kN} \cdot \text{m} \end{bmatrix}$$

$$= \begin{bmatrix} 0 \\ 47.98 \text{ kN} \\ 0 \\ 0 \\ 24.02 \text{ kN} \\ 28.75 \text{ kN} \cdot \text{m} \end{bmatrix}^①$$

同理可得：$F_{N24} = -48.04 \text{ kN}, F_{N14} = 75.96 \text{ kN}$

作结构的弯矩图，并将各二力杆的轴力值标于图中。

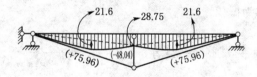

M 图（kN·m）、F_N 图（kN）

第 10 章　结构动力学习题解答

一、本章要点

1. 动力自由度

结构在振动过程中确定全部质点位置所需独立参数的数目。刚架结构动力自由度的确定，可采用类似于位移法中的"铰化法"，即将所有的集中质点和固定支座均改为铰接，为使体系成为几何不变体系需要增设的链杆数即为动力自由度(参见教材习题 10-1(e)、(g))。

2. 单自由度体系的自由振动

(1) 不考虑阻尼时的自由振动

体系的振动微分方程：$m\ddot{y}(t) + k_{11}y(t) = 0$，其通解为：$y(t) = A\sin(\omega t + \varphi)$

式中：$A = \sqrt{y_0^2 + \dfrac{\dot{y}_0^2}{\omega^2}}$ 称为振幅；

$\omega = \dfrac{2\pi}{T}$ 称为自振频率或圆频率，且有 $\omega = \sqrt{\dfrac{k_{11}}{m}} = \sqrt{\dfrac{1}{m\delta_{11}}} = \sqrt{\dfrac{g}{mg\delta_{11}}} = \sqrt{\dfrac{g}{\Delta_{st}}}$；

Δ_{st} 为重量 mg 引起的静位移。

(2) 考虑阻尼时的自由振动

体系的振动微分方程：$m\ddot{y}(t) + c\dot{y}(t) + k_{11}y(t) = 0$，根据 ω 与 k 的大小有如下三种情况：

① $k < \omega$，即小阻尼情况，体系的振动呈不断衰减的趋势。

② $k = \omega$，即临界阻尼情况，体系不发生振动。

③ $k > \omega$，即大阻尼情况，体系不发生振动。

3. 单自由度体系的无阻尼强迫振动

设动荷载为简谐荷载，且作用在质点上。

(1) 体系的振动微分方程为：$m\ddot{y}(t) + ky(t) = F_P(t)$ 或 $y(t) = \dfrac{F_P}{m(\omega^2 - \theta^2)}\sin\theta t$。

(2) 最大动位移(即振幅)为：$A = \dfrac{F_P}{m(\omega^2 - \theta^2)} = \dfrac{1}{1 - \dfrac{\theta^2}{\omega^2}} \dfrac{F_P}{m\omega^2} = \mu y_{st}$，其中：

$\mu = \dfrac{1}{1 - \dfrac{\theta^2}{\omega^2}}$ 称为动位移放大系数；$y_{st} = \dfrac{F_P}{m\omega^2} = F_P\delta_{11}$ 称为拟静位移。

(3) 惯性力为：$F_I(t) = -m\ddot{y}(t)$，其幅值为：$F_I^0 = m\theta^2 A$。
(4) 最大动弯矩图：将惯性力幅值和动荷载幅值同时作用在结构上即可求得。

4. 两个自由度体系的无阻尼自由振动

(1) 按柔度法求解

① 振幅方程为：

$$\left.\begin{array}{l}\left(\delta_{11}m_1 - \dfrac{1}{\omega^2}\right)A_1 + \delta_{12}m_2 A_2 = 0 \\ \delta_{21}m_1 A_1 + \left(\delta_{22}m_2 - \dfrac{1}{\omega^2}\right)A_2 = 0\end{array}\right\}$$

② 频率方程：$\begin{vmatrix} \delta_{11}m_1 - \dfrac{1}{\omega^2} & \delta_{12}m_2 \\ \delta_{21}m_1 & \delta_{22}m_2 - \dfrac{1}{\omega^2} \end{vmatrix} = 0$，由该方程可求得 ω_1、ω_2。

③ 主振型为：$\rho_1 = \dfrac{A_2^{(1)}}{A_1^{(1)}} = -\dfrac{\delta_{11}m_1 - \dfrac{1}{\omega_1^2}}{\delta_{12}m_2}$，$\rho_2 = \dfrac{A_2^{(2)}}{A_1^{(2)}} = -\dfrac{\delta_{11}m_1 - \dfrac{1}{\omega_2^2}}{\delta_{12}m_2}$

(2) 按刚度法求解

① 振幅方程为：

$$\left.\begin{array}{l}(k_{11} - m_1\omega^2)A_1 + k_{12}A_2 = 0 \\ k_{21}A_1 + (k_{22} - m_2\omega^2)A_2 = 0\end{array}\right\}$$

② 频率方程：$\begin{vmatrix} k_{11} - m_1\omega^2 & k_{12} \\ k_{21} & k_{22} - m_2\omega^2 \end{vmatrix} = 0$，由该方程可求得 ω_1、ω_2。

③ 主振型为：$\rho_1 = \dfrac{A_2^{(1)}}{A_1^{(1)}} = -\dfrac{k_{11} - m_1\omega_1^2}{k_{12}}$，$\rho_2 = \dfrac{A_2^{(2)}}{A_1^{(2)}} = -\dfrac{k_{11} - m_1\omega_2^2}{k_{12}}$

5. 两个自由度体系的无阻尼强迫振动

假设荷载为简谐荷载，且各荷载的频率和相位都相同。

(1) 按柔度法求解

① 振幅方程为：

$$\left.\begin{array}{l}\left(\delta_{11}m_1 - \dfrac{1}{\theta^2}\right)A_1 + \delta_{12}m_2 A_2 + \dfrac{\Delta_{1P}}{\theta^2} = 0 \\ \delta_{21}m_1 A_1 + \left(\delta_{22}m_2 - \dfrac{1}{\theta^2}\right)A_2 + \dfrac{\Delta_{2P}}{\theta^2} = 0\end{array}\right\}$$，由该方程可求得 A_1、A_2。

② 惯性力为：$F_{Ii}(t) = -m_i \ddot{y}_i(t) = m_i\theta^2 A_i \sin\theta t$，其幅值为：$F_{Ii}^0 = m_i\theta^2 A_i$。

(2) 按刚度法求解

① 振幅方程为：

$$\left.\begin{array}{l}(k_{11} - m_1\theta^2)A_1 + k_{12}A_2 = F_{P1} \\ k_{21}A_1 + (k_{22} - m_2\theta^2)A_2 = F_{P2}\end{array}\right\}$$，由该方程可求得 A_1、A_2。

② 惯性力为：$F_{Ii}(t) = -m_i \ddot{y}_i(t) = m_i\theta^2 A_i \sin\theta t$，其幅值为：$F_{Ii}^0 = m_i\theta^2 A_i$。

二、重点难点分析

1. 在多自由度体系的求解过程中,振动微分方程中的 m_1、m_2 为某方向发生振动时质量的叠加(参见教材习题 10-10(e)、(f))

【**例 10-1**】 试建立图 10-1 所示结构的振动微分方程,并求出自振频率和主振型。

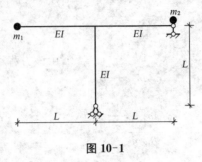

图 10-1

【**解**】 本例为具有两个自由度的自由振动体系,采用柔度法建立振动微分方程,分别作 $\overline{M}_1$、$\overline{M}_2$ 图,如图 10-2(a)、(b)。

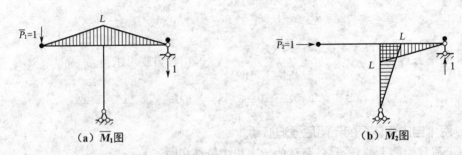

(a) $\overline{M}_1$ 图 (b) $\overline{M}_2$ 图

图 10-2

振动微分方程为:
$$\begin{cases} \left(\delta_{11}m_1 - \dfrac{1}{\omega^2}\right)y_1(t) + \delta_{12}m_2 y_2(t) = 0 \\ \delta_{21}m_1 y_1(t) + \left(\delta_{22}m_2 - \dfrac{1}{\omega^2}\right)y_2(t) = 0 \end{cases} ; \quad \text{式中}: m_1 = m; m_2 = 2m$$

系数: $\delta_{11} = \dfrac{1}{2} \times L \times L \times \dfrac{2}{3} \times L \times \dfrac{1}{EI} \times 2 = \dfrac{2L^3}{3EI}$, $\delta_{22} = \delta_{11} = \dfrac{2L^3}{3EI}$

$\delta_{12} = \delta_{21} = -\dfrac{1}{2} \times L \times L \times \dfrac{2}{3} \times L \times \dfrac{1}{EI} = -\dfrac{L^3}{3EI}$

由行列式: $\begin{vmatrix} \delta_{11}m_1 - \dfrac{1}{\omega^2} & \delta_{12}m_2 \\ \delta_{21}m_1 & \delta_{22}m_2 - \dfrac{1}{\omega^2} \end{vmatrix} = 0$,求得: $\begin{cases} \omega_1 = 0.80\sqrt{\dfrac{EI}{mL^3}} \\ \omega_2 = 1.54\sqrt{\dfrac{EI}{mL^3}} \end{cases}$

主振型：$\rho_1 = \dfrac{A_2^{(1)}}{A_1^{(1)}} = -\dfrac{\delta_{11}m_1 - \dfrac{1}{\omega_1^2}}{\delta_{12}m_2} = -1.37$，$\rho_2 = \dfrac{A_2^{(2)}}{A_1^{(2)}} = -\dfrac{\delta_{11}m_1 - \dfrac{1}{\omega_2^2}}{\delta_{12}m_2} = 0.365$

2. 质点自重的影响

以单自由度的强迫振动为例，当需要考虑质点自重 mg 时，结构的最大位移为动位移幅值（即振幅）与自重引起的静位移之和，即：$y_{\max} = |A| + |\Delta_{1G}| = |\mu \cdot y_{st}| + |\Delta_{1G}|$，结构的最大弯矩为动荷载幅值、惯性力幅值以及自重引起的弯矩值的叠加。

【例 10-2】 试求图 10-3 所示结构在简谐荷载 $P(t) = P_0 \sin\theta t$ 作用下的最大位移值，并作最大弯矩图。已知：杆件的 EI 为常数，$P_0 = 5 \text{ kN}$，$mg = 5 \text{ kN}$，$\theta = \omega/2$。

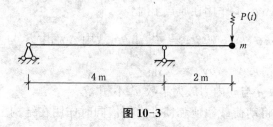

图 10-3

【解】 本例为单自由度体系的无阻尼强迫振动，采用柔度法求结构的自振频率，作 $\overline{M}_1$ 图，如图 10-4。

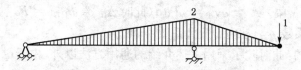

图 10-4　$\overline{M}_1$ 图 (m)

柔度系数：$\delta_{11} = \left(\dfrac{1}{2} \times 2 \times 4 \times \dfrac{2}{3} \times 2 + \dfrac{1}{2} \times 2 \times 2 \times \dfrac{2}{3} \times 2\right) \times \dfrac{1}{EI} = \dfrac{8}{EI}$

自振频率：$\omega = \sqrt{\dfrac{1}{m\delta_{11}}} = \sqrt{\dfrac{EI}{8m}}$；拟静位移：$y_{st} = \Delta_{1P} = F_P \cdot \delta_{1P} = F_P \cdot \delta_{11} = \dfrac{40}{EI}$

自重引起的位移：$\Delta_{1G} = mg \cdot \delta_{11} = \dfrac{40}{EI}$；动位移放大系数：$\mu = \dfrac{1}{1 - \dfrac{\theta^2}{\omega^2}} = \dfrac{4}{3}$

动位移幅值：$A = \mu \cdot y_{st} = \dfrac{4}{3} \times \dfrac{40}{EI} = \dfrac{160}{3EI}$，故最大位移为：$y_{\max} = |A| + |\Delta_{1G}| = \dfrac{280}{3EI}$

惯性力幅值：$F_I^0 = m\theta^2 A = m \times \dfrac{1}{4} \times \dfrac{EI}{8m} \times \dfrac{160}{3EI} = \dfrac{5}{3}$ kN

当惯性力幅值 F_I^0、动荷载幅值 P_0 以及重力 mg 同时作用在结构上时产生最大弯矩，如图 10-5 所示。

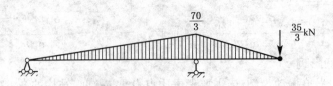

图 10-5 最大弯矩图(kN·m)

3. 动荷载的作用位置

以单自由度体系在简谐荷载作用下(设为 $F_P(t) = P\sin\theta t$)的无阻尼强迫振动为例,根据动荷载是否作用在质点上,分以下两种情况讨论。

(1) 当 $F_P(t) = P\sin\theta t$ 不作用在质点上时:

① 振动微分方程:$m\ddot{y}(t) + ky(t) = \dfrac{\Delta_{1P}}{\delta_{11}}\sin\theta t$,式中 Δ_{1P} 由 $\overline{M}_1$ 与 M_P 图乘所得。

② 最大动位移(振幅):$A = \mu y_{st} = \mu\Delta_{1P}$。

③ 动位移放大系数 μ 与动内力放大系数 μ' 不相等。

④ 最大动弯矩图:将动荷载幅值和惯性力幅值同时作用在结构上,可得最大动弯矩图 **(这是作最大动弯矩图的通用方法)**。

(2) 当 $F_P(t) = P\sin\theta t$ 作用在质点上时:

① 振动微分方程:$m\ddot{y}(t) + ky(t) = P\sin\theta t$。

② 最大动位移(振幅):$A = \mu y_{st} = \mu P\delta_{11}$(此时 $\Delta_{1P} = P\delta_{1P} = P\delta_{11}$)。

③ 动位移放大系数 μ 与动内力放大系数 μ' 相等。

④ 最大动弯矩图:此时除了采用上述介绍的通用方法以外,由于已求得动内力放大系数,最大动弯矩值可利用动内力放大系数求解,即:$M_{\max} = \mu M_{st}$。

式中:M_{st}——动荷载幅值 P 引起的拟静弯矩值,即 M_P 图。

【注意】

① μ 的值可正可负,其取值范围为:$(-\infty, 0)$ 和 $(1, +\infty)$。

② 惯性力幅值也可正可负。若为正值,表明惯性力幅值与 $\overline{M}_1$ 图中单位荷载的方向相同,即惯性力与动荷载频率相同;若为负值,表明惯性力幅值与 $\overline{M}_1$ 图中单位荷载的方向相反,即惯性力与动荷载频率相反。

【例 10-3】 试求图 10-6 所示结构在动荷载作用下,悬臂端的最大动位移,并作该结构的最大动弯矩图。已知:各杆 $EI = $ 常数,$\theta = 0.5\omega$。(东南大学 2014)

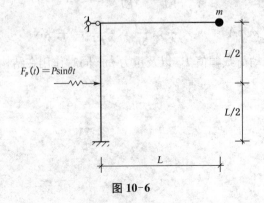

图 10-6

【解】 本例为单自由度体系的无阻尼强迫振动,采用柔度法求结构的自振频率,分别作 $\overline{M}_1$ 和 M_P 图,如图 10-7(a)、(b)。

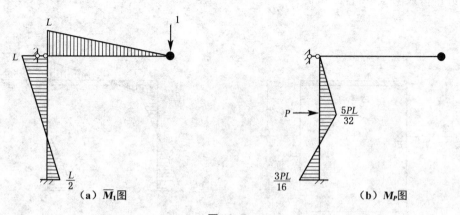

(a) $\overline{M}_1$ 图　　　　　(b) M_P 图

图 10-7

柔度系数:$\delta_{11} = \frac{1}{2} \times L \times L \times \frac{2}{3} \times L \times \frac{1}{EI} + \frac{L}{6EI} \times \left(2 \times L^2 + 2 \times \frac{L}{2} \times \frac{L}{2} - L \times \frac{L}{2} \times 2\right) = \frac{7L^3}{12EI}$

拟静位移:$y_{st} = \Delta_{1P} = \frac{L/2}{6EI} \times \left(-2 \times \frac{5PL}{32} \times \frac{L}{4} - 2 \times \frac{L}{2} \times \frac{3PL}{16} + \frac{L}{4} \times \frac{3PL}{16} + \frac{5PL}{32} \times \frac{L}{2}\right) + \frac{L/2}{6EI} \times \left(-2 \times \frac{5PL}{32} \times \frac{L}{4} - \frac{5PL}{32} \times L\right) = -\frac{PL^3}{32EI}$

自振频率:$\omega = \sqrt{\dfrac{1}{m\delta_{11}}} = \sqrt{\dfrac{12EI}{7mL^3}}$

动位移放大系数:$\mu = \dfrac{1}{1-\left(\dfrac{\theta}{\omega}\right)^2} = \dfrac{1}{1-\left(\dfrac{1}{2}\right)^2} = \dfrac{4}{3}$

悬臂端的最大动位移(振幅):$A = \mu y_{st} = -\dfrac{PL^3}{24EI}$

惯性力幅值:$F_I^0 = m\theta^2 A = -\dfrac{P}{56}$

将惯性力幅值和动荷载幅值同时作用在结构上,作出最大动弯矩图,如图 10-8。

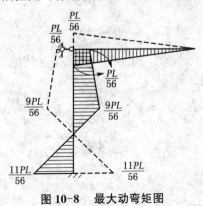

图 10-8　最大动弯矩图

【例 10-4】 试求图 10-9(a) 所示结构在动荷载 $F_P(t) = F_P\sin\theta t$ 作用下柱顶的最大动位移,并作最大动弯矩图,已知 $\theta^2 = \dfrac{8EI}{mL^3}$。(同济大学 2001)

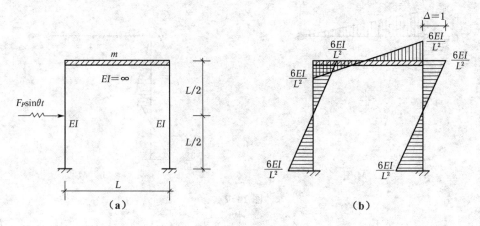

图 10-9

【解】 本例属单自由度体系的强迫振动问题,采用刚度法求体系的自振频率,当柱顶发生单位侧移时的弯矩图如图 10-9(b) 所示。

由图 10-9(b) 可得,$k_{11} = \dfrac{24EI}{L^3}$,故自振频率为:$\omega = \sqrt{\dfrac{k_{11}}{m}} = \sqrt{\dfrac{24EI}{mL^3}}$。

作结构在 F_P 作用下的 M_P 图,可根据第 7 章中的剪力分配法,即分解成"锁住"和"松开"两种状态,如图 10-10(a)、(b) 和(c) 所示。

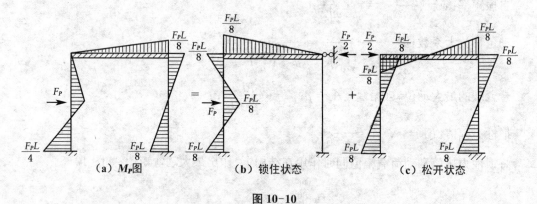

(a) M_P 图　　　　(b) 锁住状态　　　　(c) 松开状态

图 10-10

求拟静位移时,可将 M_P 图与原结构的任一种基本结构的单位弯矩图相乘,这里选取如图 10-11(a) 所示较简单的基本结构。

拟静位移:$y_{st} = \Delta_{1P} = \dfrac{L}{6EI} \times \left(2 \times L \times \dfrac{F_P L}{8} - L \times \dfrac{F_P L}{8}\right) = \dfrac{F_P L^3}{48EI}$;

动力放大系数:$\mu = \dfrac{1}{1-\left(\dfrac{\theta}{\omega}\right)^2} = \dfrac{3}{2}$;　　振幅:$A = \mu y_{st} = \dfrac{F_P L^3}{32EI}$;

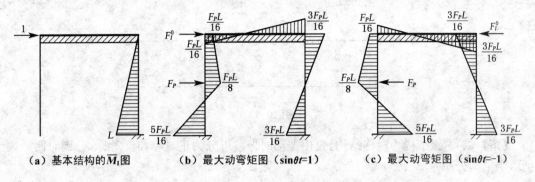

(a) 基本结构的 $\overline{M}_1$ 图　　(b) 最大动弯矩图（$\sin\theta t=1$）　　(c) 最大动弯矩图（$\sin\theta t=-1$）

图 10-11

惯性力幅值：$F_I^0 = m\theta^2 A = \dfrac{F_P}{4}$。

将惯性力幅值和动荷载幅值同时作用在结构上，作最大动弯矩图，如图 10-11(b)、(c)（注：最大动弯矩图的求解亦可采用与作 M_P 图相同的处理方法）。

4. 对称性的简化分析

在结构动力学中，振动体系的对称性是指结构和质量均对称分布。对称振动体系具有如下特点：

自由振动：振型为正对称和反对称，分别对两种振型取半结构计算。

强迫振动：可将动荷载分解成正对称和反对称两组；正对称荷载作用下，振型表现为正对称；反对称荷载作用下，振型表现为反对称，分别计算后再进行叠加。如图 10-12(a) 所示的体系，自由振动时可分解为图 10-12(b)、(c) 所示的正对称半结构和反对称半结构两种情况。

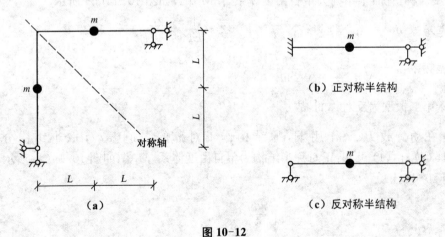

图 10-12

【**例 10-5**】　图 10-13 所示结构的 $EI = 10^7 \text{ N} \cdot \text{m}^2, L = 10 \text{ m}, m = 2\,000 \text{ kg}, \theta = 0.5\omega$。

(1) 求图示结构的自振频率和振型；

(2) 求图示结构在 $P(t) = 80 \text{ kN} \cdot \sin\theta t$ 作用下的位移响应，不考虑阻尼。（东南大学 2009）

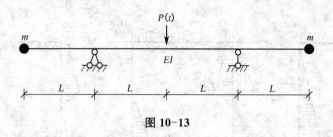

图 10-13

【解】（1）原结构为对称结构，自由振动时振型可分为正对称和反对称，分别对两种振型取半结构分析。

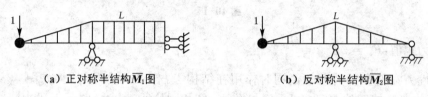

（a）正对称半结构 $\overline{M}_1$ 图　　　　（b）反对称半结构 $\overline{M}_2$ 图

图 10-14

① 正对称情况：半结构为单自由度体系，作 $\overline{M}_1$ 图，如图 10-14(a) 所示。

柔度系数：$\delta_{11}=\left(\dfrac{1}{2}\times L\times L\times\dfrac{2}{3}\times L+L\times L\times L\right)\times\dfrac{1}{EI}=\dfrac{4L^3}{3EI}$

自振频率：$\omega=\sqrt{\dfrac{1}{m\delta_{11}}}=\sqrt{\dfrac{3EI}{4mL^3}}$

由于第一振型为正对称的，故 $\dfrac{A_2^{(1)}}{A_1^{(1)}}=1$。

② 反对称情况：半结构为单自由度体系，作 $\overline{M}_2$ 图，如图 10-14(b) 所示。

柔度系数：$\delta_{11}=\dfrac{1}{2}\times L\times L\times\dfrac{2}{3}\times L\times 2\times\dfrac{1}{EI}=\dfrac{2L^3}{3EI}$

自振频率：$\omega=\sqrt{\dfrac{1}{m\delta_{11}}}=\sqrt{\dfrac{3EI}{2mL^3}}$

由于第二振型为反对称的，故 $\dfrac{A_2^{(2)}}{A_1^{(2)}}=-1$。

（2）在动荷载 $P(t)$ 作用下，原结构作正对称的强迫振动，取半结构分析，如图 10-15(a)，由(1)可知：正对称半结构为单自由度体系，$\overline{M}_1$ 图如图 10-14(a) 所示，作 M_P 图，如图 10-15(b)。

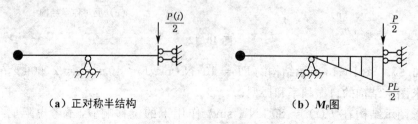

（a）正对称半结构　　　　（b）M_P 图

图 10-15

强迫振动微分方程：$m\ddot{y}(t) + k_{11}y(t) = \dfrac{\Delta_{1P}}{\delta_{11}}\sin\theta t$

由(1)知：$\delta_{11} = \dfrac{4L^3}{3EI}$，拟静位移：$y_{st} = \Delta_{1P} = -\dfrac{1}{2} \times L \times \dfrac{PL}{2} \times L \times \dfrac{1}{EI} = -\dfrac{PL^3}{4EI}$

自振频率：$\omega = \sqrt{\dfrac{1}{m\delta_{11}}} = \sqrt{\dfrac{3EI}{4mL^3}}$，动力放大系数：$\mu = \dfrac{1}{1-\dfrac{\theta^2}{\omega^2}} = \dfrac{1}{1-\dfrac{1}{4}} = \dfrac{4}{3}$

质点处的最大位移：$y_{\max} = |mg \times \delta_{11}| + |A| = \dfrac{(P+4G)L^3}{3EI}$

惯性力幅值：$F_I^0 = m\theta^2 A = m \times \dfrac{1}{4} \times \dfrac{3EI}{4mL^3} \times \dfrac{4}{3} \times \left(-\dfrac{PL^3}{4EI}\right) = -\dfrac{P}{16} = -5\,\text{kN}(\uparrow)$

作结构的最大弯矩图，如图 10-16 所示。

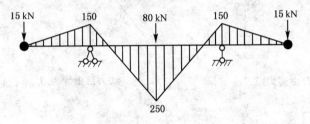

图 10-16　最大弯矩图(kN·m)

【注】 最大弯矩图中作用在质点上的 15 kN 为惯性力幅值 $-5\,\text{kN}(\uparrow)$ 与质点自重 $mg = 20\,\text{kN}(\downarrow)$ 的叠加，方向向下。

习题 10-1

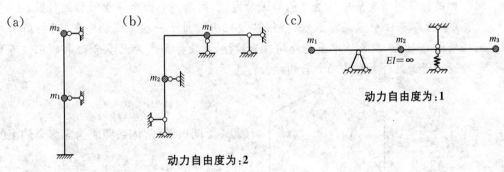

(a) 动力自由度为：2

(b) 动力自由度为：2

(c) 动力自由度为：1

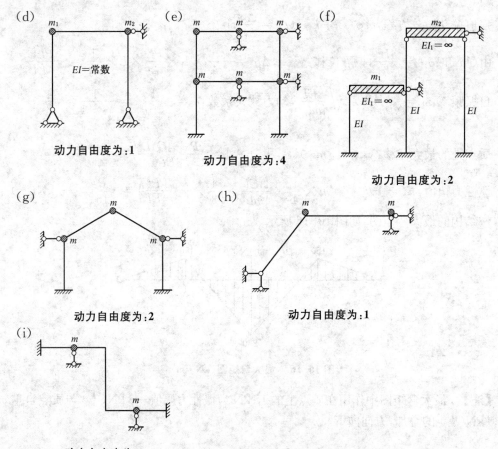

【注解】

① 动力自由度未必等于集中质量的个数。

② 要注意,因不考虑受弯杆件的轴向变形而引起的位移不独立的问题,如图(g)、(h)所示,用附加链杆限制所有集中质量可能的运动方式,则动力自由度等于附加链杆数。

③ 类似于位移法中确定结点线位移的"铰化法",对于一些特定的刚架,可将所有的刚结点(包括固定支座)以及集中质量处均改为铰接,为使体系成为无多余约束的几何不变体系,所增设的附加链杆数即为动力自由度。

以图(g)为例: 增设1、2两根链杆,体系即成为无多余约束的几何不变体系,故动力自由度为2。

习题 10-2

(a)【解】 采用柔度法求结构的自振频率,作 $\overline{M}_1$ 图,如下图所示。

由 $\overline{M}_1$ 图自乘得:$\delta_{11} = \frac{1}{2} \times l \times l \times \frac{2}{3} \times l \times \frac{1}{EI} = \frac{l^3}{3EI}$

$$\omega = \sqrt{\frac{1}{m\delta_{11}}} = \sqrt{\frac{3EI}{ml^3}}; T = \frac{2\pi}{\omega} = 2\pi\sqrt{\frac{ml^3}{3EI}}$$

$\overline{M}_1$ 图

(b)【解】 采用柔度法求结构的自振频率,作 $\overline{M}_1$ 图。为方便图乘,可将 $\overline{M}_1$ 图与其任意一种基本体系的单位弯矩图相乘求 δ_{11},分别如图(a)、(b) 所示。

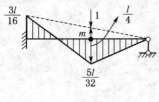

(a) $\overline{M}_1$ 图   (b) 基本结构的单位弯矩图

由图(a)与图(b)图乘得:

$$\delta_{11} = \frac{\frac{l}{2}}{6EI} \times \left(2 \times \frac{3l}{16} \times \frac{l}{2} + 0 + 0 - \frac{l}{2} \times \frac{5l}{32}\right) = \frac{7l^3}{768EI}$$

$$\omega = \sqrt{\frac{1}{m_1\delta_{11}}} = \sqrt{\frac{768EI}{7ml^3}}; T = \frac{2\pi}{\omega} = 2\pi\sqrt{\frac{7ml^3}{768EI}}$$

(c)【解】 采用刚度法求结构的自振频率,作出 $\overline{M}_1$ 图,如图(a)所示。

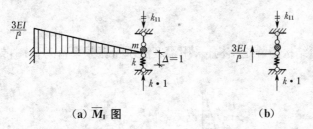

(a) $\overline{M}_1$ 图   (b)

截取图(b)所示隔离体:由 $\sum F_y = 0$ 得:$k_{11} = \frac{3EI}{l^3} + k$

$$\omega = \sqrt{\frac{k_{11}}{m}} = \sqrt{\frac{3EI}{ml^3} + \frac{k}{m}} = \sqrt{\frac{3EI + kl^3}{ml^3}}$$

$$T = \frac{2\pi}{\omega} = 2\pi\sqrt{\frac{ml^3}{3EI + kl^3}}$$

【注解】 在求k_{11}时,可视为质点与弹簧支座并联,并联后的刚度系数$k_并 = k_弹 + k_杆$。

(d)【解】 由于梁的$EI = \infty$,在振动时梁仅绕支座B转动,故为单自由度体系。

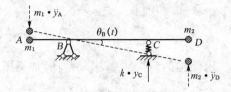

根据图中所示,建立动平衡方程,由$\sum M_B = 0$得:

$$m_1 \ddot{y}_A 0.5l + k y_C l + m_2 \ddot{y}_D 1.5l = 0$$

$$y_A = \frac{l \theta_B(t)}{2}; \quad y_C = l \theta_B(t); \quad y_D = \frac{3l}{2} \theta_B(t)$$

$$m_1 = m; m_2 = \frac{m}{3}$$

$$\ddot{y}_A = \frac{l}{2} \ddot{\theta}_B(t); \ddot{y}_0 = \frac{3l}{2} \ddot{\theta}_B(t)$$

代入方程得:$m \ddot{\theta}_B(t) \frac{l^2}{4} + k \theta_B(t) l^2 + \frac{3}{4} m \ddot{\theta}_B(t) l^2 = 0$

即:$\ddot{\theta}_B(t) + \frac{k}{m} \theta_B(t) = 0$

故可得:$\omega = \sqrt{\frac{k}{m}}, T = \frac{2\pi}{\omega} = 2\pi \sqrt{\frac{m}{k}}$

【注解】 对于存在惯性力不共线的多质点单自由度体系,一般可利用运动微分方程或能量法求解自振频率。同时应注意,在频率计算公式中的质量应为某一振动发生时参与该振动的所有质量之和。

习题 10-3

(a)【解】 原结构为静定结构,采用柔度法求自振频率,作$\overline{M}_1$图,如图(a)所示。

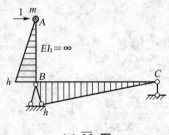

(a) $\overline{M}_1$ 图

由 $\overline{M}_1$ 图自乘得：$\delta_{11} = \frac{1}{2} \times h \times h \times \frac{2}{3} \times h \times \frac{1}{EI_1} + \frac{1}{2} \times l \times h \times \frac{2}{3} \times h \times \frac{1}{EI}$

$$= 0 + \frac{lh^2}{3EI} = \frac{lh^2}{3EI}$$

$$\omega = \sqrt{\frac{1}{m\delta_{11}}} = \sqrt{\frac{3EI}{mlh^2}}$$

【注解】 本题亦可采用刚度法求结构的自振频率。当集中质量 m 处产生单位位移时，由于 AB 杆的 $EI_1 = \infty$，故会引起 BC 杆 B 端的转角 $\alpha = \frac{1}{h}$，根据形常数表，作出 $\overline{M}_1$ 图，具体分析如下：

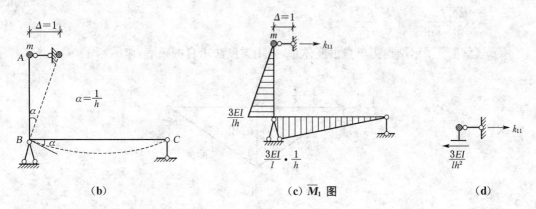

截取图(d)所示隔离体，由 $\sum F_x = 0$ 得：$k_{11} = \frac{3EI}{lh^2}$

$$\omega = \sqrt{\frac{k_{11}}{m}} = \sqrt{\frac{3EI}{mlh^2}}$$

(b)【解】 采用刚度法求结构的自振频率，作 $\overline{M}_1$ 图如图(a)。

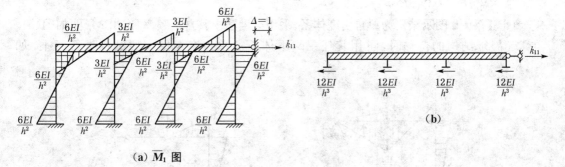

截取图(b)所示的隔离体，由 $\sum F_x = 0$ 得：$k_{11} = \frac{48EI}{h^3}$

$$\omega = \sqrt{\frac{k_{11}}{3m_0}} = 4\sqrt{\frac{EI}{m_0 h^3}}$$

【注解】 本题亦可采用柔度法求结构的自振频率。根据剪力分配法的思想，可快速作出结构的单位弯矩图，如图(c)所示。再利用超静定结构的位移计算方法，用图(c)所示的 $\overline{M}_1$ 图与原结构某一基本体系的 $\overline{M}_1$ 图相乘求 δ_{11}，如图(d)所示。

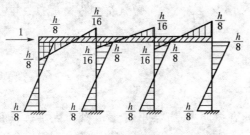

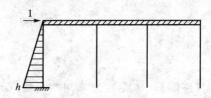

(c) $\overline{M}_1$ 图   (d) 原结构的基本体系之一

将图(c)与图(d)所示弯矩图相乘得：$\delta_{11} = \dfrac{h}{6EI} \times \left(2 \times \dfrac{h}{8} \times h + 0 + 0 - h \times \dfrac{h}{8}\right) = \dfrac{h^3}{48EI}$

$$\omega = \sqrt{\dfrac{1}{3m_0 \delta_{11}}} = 4\sqrt{\dfrac{EI}{m_0 h^3}}$$

(c)【解】 图示结构为单自由度体系，采用柔度法求自振频率，作 $\overline{F}_{N1}$ 图。

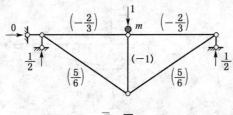

$\overline{F}_{N1}$ 图

$$\delta_{11} = \sum \dfrac{\overline{F}_{N1}^2 \cdot l}{EA} = \dfrac{1}{EA} \times \left[\left(-\dfrac{2}{3}\right)^2 \times 4a \times 2 + \left(\dfrac{5}{6}\right)^2 \times 5a \times 2 + (-1)^2 \times 3a\right]$$
$$= \dfrac{27a}{2EA}$$

$$\omega = \sqrt{\dfrac{1}{m\delta_{11}}} = \sqrt{\dfrac{2EA}{27ma}}$$

(d)【解】 图示结构为单自由度体系，采用柔度法求其自振频率。作出 $\overline{M}_1$ 图如图(a)。在求超静定结构的位移时，可用其任一基本体系的单位弯矩图与原结构进行图乘，如图(b)。

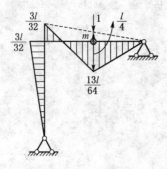

(a) 原结构的 $\overline{M}_1$ 图   (b) 基本体系的单位弯矩图

将图(a)与图(b)相乘可得：

$$\delta_{11} = \frac{\dfrac{l}{2}}{6EI} \times \left(2 \times \frac{l}{2} \times \frac{3l}{32} + 0 + 0 - \frac{l}{2} \times \frac{13l}{64}\right) + \frac{1}{EI} \times \frac{1}{2} \times l \times \frac{l}{2} \times \frac{2}{3} \times \frac{3l}{32}$$

$$= \frac{23l^3}{1\,536EI}$$

$$\omega = \sqrt{\frac{1}{m\delta_{11}}} = \sqrt{\frac{1\,536EI}{23ml^3}}$$

(e)【解】 图示结构为单自由度体系,用柔度法求结构的自振频率,作 $\overline{M}_1$ 图如图(a)。在求柔度系数 δ_{11} 时,可用原结构的 $\overline{M}_1$ 图与原结构任一基本体系的 $\overline{M}_1$ 图相乘。

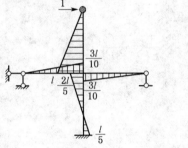 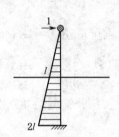

(a) 原结构的 $\overline{M}_1$ 图   (b) 基本体系的 $\overline{M}_1$ 图

将图(a)与图(b) 相乘可得:

$$\delta_{11} = \frac{1}{2} \times l \times l \times \frac{2}{3} \times l \times \frac{1}{EI} + \frac{l}{6EI} \times \left(2 \times l \times \frac{2l}{5} - 2 \times \frac{l}{5} \times 2l + \frac{2l}{5} \times 2l - \frac{l}{5} \times l\right)$$

$$= \frac{13l^3}{30EI}$$

$$\omega = \sqrt{\frac{1}{m\delta_{11}}} = \sqrt{\frac{30EI}{13ml^3}}$$

(f)【解】 图示结构为单自由度体系,采用柔度法求其自振频率,作 $\overline{M}_1$ 图。

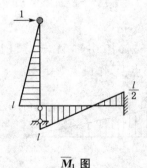

$\overline{M}_1$ 图

由 $\overline{M}_1$ 图自乘可得:

$$\delta_{11} = \frac{1}{2} \times l \times l \times \frac{2}{3} \times l \times \frac{1}{EI} + \frac{l}{6EI} \times \left(2 \times l \times l + 2 \times \frac{l}{2} \times \frac{l}{2} - l \times \frac{l}{2} \times 2\right) = \frac{7l^3}{12EI}$$

$$\omega = \sqrt{\frac{1}{m\delta_{11}}} = \sqrt{\frac{12EI}{7ml^3}}$$

习题 10-4

【解】 该结构为单自由度体系,采用柔度法求其自振频率,作 $\overline{M}_1$ 图如图(a)。

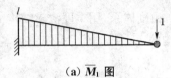

(a) $\overline{M}_1$ 图

由 $\overline{M}_1$ 图自乘可得:$\delta_{11} = \frac{1}{2} \times l \times l \times \frac{2}{3} \times l \times \frac{1}{EI} = \frac{l^3}{3EI}$

$$\omega = \sqrt{\frac{1}{m\delta_{11}}} = \sqrt{\frac{3EI}{ml^3}}$$

(1) 动荷载按每分钟振动 300 次计:

$$\theta = \frac{300 \times 2\pi}{60} = 10\pi(\text{rad/s})$$

由于 $F_P \sin\theta t$ 作用在质点上,故有:$\Delta_{1P} = F_P \cdot \delta_{11} = \frac{F_P l^3}{3EI}$;$y_{st} = \Delta_{1P} = \frac{F_P l^3}{3EI}$

最大动位移:$A = \mu \cdot y_{st} = \dfrac{1}{1 - \left(\dfrac{\theta}{\omega}\right)^2} \cdot y_{st} = \dfrac{1}{1 - \left(\dfrac{10\pi}{\sqrt{\dfrac{3EI}{ml^3}}}\right)^2} \cdot \dfrac{F_P l^3}{3EI}$

最大竖向位移:$y_{max} = |A| + |\Delta_{1G}| = |A| + |G \cdot \delta_{11}|$

$$= \left| \dfrac{1}{1 - \dfrac{100\pi^2 \cdot ml^3}{3EI}} \cdot \dfrac{F_P l^3}{3EI} \right| + \left| \dfrac{Gl^3}{3EI} \right|$$

$$= 0.7886 \text{ cm}$$

惯性力幅值为:$F_I^0 = m\theta^2 A = m \cdot 100\pi^2 \cdot A = 4.11 \text{ kN}$

将 F_I^0、F_P 及 G 同时作用在质点上,作最大弯矩图。

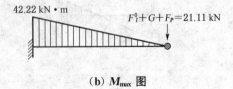

(b) M_{max} 图

故:$M_{max} = 42.22 \text{ kN} \cdot \text{m}$

【注解】 由于 $F_P \sin\theta t$ 作用在质点上,故最大动弯矩的动力放大系数与最大动位移的放大系数相同,故最大弯矩值亦可按下式求解:

$$M_{\max} = \mu \cdot M_{st} + M_G = \frac{1}{1-\left(\frac{\theta}{\omega}\right)^2} \cdot F_P \cdot l + G \cdot l = 5 \times 2 \times \frac{1}{1-\frac{100\pi^2 ml^3}{3EI}} + 12 \times 2$$

$$= 42.22 \text{ kN} \cdot \text{m}$$

式中,M_{st} 为拟静弯矩值,即将 F_P 作用在质点上产生的弯矩值。

(2) 动荷载按每分钟振动 600 次计:

$$\theta = \frac{600 \times 2\pi}{60} = 20\pi (\text{rad/s})$$

由于 $F_P \sin\theta t$ 作用在质点上,故有 $\Delta_{1P} = F_P \cdot \delta_{11} = \frac{F_P l^3}{3EI}$;$y_{st} = \Delta_{1P} = \frac{F_P l^3}{3EI}$

最大动位移:$A = \mu \cdot y_{st} = \frac{1}{1-\left(\frac{\theta}{\omega}\right)^2} \cdot y_{st} = \frac{1}{1-\frac{400\pi^2 ml^3}{3EI}} \cdot \frac{F_P l^3}{3EI}$

最大竖向位移:$y_{\max} = |A| + |\Delta_{1G}| = |A| + |G \cdot \delta_{11}|$

$$= \left| \frac{1}{1-\frac{400\pi^2 ml^3}{3EI}} \cdot \frac{F_P l^3}{3EI} \right| + \left| \frac{G \cdot l^3}{3EI} \right|$$

$$= 0.680 \text{ cm}$$

惯性力幅值为:$F_I^0 = m\theta^2 A = m \cdot 400\pi^2 \cdot A = -11.28 \text{ kN}$

将 F_I^0、F_P 和 G 同时作用在质点上,作最大弯矩图如图(c)。

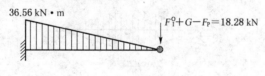

(c) 最大弯矩图

故有:$M_{\max} = 36.56 \text{ kN} \cdot \text{m}$

【注解】

① 本题(2)中的 $M_{\max}$ 亦可按:$M_{\max} = |\mu| M_{st} + M_G = 36.56 \text{ kN}$。

② 本题中 $\mu < 0$,表明惯性力的方向与 F_P 方向始终相反,故在求最大弯矩和最大竖向位移时,μ 均应以绝对值代入。在求最大弯矩时,当 F_I^0 与 G 同向而 F_P 反向作用在质点上时才会产生最大弯矩值。

③ 本题需考虑质点自重,故在求最大位移和最大弯矩时不能忽略自重的影响。

④ 注意图(b)和(c)均为最大弯矩图,并非最大动弯矩图。

⑤ 只有当动荷载作用在质点上时,求最大动弯矩时的放大系数才与求动位移幅值的放大系数相同。

习题 10-5

(a)【解】 该结构为单自由度体系,采用柔度法求自振频率,作出 $\overline{M}$ 图。

由 $\overline{M}$ 图自乘得:$\delta_{11} = \frac{1}{2} \times \frac{l}{2} \times \frac{l}{4} \times \frac{2}{3} \times \frac{l}{4} \times \frac{1}{EI} \times 2$

$$= \frac{l^3}{48EI}$$

$$\omega = \sqrt{\frac{1}{m\delta_{11}}} = \sqrt{\frac{48EI}{ml^3}}$$

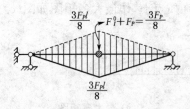

(a) $\overline{M}$ 图

由于 $F_P \sin\theta t$ 作用在质点上,故有:$y_{st} = \Delta_{1P} = F_P \cdot \delta_{11} = \frac{F_P l^3}{48EI}$

动位移幅值:$A = \mu \cdot y_{st} = \dfrac{1}{1 - \left(\dfrac{\theta}{\omega}\right)^2} \cdot y_{st} = \dfrac{F_P l^3}{32EI}$

惯性力幅值:$F_I^0 = m\theta^2 A = m \times \dfrac{16EI}{ml^3} \times \dfrac{F_P l^3}{32EI} = \dfrac{F_P}{2}$

将 F_I^0 和 F_P 同时作用在质点上,作最大动弯矩图。

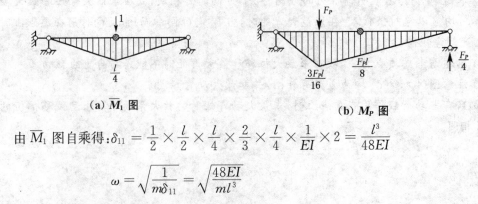

(b) 最大动弯矩图

(b)【解】 该结构为单自由度体系,采用柔度法求自振频率,作 $\overline{M}_1$ 和 M_P 图如图(a)、(b)。其中,M_P 图为 F_P 单独作用时产生的弯矩图。

由 $\overline{M}_1$ 图自乘得:$\delta_{11} = \frac{1}{2} \times \frac{l}{2} \times \frac{l}{4} \times \frac{2}{3} \times \frac{l}{4} \times \frac{1}{EI} \times 2 = \frac{l^3}{48EI}$

$$\omega = \sqrt{\frac{1}{m\delta_{11}}} = \sqrt{\frac{48EI}{ml^3}}$$

将 $\overline{M}_1$ 与 M_P 图互乘得:

$$y_{st} = \Delta_{1P} = \left(\frac{1}{2} \times \frac{l}{4} \times \frac{3F_Pl}{16} \times \frac{2}{3} \times \frac{l}{8} + \frac{1}{2} \times \frac{l}{2} \times \frac{F_Pl}{8} \times \frac{2}{3} \times \frac{l}{4}\right) \times \frac{1}{EI} + \frac{\frac{l}{4}}{6EI} \times$$

$$\left(2 \times \frac{3F_Pl}{16} \times \frac{l}{8} + 2 \times \frac{F_Pl}{8} \times \frac{l}{4} + \frac{l}{8} \times \frac{F_Pl}{8} + \frac{3F_Pl}{16} \times \frac{l}{4}\right) = \frac{11F_Pl^3}{768EI}$$

动位移幅值：$A = \mu \cdot y_{st} = \dfrac{1}{1-\left(\dfrac{\theta}{\omega}\right)^2} \cdot \dfrac{11F_Pl^3}{768EI} = \dfrac{11F_Pl^3}{512EI}$

惯性力幅值：$F_I^0 = m\theta^2 A = m \times \dfrac{16EI}{ml^3} \times \dfrac{11F_Pl^3}{512EI} = \dfrac{11F_P}{32}$

将 F_I^0 和 F_P 同时作用在结构上，作最大动弯矩图。

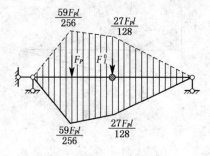

(c) 最大动弯矩图

(c)【解】 该结构为单自由度体系，采用柔度法求自振频率，作 $\overline{M}_1$ 和 M_P 图。

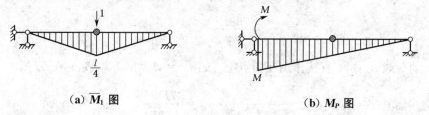

(a) $\overline{M}_1$ 图　　　　　　　　(b) M_P 图

由 $\overline{M}_1$ 图自乘得：$\delta_{11} = \dfrac{1}{2} \times \dfrac{l}{2} \times \dfrac{l}{4} \times \dfrac{2}{3} \times \dfrac{l}{4} \times \dfrac{1}{EI} \times 2 = \dfrac{l^3}{48EI}$；$\omega = \sqrt{\dfrac{1}{m\delta_{11}}} = \sqrt{\dfrac{48EI}{ml^3}}$

由 $\overline{M}_1$ 图与 M_P 图互乘得：$y_{st} = \Delta_{1P} = \dfrac{1}{2} \times l \times \dfrac{l}{4} \times \dfrac{1}{2} \times M \times \dfrac{1}{EI} = \dfrac{Ml^2}{16EI}$

动位移幅值：$A = \mu \cdot y_{st} = \dfrac{1}{1-\left(\dfrac{\theta}{\omega}\right)^2} \times \dfrac{Ml^2}{16EI} = \dfrac{3Ml^2}{32EI}$

惯性力幅值：$F_I^0 = m\theta^2 A = m \times \dfrac{16EI}{ml^3} \times \dfrac{Ml^2}{32EI} = \dfrac{3M}{2l}$

将 F_I^0 和 M 同时作用在结构上，作最大动弯矩图。

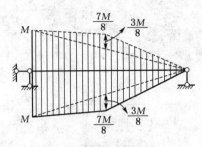

(c) 最大动弯矩图

(d)【解】 该结构为单自由度体系,用柔度法求自振频率,作 $\overline{M}_1$ 图。

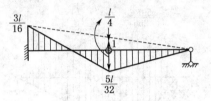

(a) $\overline{M}_1$ 图

由 $\overline{M}_1$ 图自乘得:$\delta_{11} = \dfrac{\dfrac{l}{2}}{6EI} \times \left(2 \times \dfrac{5l}{32} \times \dfrac{5l}{32} + 2 \times \dfrac{3l}{16} \times \dfrac{3l}{16} - 2 \times \dfrac{3l}{16} \times \dfrac{5l}{32}\right) + \dfrac{1}{2} \times \dfrac{l}{2} \times \dfrac{5l}{32} \times \dfrac{2}{3} \times \dfrac{5l}{32} \times \dfrac{1}{EI} = \dfrac{7l^3}{768EI}$

$$\omega = \sqrt{\dfrac{1}{m\delta_{11}}} = \sqrt{\dfrac{768EI}{7ml^3}}$$

由于动荷载 $F_P \sin\theta t$ 直接作用在质点上,故:$y_{st} = \Delta_{1P} = F_P \cdot \delta_{11} = \dfrac{7F_P l^3}{768EI}$

动位移幅值:$A = \mu \cdot y_{st} = \dfrac{1}{1 - \left(\dfrac{\theta}{\omega}\right)^2} \cdot y_{st} = \dfrac{7F_P l^3}{656EI}$

惯性力幅值:$F_I^0 = m\theta^2 A = m \times \dfrac{16EI}{ml^3} \times \dfrac{7F_P l^3}{656EI} = \dfrac{7F_P}{41}$

将 F_I^0 和 F_P 同时作用在质点上,作最大动弯矩图。

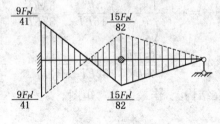

(b) 最大动弯矩图

习题 10-6

【解】 该结构为单自由度体系,采用刚度法求其自振频率,作 $\overline{M}_1$ 图。

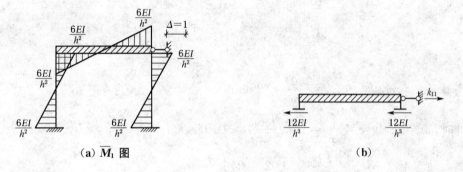

(a) $\overline{M}_1$ 图   (b)

截取图(b)所示的隔离体,由 $\sum F_x = 0$ 得:$k_{11} = \dfrac{24EI}{h^3}$;故:$\omega = \sqrt{\dfrac{k_{11}}{m}} = \sqrt{\dfrac{24EI}{mh^3}}$

由题可知:当 $t = 0$ 时,$y_0 = 0$,$\dot{y}_0 = 0$,若不考虑阻尼,

当 $0 \leqslant t < t_1$ 时,$y(t) = \dfrac{1}{m\omega} \cdot \int_0^t F(\tau)\sin\omega(t-\tau)\mathrm{d}\tau$

$\qquad\qquad\qquad\quad = \dfrac{1}{m\omega} \cdot \int_0^t \dfrac{F_{P0}}{t_1} \cdot \tau\sin(t-\tau)\mathrm{d}\tau$

$\qquad\qquad\qquad\quad = y_{st} \cdot \left(\dfrac{t}{t_1} - \dfrac{\sin\omega t}{t_1\omega}\right)$

其中,$y_{st} = \dfrac{F_{P0}}{m\omega^2}$

当 $t \geqslant t_1$ 时,$y(t) = \dfrac{1}{m\omega}\int_0^{t_1} F(\tau)\sin\omega(t-\tau)\mathrm{d}\tau$

$\qquad\qquad\qquad\quad = y_{st} \cdot \left[\cos\omega(t-t_1) + \dfrac{1}{\omega t_1}\sin\omega(t-t_1) - \dfrac{1}{\omega t_1}\sin\omega t\right]$

习题 10-7

【解】 该结构为单自由度体系,用刚度法求其自振频率,作 $\overline{M}_1$ 图如图(a)。

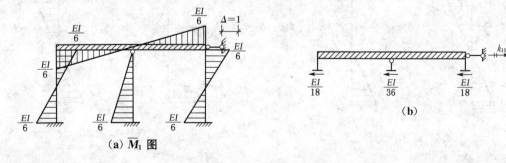

(a) $\overline{M}_1$ 图   (b)

截取图(b)所示的隔离体,由 $\sum F_x = 0$ 得:$k_{11} = \dfrac{5EI}{36}$;故:$\omega = \sqrt{\dfrac{k_{11}}{m}} = \sqrt{\dfrac{5EI}{36m}}$

由于动荷载为突加荷载,$F(\tau) = F_P(t) = 10 \text{ kN}$,由杜哈梅积分:

$$y(t) = \dfrac{1}{m\omega} \int_0^t F(\tau) \cdot \sin \omega(t-\tau) \mathrm{d}\tau$$

$$= \dfrac{10}{m\omega} \int_0^t \sin \omega(t-\tau) \mathrm{d}\tau$$

$$= \dfrac{10}{m\omega^2} \cos \omega(t-\tau) \Big|_0^t = \dfrac{10}{m\omega^2} \cdot (1 - \cos \omega t)$$

当 $\cos \omega t = -1$ 时,$y_{\max} = \dfrac{20}{m\omega^2} = 2 \text{ mm}$

此时,$\omega t = \pi$,故:$t = \dfrac{\pi}{\omega} = \pi \cdot \sqrt{\dfrac{36m}{5EI}} \approx 0.07 \text{ s}$

最大动弯矩值:$M_{\max} = \dfrac{EI}{6} \times 0.002 = 24 \text{ kN} \cdot \text{m}$

作最大动弯矩图如图(c)。

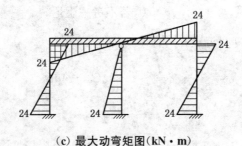

(c) 最大动弯矩图(kN·m)

习题 10-8

【解】 该结构为单自由度体系,采用刚度法求自振频率,作 $\overline{M}_1$ 和 M_P 图。

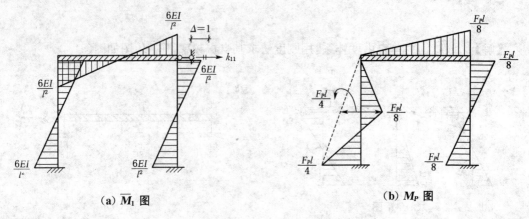

(a) $\overline{M}_1$ 图　　　　　　　(b) M_P 图

从图(a)中截取隔离体: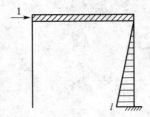

由 $\sum F_x = 0$ 得: $k_{11} = \dfrac{24EI}{l^3}$

故: $\omega = \sqrt{\dfrac{k_{11}}{m}} = \sqrt{\dfrac{24EI}{ml^3}}$

在求 Δ_{1P} 时,可将图(b)的 M_P 图与原结构任一基本体系的单位弯矩图相乘如图(c)。

(c) 基本体系的 $\overline{M}_2$ 图

将图(b)、(c)所示的弯矩图互乘得:

$$y_{st} = \Delta_{1P} = \dfrac{l}{6EI} \times \left(2 \times l \times \dfrac{F_P l}{8} - \dfrac{F_P l}{8} \times l\right) = \dfrac{F_P l^3}{48EI}$$

动位移幅值: $A = \mu \cdot y_{st} = \dfrac{1}{1-\left(\dfrac{\theta}{\omega}\right)^2} \cdot \dfrac{F_P l^3}{48EI} = \dfrac{F_P l^3}{32EI}$

惯性力幅值: $F_I^0 = m\theta^2 \cdot A = m \times \dfrac{8EI}{ml^3} \times \dfrac{F_P l^3}{32EI} = \dfrac{F_P}{4}$

将 F_I^0 和 F_P 同时作用在结构上,作最大动弯矩图。

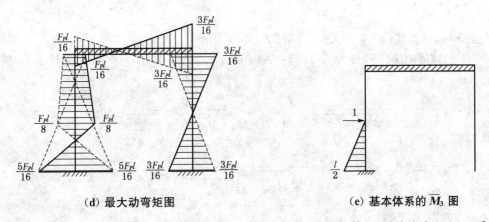

(d) 最大动弯矩图 **(e) 基本体系的 $\overline{M}_3$ 图**

求荷载作用点的最大位移:将图(d)与原结构的任一基本体系的单位弯矩图互乘,如图(e)。

$$y_{F_{P\max}} = \dfrac{\dfrac{l}{2}}{6EI} \times \left(2 \times \dfrac{l}{2} \times \dfrac{5F_P l}{16} - \dfrac{l}{2} \times \dfrac{F_P l}{8}\right) = \dfrac{F_P l^3}{48EI}$$

【注解】 本题考查的知识点较为综合,以上解答中,图(b)、(d)所示超静定结构的弯矩图,可利用剪力分配法求得,本题同时也考查了超静定结构的位移计算内容。

习题 10-9

【解】 单自由度体系在简谐荷载 $F_P(t) = F_P\sin\theta t$ 作用下,作有阻尼的强迫振动微分方程解为:

$$y(t) = A\sin(\theta t - \varphi)$$

其中:振幅 $A = \dfrac{1}{\sqrt{(\omega^2-\theta^2)^2+4\xi^2\omega^2\theta^2}} \cdot \dfrac{F_P}{m}$。

相位差 $\varphi = \arctan\left(\dfrac{2\xi\omega\theta}{\omega^2-\theta^2}\right)$。

(1) 体系位移响应达最大时,$\sqrt{(\omega^2-\theta^2)^2+4\xi^2\omega^2\theta^2}$ 应为最小。

$$(\omega^2-\theta^2)^2+4\xi^2\omega^2\theta^2 = \theta^4+(4\xi^2-2)\theta^2\omega^2+\omega^4$$
$$= [\theta^2+(2\xi^2-1)\omega^2]^2+[1-(2\xi^2-1)^2]\omega^4 \qquad (a)$$

当 $\theta^2+(2\xi^2-1)\omega^2=0$,即 $\theta=\omega\sqrt{1-2\xi^2}$ 时,式(a)有最小值为 $[1-(2\xi^2-1)^2]\omega^4$,此时 A 有最大值为 $\dfrac{F_P}{2\xi m\omega^2\sqrt{1-\xi^2}}$。

(2) 速度响应达到最大:$\dot{y}(t)=A\theta\cos(\theta t-\varphi)$,若要使 $\dot{y}(t)$ 最大,即应使 $A\theta$ 最大,故有:

$$A\theta = \dfrac{F_P\theta}{m\sqrt{(\omega^2-\theta^2)^2+4\xi^2\omega^2\theta^2}} = \dfrac{1}{\sqrt{\dfrac{1}{\theta^2}(\omega^2-\theta^2)^2+4\xi^2\omega^2}} \cdot \dfrac{F_P}{m} \qquad (b)$$

当 $\theta=\omega$ 时,式(b)有最大值,此时的位移响应最大。

(3) 加速度响应达到最大:$\ddot{y}(t)=-A\theta^2\sin(\theta t-\varphi)$,若要使 $\ddot{y}(t)$ 最大,应使 $A\theta^2$ 最大,故有:

$$A\theta^2 = \dfrac{\theta^2}{\sqrt{(\omega^2-\theta^2)^2+4\xi^2\omega^2\theta^2}} \cdot \dfrac{F_P}{m} = \dfrac{1}{\sqrt{\dfrac{\omega^4}{\theta^4}-\dfrac{2\omega^2}{\theta^2}+1+\dfrac{4\xi^2\omega^2}{\theta^2}}} \cdot \dfrac{F_P}{m}$$

$$= \dfrac{1}{\sqrt{\left[\dfrac{\omega^2}{\theta^2}+(2\xi^2-1)\right]^2+\omega^2(4\xi^2-4\xi^4)}} \cdot \dfrac{F_P}{m}$$

当 $\left[\dfrac{\omega^2}{\theta^2}+(2\xi^2-1)\right]=0$,即 $\theta=\dfrac{\omega}{\sqrt{1-2\xi^2}}$ 时,加速度响应最大。

习题 10-10

(a)【解】 该结构为两个自由度体系,用柔度法求自振频率,作 $\overline{M}_1$、$\overline{M}_2$ 图,分别如图 (a)、(b)。

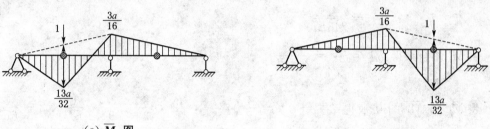

(a) $\overline{M}_1$ 图　　　　　　　　(b) $\overline{M}_2$ 图

由 $\overline{M}_1$ 图自乘得:$\delta_{11} = \dfrac{1}{2} \times a \times \dfrac{13a}{32} \times \dfrac{2}{3} \times \dfrac{13a}{32} \times \dfrac{1}{EI} + \dfrac{1}{2} \times 2a \times \dfrac{3a}{16} \times \dfrac{2}{3} \times \dfrac{3a}{16} \times \dfrac{1}{EI}$

$+ \dfrac{a}{6EI} \times \left(2 \times \dfrac{13a}{32} \times \dfrac{13a}{32} + 2 \times \dfrac{3a}{16} \times \dfrac{3a}{16} - 2 \times \dfrac{13a}{32} \times \dfrac{3a}{16}\right) = \dfrac{23a^3}{192EI}$

由 $\overline{M}_2$ 图自乘得:$\delta_{22} = \delta_{11} = \dfrac{23a^3}{192EI}$

将 $\overline{M}_1$ 与 $\overline{M}_2$ 互乘得:$\delta_{12} = \delta_{21} = \left(\dfrac{1}{2} \times 2a \times \dfrac{3a}{16} \times \dfrac{2}{3} \times \dfrac{3a}{16} - \dfrac{1}{2} \times 2a \times \dfrac{1 \times 2a}{4} \times \dfrac{1}{2} \times \dfrac{3a}{16}\right)$

$\times \dfrac{1}{EI} \times 2 = -\dfrac{3a^3}{64EI}$

由行列式:$\begin{vmatrix} \delta_{11}m_1 - \dfrac{1}{\omega^2} & \delta_{12}m_2 \\ \delta_{21}m_1 & \delta_{22}m_2 - \dfrac{1}{\omega^2} \end{vmatrix} = \begin{vmatrix} \left(\dfrac{23a^3}{192EI} \times m - \dfrac{1}{\omega^2}\right) & \left(-\dfrac{3a^3}{64EI} \times 2m\right) \\ \left(-\dfrac{3a^3}{64EI} \times m\right) & \left(\dfrac{23a^3}{192EI} \times 2m - \dfrac{1}{\omega^2}\right) \end{vmatrix} = 0$

求得自振频率:$\begin{cases} \omega_1 = 1.928\sqrt{\dfrac{EI}{ma^3}} \\ \omega_2 = 3.327\sqrt{\dfrac{EI}{ma^3}} \end{cases}$

主振型:$\rho_1 = \dfrac{Y_1^{(1)}}{Y_2^{(1)}} = \dfrac{-\delta_{12}m_2}{\delta_{11}m_1 - \dfrac{1}{\omega_1^2}} = -0.628$

$\rho_2 = \dfrac{Y_1^{(2)}}{Y_2^{(2)}} = \dfrac{-\delta_{12}m_2}{\delta_{11}m_1 - \dfrac{1}{\omega_2^2}} = 3.184$

(b)【解】 该结构为两个自由度体系,用柔度法求自振频率,作 $\overline{M}_1$、$\overline{M}_2$ 图。

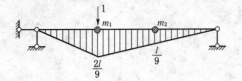
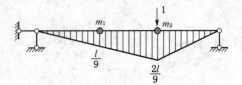

(a) $\overline{M}_1$ 图　　　　　　　　　(b) $\overline{M}_2$ 图

由 $\overline{M}_1$ 图自乘得：$\delta_{11} = \left(\frac{1}{2} \times \frac{l}{3} \times \frac{2l}{9} \times \frac{2}{3} \times \frac{2l}{9} + \frac{1}{2} \times \frac{2l}{3} \times \frac{2l}{9} \times \frac{2}{3} \times \frac{2l}{9} \right) \times \frac{1}{EI}$

$= \dfrac{4l^3}{243EI}$

由 $\overline{M}_2$ 图自乘得：$\delta_{22} = \delta_{11} = \dfrac{4l^3}{243EI}$

将 $\overline{M}_1$ 与 $\overline{M}_2$ 图互乘得：$\delta_{12} = \delta_{21} = \frac{1}{2} \times \frac{l}{3} \times \frac{l}{9} \times \frac{2}{3} \times \frac{2l}{9} \times \frac{1}{EI} \times 2 + \dfrac{\frac{l}{3}}{6EI} \times$

$\left(2 \times \dfrac{2l}{9} \times \dfrac{l}{9} \times 2 + \dfrac{l}{9} \times \dfrac{l}{9} + \dfrac{2l}{9} \times \dfrac{2l}{9} \right) = \dfrac{7l^3}{486EI}$

由行列式：$\begin{vmatrix} \delta_{11}m_1 - \dfrac{1}{\omega^2} & \delta_{12}m_2 \\ \delta_{21}m_1 & \delta_{22}m_2 - \dfrac{1}{\omega^2} \end{vmatrix} = \begin{vmatrix} \left(\dfrac{4ml^3}{243EI} - \dfrac{1}{\omega^2} \right) & \dfrac{7ml^3}{486EI} \\ \dfrac{7ml^3}{486EI} & \left(\dfrac{4ml^3}{243EI} - \dfrac{1}{\omega^2} \right) \end{vmatrix} = 0$

求得自振频率：$\begin{cases} \omega_1 = 5.69\sqrt{\dfrac{EI}{ml^3}} \\ \omega_2 = 22.05\sqrt{\dfrac{EI}{ml^3}} \end{cases}$

主振型：$\rho_1 = \dfrac{Y_1^{(1)}}{Y_2^{(1)}} = \dfrac{-\delta_{12}m_2}{\delta_{11}m_1 - \dfrac{1}{\omega_1^2}} = 1$，$\rho_2 = \dfrac{Y_1^{(2)}}{Y_2^{(2)}} = \dfrac{-\delta_{12}m_2}{\delta_{11}m_1 - \dfrac{1}{\omega_2^2}} = -1$

(c)【解】　该结构为两个自由度体系，用柔度法求自振频率，作 $\overline{M}_1$、$\overline{M}_2$ 图。

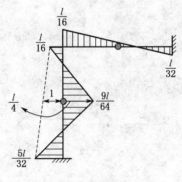
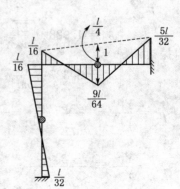

(a) $\overline{M}_1$ 图　　　　　　　　　(b) $\overline{M}_2$ 图

由 $\overline{M}_1$ 图自乘得：$\delta_{11} = \dfrac{l}{6EI} \times \left(2 \times \dfrac{l}{16} \times \dfrac{l}{16} + 2 \times \dfrac{l}{32} \times \dfrac{l}{32} - \dfrac{l}{16} \times \dfrac{l}{32} \times 2 \right) + \dfrac{l/2}{6EI} \times$

$$\left(2 \times \frac{l}{16} \times \frac{l}{16} + 2 \times \frac{9l}{64} \times \frac{9l}{64} - \frac{l}{16} \times \frac{9l}{64} \times 2\right) + \frac{l/2}{6EI} \times \left(2 \times \frac{5l}{32} \times \frac{5l}{32} + 2 \times \frac{9l}{64} \times \frac{9l}{64} - 2 \times \frac{5l}{32}\right.$$

$$\left. \times \frac{9l}{64}\right) = \frac{11l^3}{1\,536EI}$$

由 $\overline{M}_2$ 图自乘得:$\delta_{22} = \delta_{11} = \dfrac{11l^3}{1\,536EI}$

将 $\overline{M}_1$ 与 $\overline{M}_2$ 图互乘得:$\delta_{12} = \delta_{21} = \left[\dfrac{l}{6EI} \times \left(2 \times \dfrac{l}{16} \times \dfrac{l}{16} - 2 \times \dfrac{5l}{32} \times \dfrac{l}{32} + \dfrac{l}{16} \times \dfrac{5l}{32} - \dfrac{l}{16}\right.\right.$

$$\left.\left. \times \frac{l}{32}\right) - \frac{1}{2} \times l \times \frac{l}{4} \times \frac{l}{64} \times \frac{1}{EI}\right] \times 2 = -\frac{l^3}{512EI}$$

由行列式:$\begin{vmatrix} \delta_{11}m_1 - \dfrac{1}{\omega^2} & \delta_{12}m_2 \\ \delta_{21}m_1 & \delta_{22}m_2 - \dfrac{1}{\omega^2} \end{vmatrix} = 0$,求得自振频率为:$\omega_1 = 10.474\sqrt{\dfrac{EI}{ml^3}}$,$\omega_2 = $

$13.856\sqrt{\dfrac{EI}{ml^3}}$

主振型:$\rho_1 = \dfrac{Y_1^{(1)}}{Y_2^{(1)}} = \dfrac{-\delta_{12}m_2}{\delta_{11}m_1 - \dfrac{1}{\omega_1^2}} = -1$, $\rho_2 = \dfrac{Y_1^{(2)}}{Y_2^{(2)}} = \dfrac{-\delta_{12}m_2}{\delta_{11}m_1 - \dfrac{1}{\omega_2^2}} = 1$

【注解】 本题亦可利用对称性,按正对称和反对称,分别取半结构求解如图(c)、(d)。其中正对称半结构相当于两端固定的梁(忽略轴向变形)。

(c) 正对称半结构　　　　　　　(d) 反对称半结构

(d)【解】 该结构为两个自由度体系,用柔度法求自振频率,作 $\overline{M}_1$ 和 $\overline{M}_2$ 图。

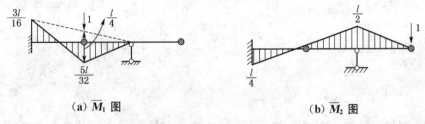

(a) $\overline{M}_1$ 图　　　　　　　(b) $\overline{M}_2$ 图

由 $\overline{M}_1$ 图自乘得:$\delta_{11} = \dfrac{\dfrac{l}{2}}{6EI} \times \left(2 \times \dfrac{3l}{16} \times \dfrac{3l}{16} + 2 \times \dfrac{5l}{32} \times \dfrac{5l}{32} - 2 \times \dfrac{3l}{16} \times \dfrac{5l}{32}\right) + \dfrac{1}{2} \times \dfrac{l}{2} \times$

$\dfrac{5l}{32} \times \dfrac{2}{3} \times \dfrac{5l}{32} \times \dfrac{1}{EI} = \dfrac{7l^3}{768EI}$

由 $\overline{M}_2$ 图自乘得:$\delta_{22} = \dfrac{1}{2} \times \dfrac{l}{2} \times \dfrac{l}{2} \times \dfrac{2}{3} \times \dfrac{l}{2} \times \dfrac{1}{EI} + \dfrac{l}{6EI} \times \left(2 \times \dfrac{l}{2} \times \dfrac{l}{2} + 2 \times \dfrac{l}{4} \times \right.$

$\left.\dfrac{l}{4} - 2 \times \dfrac{l}{2} \times \dfrac{l}{4}\right) = \dfrac{5l^3}{48EI}$

将 $\overline{M}_1$ 与 $\overline{M}_2$ 图互乘得:$\delta_{12} = \delta_{21} = \dfrac{l}{6EI} \times \left(-2 \times \dfrac{3l}{16} \times \dfrac{l}{4} + 0 + \dfrac{1}{2} \times \dfrac{3l}{16} + 0\right) - \dfrac{1}{2} \times$

$$\frac{l}{4} \times l \times \frac{l}{8} \times \frac{1}{EI} = -\frac{l^3}{64EI}$$

由行列式：$\begin{vmatrix} \delta_{11}m_1 - \frac{1}{\omega^2} & \delta_{12}m_2 \\ \delta_{21}m_2 & \delta_{22}m_2 - \frac{1}{\omega^2} \end{vmatrix} = \begin{vmatrix} \left(\frac{7ml^3}{768EI} - \frac{1}{\omega^2}\right) & -\frac{ml^3}{64EI} \\ -\frac{ml^3}{64EI} & \left(\frac{5ml^3}{48EI} - \frac{1}{\omega^2}\right) \end{vmatrix} = 0$

求得自振频率：$\begin{cases} \omega_1 = 3.0618\sqrt{\dfrac{EI}{ml^3}} \\ \omega_2 = 12.2980\sqrt{\dfrac{EI}{ml^3}} \end{cases}$

主振型：$\rho_1 = \dfrac{Y_1^{(1)}}{Y_2^{(1)}} = \dfrac{-\delta_{12}m_2}{\delta_{11}m_1 - \dfrac{1}{\omega_1^2}} = -6.242$

$\rho_2 = \dfrac{Y_1^{(2)}}{Y_2^{(2)}} = \dfrac{-\delta_{12}m_2}{\delta_{11}m_1 - \dfrac{1}{\omega_2^2}} = 0.1602$

(e)【解】 该结构为两个自由度体系，用柔度法求自振频率，作 $\overline{M}_1$ 图和 $\overline{M}_2$ 图。

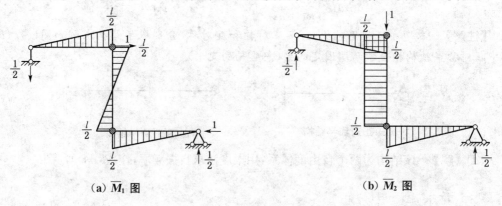

(a) $\overline{M}_1$ 图　　　　　(b) $\overline{M}_2$ 图

由 $\overline{M}_1$ 图自乘得：$\delta_{11} = \dfrac{1}{2} \times \dfrac{l}{2} \times l \times \dfrac{2}{3} \times \dfrac{l}{2} \times \dfrac{1}{EI} \times 2 + \dfrac{l}{6EI} \times \left(2 \times \dfrac{l}{2} \times \dfrac{l}{2} \times 2 - \dfrac{l}{2} \times \dfrac{l}{2} \times 2\right) = \dfrac{l^3}{4EI}$

由 $\overline{M}_2$ 图自乘得：$\delta_{22} = \dfrac{1}{2} \times \dfrac{l}{2} \times l \times \dfrac{2}{3} \times \dfrac{l}{2} \times \dfrac{1}{EI} \times 2 + \dfrac{l}{2} \times l \times \dfrac{l}{2} \times \dfrac{1}{EI} = \dfrac{5l^3}{12EI}$

将 $\overline{M}_1$ 与 $\overline{M}_2$ 图互乘得：由其对称性易知：$\delta_{12} = \delta_{21} = 0$

由行列式：$\begin{vmatrix} \delta_{11}m_1 - \dfrac{1}{\omega^2} & \delta_{12}(m_1 + m_2) \\ \delta_{21}m_1 & \delta_{22}(m_1 + m_2) - \dfrac{1}{\omega^2} \end{vmatrix} = 0$

求得自振频率为：$\begin{cases} \omega_1 = 1.095\sqrt{\dfrac{EI}{ml^3}} \\ \omega_2 = 2.0\sqrt{\dfrac{EI}{ml^3}} \end{cases}$

【注解】 ① 由以上分析可知，$\delta_{12} = \delta_{21} = 0$，说明两个振动微分方程不是耦合的而是独立的，也就是说水平振动与竖向振动互不影响，各自作独立的自振。求振型时，不能简单套用振型计算公式，否则会出现0/0的错误结果。由于两个方向的振动互不影响，因此当发生水平振动时，竖向不振动，第一振型$\rho_1 = 1/0$；发生竖向振动时，水平不振动，第二振型$\rho_2 = 0/1$。

② 系数δ_{12}、δ_{22}应与$(m_1 + m_2)$相乘，表示参与该方向振动的质量之和。

(f)**【解】** 该结构为三个自由度的体系，用柔度法求自振频率，作$\overline{M}_1$、$\overline{M}_2$、$\overline{M}_3$图，分别如图(a)、(b)、(c)。

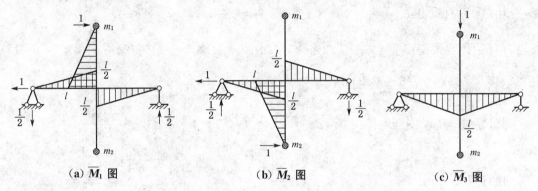

(a) $\overline{M}_1$ 图　　　(b) $\overline{M}_2$ 图　　　(c) $\overline{M}_3$ 图

由$\overline{M}_1$图自乘得：$\delta_{11} = \frac{1}{2} \times l \times \frac{l}{2} \times \frac{2}{3} \times \frac{l}{2} \times \frac{1}{EI} \times 2 + \frac{1}{2} \times l \times l \times \frac{2}{3} \times l \times \frac{1}{EI} = \frac{l^3}{2EI}$

由$\overline{M}_2$图自乘得：$\delta_{22} = \delta_{11} = \frac{l^3}{2EI}$

由$\overline{M}_3$图自乘得：$\delta_{33} = \frac{1}{2} \times \frac{l}{2} \times l \times \frac{2}{3} \times \frac{l}{2} \times \frac{1}{EI} \times 2 = \frac{l^3}{6EI}$

将$\overline{M}_1$与$\overline{M}_2$图互乘得：$\delta_{12} = \delta_{21} = -\frac{1}{2} \times l \times \frac{l}{2} \times \frac{2}{3} \times \frac{l}{2} \times \frac{1}{EI} \times 2 = -\frac{l^3}{6EI}$

将$\overline{M}_1$与$\overline{M}_3$图互乘得：$\delta_{13} = \delta_{31} = 0$

将$\overline{M}_2$与$\overline{M}_3$图互乘得：$\delta_{23} = \delta_{32} = 0$

由行列式：$\begin{vmatrix} \left(\frac{m_1 l^3}{2EI} - \frac{1}{\omega^2}\right) & -\frac{m_2 l^3}{6EI} & 0 \\ -\frac{m_1 l^3}{6EI} & \left(\frac{m_2 l^3}{2EI} - \frac{1}{\omega^2}\right) & 0 \\ 0 & 0 & \left(\frac{(m_1+m_2)l^3}{6EI} - \frac{1}{\omega^2}\right) \end{vmatrix} = 0$

求得自振频率为：$\omega_1 = \sqrt{\frac{3EI}{2ml^3}}$，$\omega_2 = \sqrt{\frac{3EI}{ml^3}}$，$\omega_3 = \sqrt{\frac{3EI}{ml^3}}$

主振型：$Y_1^{(1)} : Y_2^{(1)} : Y_3^{(1)} = 1 : 1 : 0$

$Y_1^{(2)} : Y_2^{(2)} : Y_3^{(2)} = -1 : 1 : 0$

$Y_1^{(3)} : Y_2^{(3)} : Y_3^{(3)} = 0 : 0 : 1$

(g)**【解】** 该结构为两个自由度的体系，用柔度法求自振频率，作$\overline{F}_{N1}$和$\overline{F}_{N2}$图，分别如图(a)、(b)。

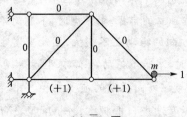
(a) $\overline{F}_{N1}$ 图

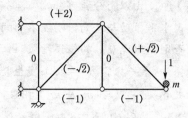
(b) $\overline{F}_{N2}$ 图

由 $\overline{F}_{N1}$ 图自乘得：$\delta_{11} = \dfrac{1}{EA} \times 1 \times 1 \times a \times 2 = \dfrac{2a}{EA}$

由 $\overline{F}_{N2}$ 图自乘得：$\delta_{22} = \dfrac{1}{EA} \times [\sqrt{2} \times \sqrt{2} \times \sqrt{2}a + (-\sqrt{2}) \times (-\sqrt{2}) \times \sqrt{2}a + 2 \times 2 \times a + (-1)$

$\times (-1) \times a \times 2] = \dfrac{(6+4\sqrt{2})a}{EA}$

将 $\overline{F}_{N1}$ 图与 $\overline{F}_{N2}$ 图互乘得：$\delta_{12} = \delta_{21} = \dfrac{1}{EA} \times (-1) \times 1 \times a \times 2 = -\dfrac{2a}{EA}$

由行列式：$\begin{vmatrix} \delta_{11}m_1 - \dfrac{1}{\omega^2} & \delta_{12}m_2 \\ \delta_{21}m_1 & \delta_{22}m_2 - \dfrac{1}{\omega^2} \end{vmatrix} = \begin{vmatrix} \dfrac{2ma}{EA} - \dfrac{1}{\omega^2} & -\dfrac{2ma}{EA} \\ -\dfrac{2ma}{EA} & \dfrac{(6+4\sqrt{2})ma}{EA} - \dfrac{1}{\omega^2} \end{vmatrix} = 0$

求得自振频率为：$\begin{cases} \omega_1 = 0.288\sqrt{\dfrac{EA}{ma}} \\ \omega_2 = 0.79\sqrt{\dfrac{EA}{ma}} \end{cases}$

主振型：$\rho_1 = \dfrac{Y_1^{(1)}}{Y_2^{(1)}} = \dfrac{-\delta_{12}m_2}{\delta_{11}m_1 - \dfrac{1}{\omega_1^2}} = -0.5025$

$\rho_2 = \dfrac{Y_1^{(2)}}{Y_2^{(2)}} = \dfrac{-\delta_{12}m_2}{\delta_{11}m_1 - \dfrac{1}{\omega_2^2}} = 0.1989$

(h)【解】 该结构为两个自由度体系，用柔度法求自振频率，作 $\overline{M}_1$ 和 $\overline{M}_2$ 图。

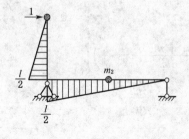
(a) $\overline{M}_1$ 图

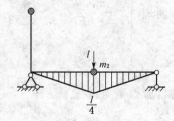
(b) $\overline{M}_2$ 图

由 $\overline{M}_1$ 图自乘得：$\delta_{11} = \dfrac{1}{2} \times \dfrac{l}{2} \times \dfrac{l}{2} \times \dfrac{2}{3} \times \dfrac{l}{2} \times \dfrac{1}{EI} + \dfrac{1}{2} \times l \times \dfrac{l}{2} \times \dfrac{2}{3} \times \dfrac{l}{2} \times \dfrac{1}{EI} = \dfrac{l^3}{8EI}$

由 $\overline{M}_2$ 图自乘得：$\delta_{22} = \dfrac{1}{2} \times \dfrac{l}{2} \times \dfrac{l}{4} \times \dfrac{2}{3} \times \dfrac{l}{4} \times \dfrac{1}{EI} \times 2 = \dfrac{l^3}{48EI}$

将 $\overline{M}_1$ 与 $\overline{M}_2$ 图互乘得：$\delta_{12} = \delta_{21} = \frac{1}{2} \times l \times \frac{l}{4} \times \frac{1}{2} \times \frac{l}{2} \times \frac{1}{EI} = \frac{l^3}{32EI}$

由行列式：$\begin{vmatrix} \delta_{11}m_1 - \frac{1}{\omega^2} & \delta_{12}m_2 \\ \delta_{21}m_1 & \delta_{22}m_2 - \frac{1}{\omega^2} \end{vmatrix} = \begin{vmatrix} \left(\frac{ml^3}{8EI} - \frac{1}{\omega^2}\right) & \frac{3ml^3}{32EI} \\ \frac{ml^3}{32EI} & \left(\frac{ml^3}{16EI} - \frac{1}{\omega^2}\right) \end{vmatrix} = 0$

求得自振频率为：$\begin{cases} \omega_1 = \sqrt{\dfrac{32EI}{5ml^3}} \\ \omega_2 = \sqrt{\dfrac{32EI}{ml^3}} \end{cases}$

主振型：$\rho_1 = \dfrac{Y_1^{(1)}}{Y_2^{(1)}} = \dfrac{-\delta_{12}m_2}{\delta_{11}m_1 - \dfrac{1}{\omega_1^2}} = 3$

$\rho_2 = \dfrac{Y_1^{(2)}}{Y_2^{(2)}} = \dfrac{-\delta_{12}m_2}{\delta_{11}m_1 - \dfrac{1}{\omega_2^2}} = -1$

习题 10-11

(a)【解】 该结构为两个自由度体系，用刚度法求自振频率。作 $\overline{M}_1$ 和 $\overline{M}_2$ 图，分别如图 (a)、(b)。

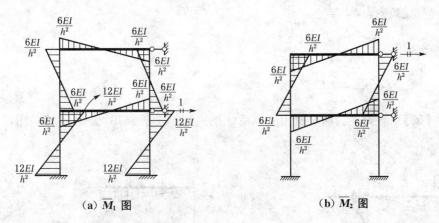

(a) $\overline{M}_1$ 图   (b) $\overline{M}_2$ 图

从 $\overline{M}_1$ 图中截取隔离体分析，如图 (c)、(d)。

(c)

由 $\sum F_x = 0$ 得:$k_{12} = k_{21} = -\dfrac{12EI}{h^3} - \dfrac{12EI}{h^3} = -\dfrac{24EI}{h^3}$

（d）

由 $\sum F_x = 0$ 得:$k_{11} = \left(\dfrac{12EI}{h^3} + \dfrac{24 \times EI}{h^3}\right) \times 2 = \dfrac{72EI}{h^3}$

从 $\overline{M}_2$ 图中截取隔离体分析，如图（e）。

（e）

由 $\sum F_x = 0$ 得:$k_{22} = \dfrac{24EI}{h^3}$

由行列式：$\begin{vmatrix} k_{11} - m_1\omega^2 & k_{12} \\ k_{21} & k_{22} - m_2\omega^2 \end{vmatrix} = \begin{vmatrix} \left(\dfrac{72EI}{h^3} - 2m\omega^2\right) & -\dfrac{24EI}{h^3} \\ -\dfrac{24EI}{h^3} & \left(\dfrac{24EI}{h^3} - m\omega^2\right) \end{vmatrix} = 0$

求得自振频率为：$\omega_1 = \sqrt{\dfrac{12EI}{mh^3}}$；$\omega_2 = \sqrt{\dfrac{48EI}{mh^3}}$

主振型：$\rho_1 = \dfrac{Y_1^{(1)}}{Y_2^{(1)}} = \dfrac{-k_{12}}{k_{11} - m_1\omega_1^2} = \dfrac{1}{2}$

$\rho_2 = \dfrac{Y_1^{(2)}}{Y_2^{(2)}} = \dfrac{-k_{12}}{k_{11} - m_1\omega_2^2} = -1$

(b)【解】 该结构为两个自由度体系，用刚度法求自振频率，作 $\overline{M}_1$ 和 $\overline{M}_2$ 图，分别如图(a)、(b)。

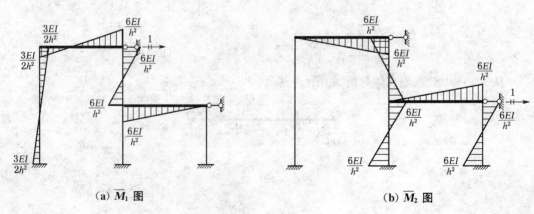

(a) $\overline{M}_1$ 图　　　　　　　　(b) $\overline{M}_2$ 图

从 $\overline{M}_1$ 图中截取隔离体分析,如图(c)、(d)。

(c)

由 $\sum F_x = 0$ 得: $k_{11} = \dfrac{3EI}{2h^3} + \dfrac{12EI}{h^3} = \dfrac{27EI}{2h^3}$

(d)

由 $\sum F_x = 0$ 得: $k_{12} = k_{21} = -\dfrac{12EI}{h^3}$

从 $\overline{M}_2$ 图中截取隔离体分析,如图(e)。

(e)

由 $\sum F_x = 0$ 得: $k_{22} = 3 \times \dfrac{12EI}{h^3} = \dfrac{36EI}{h^3}$

由行列式: $\begin{vmatrix} k_{11} - m_1\omega^2 & k_{12} \\ k_{21} & k_{22} - m_2\omega^2 \end{vmatrix} = \begin{vmatrix} \dfrac{27EI}{2h^3} - m\omega^2 & -\dfrac{12EI}{h^3} \\ -\dfrac{12EI}{h^3} & \dfrac{36EI}{h^3} - m\omega^2 \end{vmatrix} = 0$

求得自振频率为: $\omega_1 = 2.88\sqrt{\dfrac{EI}{mh^3}}$, $\omega_2 = 6.42\sqrt{\dfrac{EI}{mh^3}}$

主振型: $\rho_1 = \dfrac{Y_1^{(1)}}{Y_2^{(1)}} = \dfrac{-k_{12}}{k_{11} - m_1\omega_1^2} = 2.31$

$\rho_2 = \dfrac{Y_1^{(2)}}{Y_2^{(2)}} = \dfrac{-k_{12}}{k_{11} - m_1\omega_2^2} = -0.43$

(c)【解】 该结构为两个自由度体系,用刚度法求自振频率,作 $\overline{M}_1$ 和 $\overline{M}_2$ 图,分别如图(a)、(b)。

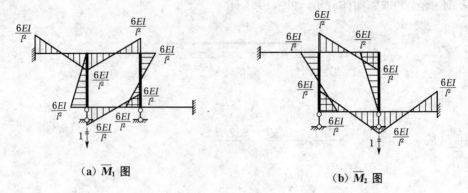

(a) $\overline{M}_1$ 图   (b) $\overline{M}_2$ 图

从 $\overline{M}_1$ 图中截取隔离体分析,如图(c)、(d)。

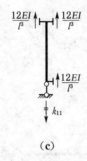

(c)

由 $\sum F_y = 0$ 得:$k_{11} = \dfrac{12EI}{l^3} \times 3 = \dfrac{36EI}{l^3}$

(d)

由 $\sum F_y = 0$ 得:$k_{12} = k_{21} = -\dfrac{12EI}{l^3} \times 2 = -\dfrac{24EI}{l^3}$

从 $\overline{M}_2$ 图中截取隔离体分析,如图(e)。

(e)

由 $\sum F_y = 0$ 得:$k_{22} = 3 \times \dfrac{12EI}{l^3} = \dfrac{36EI}{l^3}$

由行列式：$\begin{vmatrix} k_{11} - m_1\omega^2 & k_{12} \\ k_{21} & k_{22} - m_2\omega^2 \end{vmatrix} = 0$，求得自振频率为：$\begin{cases} \omega_1 = \sqrt{\dfrac{12EI}{ml^3}} \\ \omega_2 = \sqrt{\dfrac{60EI}{ml^3}} \end{cases}$

主振型：$\rho_1 = \dfrac{Y_1^{(1)}}{Y_2^{(1)}} = \dfrac{-k_{12}}{k_{11} - m_1\omega_1^2} = 1$

$\rho_2 = \dfrac{Y_1^{(2)}}{Y_2^{(2)}} = \dfrac{-k_{12}}{k_{11} - m_1\omega_2^2} = -1$

(d)【解】 该结构为两个自由度体系，用刚度法求自振频率，作 $\overline{M}_1$ 和 $\overline{M}_2$ 图，分别如图(a)、(b)。

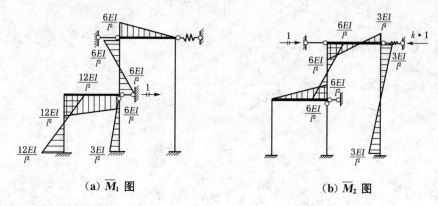

(a) $\overline{M}_1$ 图　　　　　　(b) $\overline{M}_2$ 图

从 $\overline{M}_1$ 图中截取隔离体分析，如图(c)、(d)。

(c)

由 $\sum F_x = 0$ 得：$k_{11} = \dfrac{12EI}{l^3} + \dfrac{3EI}{l^3} + \dfrac{24EI}{l^3} = \dfrac{39EI}{l^3}$

(d)

由 $\sum F_x = 0$ 得：$k_{21} = k_{12} = -\dfrac{12EI}{l^3}$

从 $\overline{M}_2$ 图中截取隔离体分析，如图(e)。

由 $\sum F_x = 0$ 得:$k_{22} = \dfrac{12EI}{l^3} + \dfrac{3EI}{l^3} + k \cdot 1 = \dfrac{16EI}{l^3}$

由行列式:$\begin{vmatrix} k_{11} - m_1\omega^2 & k_{12} \\ k_{21} & k_{22} - m_2\omega^2 \end{vmatrix} = \begin{vmatrix} \dfrac{39EI}{l^3} - m\omega^2 & -\dfrac{12EI}{l^3} \\ -\dfrac{12EI}{l^3} & \dfrac{16EI}{l^3} - m\omega^2 \end{vmatrix} = 0$

求得自振频率为:$\omega_1 = 2.414\sqrt{\dfrac{EI}{ml^3}}$, $\omega_2 = 6.416\sqrt{\dfrac{EI}{ml^3}}$

主振型:$\rho_1 = \dfrac{Y_1^{(1)}}{Y_2^{(1)}} = \dfrac{-k_{12}}{k_{11} - m_1\omega_1^2} = 0.362$

$\rho_2 = \dfrac{Y_1^{(2)}}{Y_2^{(2)}} = \dfrac{-k_{12}}{k_{11} - m_1\omega_2^2} = -5.528$

习题 10-12

【解】 该结构为两个自由度体系,作 $\overline{M}_1$、$\overline{M}_2$ 及 M_P 图,分别如图(a)、(b)、(c)。

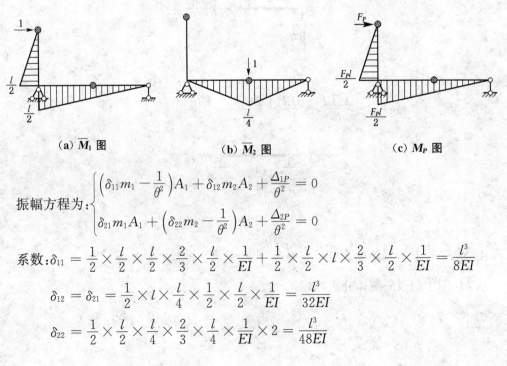

(a) $\overline{M}_1$ 图 (b) $\overline{M}_2$ 图 (c) M_P 图

振幅方程为:$\begin{cases} \left(\delta_{11}m_1 - \dfrac{1}{\theta^2}\right)A_1 + \delta_{12}m_2 A_2 + \dfrac{\Delta_{1P}}{\theta^2} = 0 \\ \delta_{21}m_1 A_1 + \left(\delta_{22}m_2 - \dfrac{1}{\theta^2}\right)A_2 + \dfrac{\Delta_{2P}}{\theta^2} = 0 \end{cases}$

系数:$\delta_{11} = \dfrac{1}{2} \times \dfrac{l}{2} \times \dfrac{l}{2} \times \dfrac{2}{3} \times \dfrac{l}{2} \times \dfrac{1}{EI} + \dfrac{1}{2} \times \dfrac{l}{2} \times l \times \dfrac{2}{3} \times \dfrac{l}{2} \times \dfrac{1}{EI} = \dfrac{l^3}{8EI}$

$\delta_{12} = \delta_{21} = \dfrac{1}{2} \times l \times \dfrac{l}{4} \times \dfrac{1}{2} \times \dfrac{l}{2} \times \dfrac{1}{EI} = \dfrac{l^3}{32EI}$

$\delta_{22} = \dfrac{1}{2} \times \dfrac{l}{2} \times \dfrac{l}{4} \times \dfrac{2}{3} \times \dfrac{l}{4} \times \dfrac{1}{EI} \times 2 = \dfrac{l^3}{48EI}$

自由项：$\Delta_{1P} = \delta_{11} \times F_P = \dfrac{F_P l^3}{8EI}$

$\Delta_{2P} = \delta_{12} \times F_P = \dfrac{F_P l^3}{32EI}$

代入振幅方程求得：$\begin{cases} A_1 = -\dfrac{F_P l^3}{16EI} \\ A_2 = -\dfrac{F_P l^3}{24EI} \end{cases}$

求惯性力幅值：$F_{I1}^0 = m_1 \theta^2 A_1 = m \times \dfrac{16EI}{ml^3} \times \left(-\dfrac{F_P l^3}{16EI}\right) = -F_P$

$F_{I2}^0 = m_2 \theta^2 A_2 = 3m \times \dfrac{16EI}{ml^3} \times \left(-\dfrac{F_P l^3}{24EI}\right) = -2F_P$

将 F_P、F_{I1}^0 和 F_{I2}^0 同时作用在结构上，作最大动弯矩图，如图(d)所示。

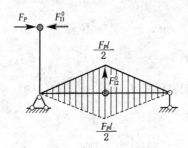

(d) 最大动弯矩图

习题 10-13

【解】 该结构为两个自由度体系，作 $\overline{M}_1$、$\overline{M}_2$ 和 M_P 图，分别如图(a)、(b)、(c)。

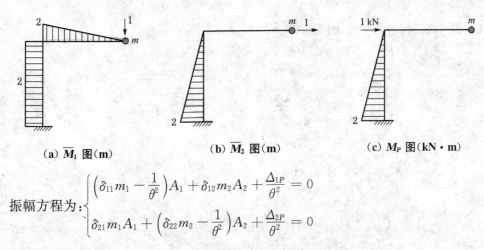

振幅方程为：$\begin{cases} \left(\delta_{11} m_1 - \dfrac{1}{\theta^2}\right) A_1 + \delta_{12} m_2 A_2 + \dfrac{\Delta_{1P}}{\theta^2} = 0 \\ \delta_{21} m_1 A_1 + \left(\delta_{22} m_2 - \dfrac{1}{\theta^2}\right) A_2 + \dfrac{\Delta_{2P}}{\theta^2} = 0 \end{cases}$

求系数和自由项：$\delta_{11} = \frac{1}{2} \times 2 \times 2 \times \frac{2}{3} \times 2 \times \frac{1}{EI} + 2 \times 2 \times 2 \times \frac{1}{EI} = \frac{32}{3EI}$

$$\delta_{12} = \delta_{21} = \frac{1}{2} \times 2 \times 2 \times 2 \times \frac{1}{EI} = \frac{4}{EI}$$

$$\delta_{22} = \frac{1}{2} \times 2 \times 2 \times \frac{2}{3} \times 2 \times \frac{1}{EI} = \frac{8}{3EI}$$

$$\Delta_{1P} = F_P \times \delta_{12} = \frac{4}{EI}$$

$$\Delta_{2P} = F_P \times \delta_{22} = \frac{8}{3EI}$$

代入振幅方程求得：$\begin{cases} A_1 = -\dfrac{144}{17EI} \approx -0.941\ 1\ \text{mm} \\ A_2 = -\dfrac{40}{17EI} \approx -0.261\ 4\ \text{mm} \end{cases}$

故最大竖向位移为 0.941 1 mm，最大水平位移为 0.261 4 mm。

求惯性力幅值：$F_{I1}^0 = m_1 \theta^2 A_1 = -\dfrac{18}{17}$ kN；$F_{I2}^0 = m_2 \theta^2 A_2 = -\dfrac{5}{17}$ kN

将 F_P、F_{I1}^0 和 F_{I2}^0 同时作用在结构上，作最大动弯矩图如图(d)所示。

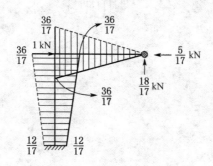

(d) 最大动弯矩图 (kN·m)

习题 10-14

【解】 该结构为两个自由度体系，采用刚度法求解。

振幅方程为：$\begin{cases} (k_{11} - m_1 \theta^2)A_1 + k_{12}A_2 = F_P \\ k_{21}A_1 + (k_{22} - m_2 \theta^2)A_2 = 0 \end{cases}$

求系数：$k_{11} = k_1 + k_2 = 5 \times 10^4$ kN/m，

$k_{12} = k_{21} = -k_2 = -2 \times 10^4$ kN/m，

$k_{22} = k_2 = 2 \times 10^4$ kN/m

$\theta = \dfrac{300 \times 2\pi}{60} = 10\pi$ rad/s

代入振幅方程，求得：$\begin{cases} A_1 = -0.045\ 9\ \text{mm} \\ A_2 = 0.011\ 7\ \text{mm} \end{cases}$

习题 10-15

【解】 该结构为三个自由度的体系，用刚度法列出振幅方程，作 $\overline{M}_1$、$\overline{M}_2$ 和 $\overline{M}_3$ 图，分别如图(a)、(b)、(c)。

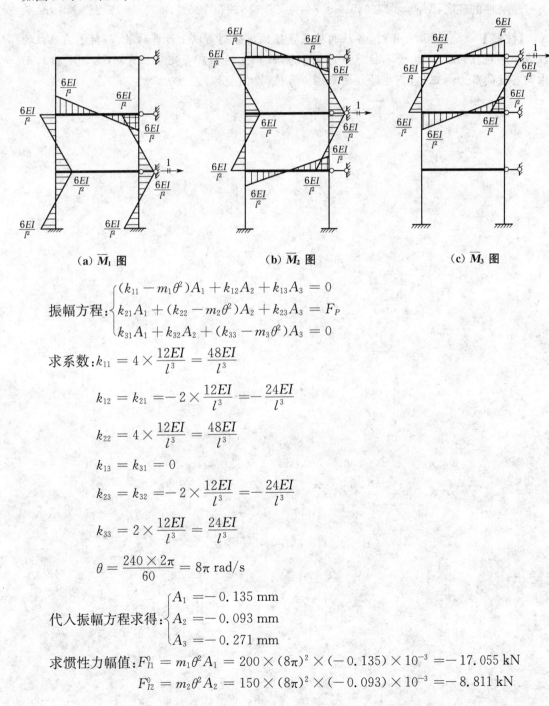

(a) $\overline{M}_1$ 图　　　　(b) $\overline{M}_2$ 图　　　　(c) $\overline{M}_3$ 图

振幅方程：$\begin{cases}(k_{11}-m_1\theta^2)A_1+k_{12}A_2+k_{13}A_3=0\\ k_{21}A_1+(k_{22}-m_2\theta^2)A_2+k_{23}A_3=F_P\\ k_{31}A_1+k_{32}A_2+(k_{33}-m_3\theta^2)A_3=0\end{cases}$

求系数：$k_{11}=4\times\dfrac{12EI}{l^3}=\dfrac{48EI}{l^3}$

$k_{12}=k_{21}=-2\times\dfrac{12EI}{l^3}=-\dfrac{24EI}{l^3}$

$k_{22}=4\times\dfrac{12EI}{l^3}=\dfrac{48EI}{l^3}$

$k_{13}=k_{31}=0$

$k_{23}=k_{32}=-2\times\dfrac{12EI}{l^3}=-\dfrac{24EI}{l^3}$

$k_{33}=2\times\dfrac{12EI}{l^3}=\dfrac{24EI}{l^3}$

$\theta=\dfrac{240\times 2\pi}{60}=8\pi\ \text{rad/s}$

代入振幅方程求得：$\begin{cases}A_1=-0.135\ \text{mm}\\ A_2=-0.093\ \text{mm}\\ A_3=-0.271\ \text{mm}\end{cases}$

求惯性力幅值：$F_{I1}^0=m_1\theta^2 A_1=200\times(8\pi)^2\times(-0.135)\times 10^{-3}=-17.055\ \text{kN}$

$F_{I2}^0=m_2\theta^2 A_2=150\times(8\pi)^2\times(-0.093)\times 10^{-3}=-8.811\ \text{kN}$

$$F_{I3}^0 = m_3\theta^2 A_3 = 100 \times (8\pi)^2 \times (-0.271) \times 10^{-3} = -17.118 \text{ kN}$$

将 F_P、F_{I1}^0、F_{I2}^0 和 F_{I3}^0 同时作用在结构上，采用剪力分配法求各柱的柱底弯矩幅值。

顶层柱的柱底：$M_1 = 17.118 \times \dfrac{1}{2} \times \dfrac{5}{2} = 21.398 \text{ kN} \cdot \text{m}$

中间层柱的柱底：$M_2 = (30 - 17.118 - 8.811) \times \dfrac{1}{2} \times \dfrac{5}{2} = 5.089 \text{ kN} \cdot \text{m}$

底层柱的柱底：$M_3 = (17.055 + 8.811 + 17.118 - 30) \times \dfrac{1}{2} \times \dfrac{5}{2} = 16.23 \text{ kN} \cdot \text{m}$

【注解】 当 $\sin\theta t = 1$ 时，各柱的柱底弯矩幅值分别为以上计算结果，而对于顶层柱的柱底和底层柱的柱底，由于各柱剪力为负剪力，故产生的柱底弯矩为正弯矩（右侧受拉），而中间层柱的剪力为正值，产生的柱底弯矩为负值（左侧受拉）。

第 11 章　结构的稳定分析习题解答

本章要点

1. 稳定自由度

结构失稳时确定其变形状态所需的独立参数的数目。

2. 两类失稳形式

(1) 分支点失稳：荷载达临界值时出现分支点失稳形式。在荷载到达临界值前后结构的变形发生质的突变。

(2) 极值点失稳：压杆在极值点处由稳定平衡转变为不稳定平衡的失稳形式。在荷载到达临界值后结构的变形不发生质的突变。

3. 有限自由度体系的临界荷载

(1) 静力法

用静力法确定临界荷载，是根据结构在临界状态时具有平衡形式的二重性的特点，运用静力平衡条件，寻求使结构在新的平衡形式下能维持平衡的荷载，其最小值即为临界荷载（参见教材例题 11-1、11-2）。

(2) 能量法

用能量法确定临界荷载，仍根据结构在临界状态时具有平衡形式的二重性的特点，运用势能驻值定理，寻求使结构在新的平衡形式下能维持平衡的荷载，其最小值即为临界荷载（参见教材例题 11-6、11-7）。

习题 11-1

(a)【解】　该结构具有一个稳定自由度，设临界状态下结构新的平衡形式如下图所示，B 处的弹簧被压缩至 B' 点，产生向上的反力 $F_R = ky$。

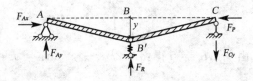

在新的平衡形式下:由 $\sum F_x = 0$ 得:$F_{Ax} = F_P(\rightarrow)$

由 $\sum M_A = 0$ 得:$F_{Cy} \times 2l - F_R \times l = 0$,故 $F_{Cy} = \dfrac{ky}{2}(\downarrow)$

取 $B'C$ 部分为隔离体:

由 $\sum M_{B'} = 0$ 得:$F_P \cdot y = F_{Cy} \times l$,即 $F_P \cdot y = \dfrac{kyl}{2}$

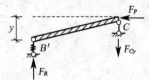

在临界状态下由于 $y \neq 0$,故:$F_{Pcr} = \dfrac{kl}{2}$

(b)【解】 原结构具有一个稳定自由度,设临界状态下结构新的平衡形式如图(a)所示,B 处弹簧铰两侧杆产生的相对转角为 2φ,弹簧铰产生的反力矩为 $F_R = 2k\varphi$。

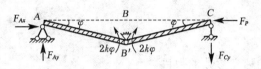

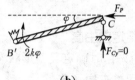

(a)　　　　　　　　(b)

在新的平衡形式下:由 $\sum M_A = 0$ 得:$F_{Cy} = 0$

取 $B'C$ 部分为隔离体:

由 $\sum M_{B'} = 0$ 得:$F_P \cdot l \cdot \sin \varphi = 2k\varphi$

根据小挠度理论,在临界状态下 $\varphi \neq 0$,$\sin \varphi \approx \varphi$

故:$F_{Pcr} = \dfrac{2k}{l}$

习题 11-2

(a)【解】 该结构具有一个稳定自由度,设临界状态下结构新的平衡形式如下图所示,弹簧压缩了 y,引起刚性杆产生绕 A 支座的转角 α。

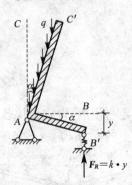

在新的平衡形式下,由 $\sum M_A = 0$ 得:$q \times 2l \times \dfrac{2l}{2} \times \sin \alpha = k \cdot y \cdot l \cos \alpha$

由几何关系可知 $\alpha = \dfrac{y}{l}$，所以 $y = \alpha \cdot l$

根据小挠度理论，在临界状态下 $\alpha \neq 0, \alpha \approx \sin\alpha, \cos\alpha \approx 1$，故：$q_{cr} = \dfrac{k}{2}$

(b)【解】 该结构具有一个稳定自由度，设临界状态下结构新的平衡形式如下图所示，A 处弹簧伸长 y，C 处弹簧压缩 y，引起刚性杆绕 B 点的转角 $\alpha = \dfrac{y}{l_1}$。

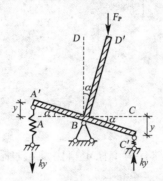

在新的平衡形式下，由 $\sum M_B = 0$ 得：$2 \times ky \times l_1 \times \cos\alpha = F_P \times l_2 \times \sin\alpha$

根据小挠度理论，在临界状态下，$\alpha \neq 0, \alpha \approx \sin\alpha, \cos\alpha \approx 1$，故可得：$F_{Pcr} = \dfrac{2kl_1^2}{l_2}$

习题 11-3

(a)【解】 原结构可简化为下图所示的单杆模型。

k 为原结构 BA 杆的抗转刚度，$k = \dfrac{3EI}{l}$

(b)【解】 原结构可简化为下图所示的单杆模型。

$k_1 = 2 \times \dfrac{3EI}{l} = \dfrac{6EI}{l}, k_2 = \dfrac{2EI}{l}$

(c)【解】 原结构可简化为下图所示的单杆模型。

$$k = 2 \times \frac{3EI}{l^3} = \frac{6EI}{l^3}$$

习题 11-4

【解】（1）静力法：该结构具有两个稳定自由度，设临界状态下结构新的平衡形式见图(a)。

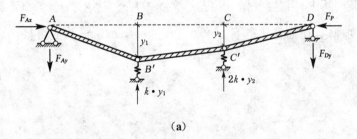

(a)

在新的平衡形式下，由 $\sum M_A = 0$ 得：$F_{Dy} = \dfrac{ky_1 + 4ky_2}{3}(\downarrow)$

取 $C'D$ 部分为隔离体：

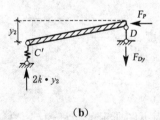

(b)

由 $\sum M_C = 0$ 得：$F_P \times y_2 - F_{Dy} \times l = 0$

即：$-\dfrac{kl}{3}y_1 + \left(F_P - \dfrac{4kl}{3}\right)y_2 = 0$ \hfill (a)

取 $B'C'D$ 为隔离体：

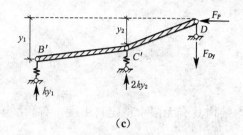

(c)

由 $\sum M_{B'} = 0$ 得:$F_P \times y_1 + 2ky_2 \times l - F_{Dy} \times 2l = 0$

即:$\left(F_P - \dfrac{2kl}{3}\right)y_1 - \dfrac{2kl}{3} \cdot y_2 = 0$ (b)

由式(a)、(b)可得,y_1 和 y_2 不全为零,故有:

$$\begin{vmatrix} -\dfrac{kl}{3} & \left(F_P - \dfrac{4kl}{3}\right) \\ \left(F_P - \dfrac{2kl}{3}\right) & -\dfrac{2kl}{3} \end{vmatrix} = 0 \Rightarrow \begin{cases} F_{P1} = 0.4226kl \\ F_{P2} = 1.5774kl(舍) \end{cases}$$

故:$F_{Pcr} = 0.4226kl$

(2) 能量法:在新的平衡形式下,弹簧产生的应变能:$U = \dfrac{k}{2} \times y_1^2 + \dfrac{2k}{2} \times y_2^2 = \dfrac{k}{2}y_1^2 + ky_2^2$

外力势能:$W = -F_P \times \Delta = -F_P \times \left[\dfrac{y_2^2}{2l} + \dfrac{(y_2 - y_1)^2}{2l} + \dfrac{y_1^2}{2l}\right]$

故结构的总势能为:$\pi = U + W = \left(k - \dfrac{F_P}{l}\right)y_1^2 + \left(\dfrac{k}{2} - \dfrac{F_P}{l}\right)y_2^2 + \dfrac{F_P}{l} \times y_1 \times y_2$

由势能驻值定理:$\dfrac{\partial \pi}{\partial y_1} = 0$ 和 $\dfrac{\partial \pi}{\partial y_2} = 0$,得:

$$\begin{cases} 2\left(k - \dfrac{F_P}{l}\right)y_1 + \dfrac{F_P}{l}y_2 = 0 \\ \dfrac{F_P}{l}y_1 + 2 \times \left(\dfrac{k}{2} - \dfrac{F_P}{l}\right)y_2 = 0 \end{cases}$$,因 y_1 和 y_2 不全为零,故其系数行列式为零,可得:

$$\begin{vmatrix} 2k - \dfrac{2F_P}{l} & \dfrac{F_P}{l} \\ \dfrac{F_P}{l} & k - \dfrac{2F_P}{l} \end{vmatrix} = 0, \begin{cases} F_{P1} = 0.4226kl \\ F_{P2} = 1.5774kl(舍) \end{cases}$$

故:$F_{Pcr} = 0.4226kl$

【注解】 临界荷载为各特征荷载中的最小值,即在出现该荷载时结构丧失稳定性,而其他的情况只是理论上存在的失稳形式。

习题 11-5

【解】 (1) 静力法：原结构具有无限个稳定自由度，可简化为如图(a) 所示的结构。其中，$k = \dfrac{3EI_2}{a^3}$。

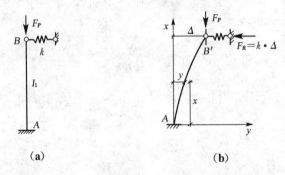

(a)   (b)

在临界状态下结构新的平衡形式如图(b) 所示。

杆件任一截面的弯矩为：$M = -F_P \cdot (\Delta - y) + F_R \cdot (a - x)$

由挠曲线近似微分方程：$EI_1 y'' = -M = F_P(\Delta - y) - F_R(a - x)$

即：$EI_1 y'' + F_P \cdot y = -k\Delta(a - x) + F_P \cdot \Delta$

令 $\dfrac{F_P}{EI_1} = \alpha^2$，在上式两边同时除以 EI_1，得：

$$y_1'' + \alpha^2 \cdot y = \alpha^2 \cdot \Delta \left[1 - \dfrac{k}{F_P} \cdot (a - x)\right]$$

设微分方程的通解为：$y = A\sin\alpha x + B\cos\alpha x + \Delta\left[1 - \dfrac{k}{F_P}(a - x)\right]$

初始条件为：$\begin{cases} \text{当 } x = 0 \text{ 时}, y = 0 \\ \text{当 } x = a \text{ 时}, y = 0 \end{cases}$

代入后可得：

$$\begin{cases} B + \Delta\left(1 - \dfrac{k}{F_P} \cdot a\right) = 0 \\ \alpha A + \dfrac{k}{F_P} \cdot \Delta = 0 \\ A\sin\alpha a + B \cdot \cos\alpha a = 0 \end{cases}$$

在临界状态下，A、B 和 Δ 不全为 0，故系数行列式应为 0，即：

$$D = \begin{vmatrix} 0 & 1 & 1 - \dfrac{k}{F_P} \cdot a \\ \alpha & 0 & \dfrac{k}{F_P} \\ \sin\alpha a & \cos\alpha a & 0 \end{vmatrix} = 0$$

将上式展开,并代入 $F_P = \alpha^2 \cdot EI_1$,得稳定方程为:

$$\tan a\alpha = a\alpha - \frac{(a\alpha)^3 \cdot EI_1}{ka^3}, \text{其中}, k = \frac{3EI_2}{a^3}$$

① 当 $n = 0$ 时,$I_2 = 0$,此时可求得:$F_{Pcr} = \frac{\pi EI_1}{(2a)^2} = \frac{\pi^2 EI_1}{4a^2}$

② 当 $n = 1$ 时,$I_2 = I_1$,此时稳定方程为:$\tan a\alpha = a\alpha - \frac{(\alpha a)^3}{3}$

通过试算可得:$F_{Pcr} = \frac{\pi^2 EI_1}{(1.42a)^2}$

③ 当 $n = \infty$ 时,$I_2 = \infty$,此时原结构可简化为图(c)所示结构。

通过试算可得:$F_{Pcr} = \frac{\pi^2 EI_1}{(0.7a)^2}$

(2) 能量法:原结构可简化为图(d)所示结构。

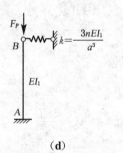

(d)

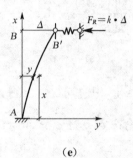

(e)

在临界状态下,结构新的平衡形式如图(e)所示。

设挠曲线方程为:$y = a_1\left(1 - \cos\frac{\pi x}{2a}\right)$

排架的应变能为:$U = \frac{1}{2}\int_0^a EI_1 \cdot (y'')^2 dx + \frac{1}{2}\int_0^a EI_2 \cdot (y'')^2 dx = \frac{\pi^4 E}{64a^3}a_1(I_1 + nI_1)$

外力势能为:$W = -\frac{F_P}{2} \cdot \int_0^a (y')^2 dx = \frac{-\pi^2 F_P}{16a} \cdot a_1$

结构的总势能:$\pi = U + W = a_1\left[\frac{\pi^4 E}{64a^3}(I_1 + nI_1) - \frac{\pi F_P}{16a}\right]$

由势能驻值定理:$\frac{d\pi}{da_1} = 0$ 及 $a_1 \neq 0$ 可得:

$$F_{Pcr} = \frac{\pi^2 EI_1(n+1)}{4a^2}$$

① 当 $n = 0$ 时,$F_{Pcr} = \frac{\pi^2 EI_1}{4a^2}$

② 当 $n = 1$ 时,$F_{Pcr} = \frac{\pi^2 EI_1}{2a^2}$

③ 当 $n = \infty$ 时,挠曲线方程为 $y = a_1 x^2(a - x)$,则:$F_{Pcr} = \frac{\pi^2 EI_1}{(0.7a)^2}$

习题 11-6

【解】 (1) 静力法:原结构可简化为如图(a)所示的单杆模型,设临界状态下新的平衡形式如图(b)所示。

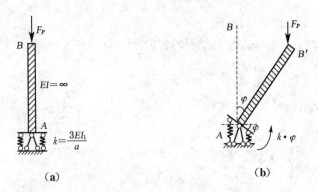

(a)　　　　(b)

在新的平衡形式下,由 $\sum M_A = 0$ 得: $k \cdot \varphi = F_P \cdot a \cdot \sin\varphi$

根据小挠度理论: $\varphi \neq 0$ 且 $\varphi \approx \sin\varphi$,可得: $F_{Pcr} = \dfrac{k}{a} = \dfrac{3EI_1}{a^2}$

(2) 能量法:

结构的应变能: $U = \dfrac{1}{2} k \cdot \varphi^2$

外力势能: $W = -F \cdot \Delta = -\dfrac{F_P}{2a} \cdot (a \cdot \sin\varphi)^2 = -\dfrac{F_P a \cdot \sin^2\varphi}{2}$

结构的总势能: $\pi = U + W = \dfrac{k \cdot \varphi^2}{2} - \dfrac{F_P a \sin^2\varphi}{2}$

由 $\dfrac{\mathrm{d}\pi}{\mathrm{d}\varphi} = 0$ 及 $\varphi \neq 0$ 得: $F_{Pcr} = \dfrac{k}{a} = \dfrac{3EI_1}{a^2}$

习题 11-7

【解】 设 $y = a_1\left(1 - \cos\dfrac{\pi x}{2a}\right)$,则 $y'' = \dfrac{\pi^2 a_1}{4a^2} \cos\dfrac{\pi x}{2a}$

所以 $U = \dfrac{EI}{2}\int_0^a (y'')^2 \mathrm{d}x + \dfrac{EI}{2}\int_0^a (y'')^2 \mathrm{d}x$

$= EI \int_0^a \dfrac{\pi^4 a_1^2}{16a^4} \times \dfrac{1 + \cos\dfrac{\pi x}{a}}{2} \mathrm{d}x = \dfrac{EI \pi^4 a_1^2}{32 a^3}$

$$y' = \frac{\pi a_1}{2a} \sin \frac{\pi x}{2a}$$

所以 $W = F_P \int_0^a \frac{1}{2} \left(\frac{\pi a_1}{2a} \sin \frac{\pi x}{2a} \right)^2 \mathrm{d}x + 2 F_P \int_0^a \frac{1}{2} \left(\frac{\pi a_1}{2a} \sin \frac{\pi x}{2a} \right)^2 \mathrm{d}x = \frac{3\pi^2 a_1^2 F_P}{16a}$

所以 $\pi = U - W = \dfrac{EI\pi^4 a_1^2}{32a^3} - \dfrac{3\pi^2 a_1^2 F_P}{16a}$

由 $\dfrac{\partial \pi}{\partial a_1} = 0$ 得:$\dfrac{EI\pi^4 a_1}{16a^3} - \dfrac{3\pi^2 a_1 F_P}{8a} = 0$,故:$F_{Pcr} = \dfrac{EI\pi^2}{6a^2}$

第 12 章　　结构的极限分析习题解答

本章要点

1. 塑性铰与普通铰的区别

（1）普通铰不能承受和传递弯矩，而塑性铰能承受并传递两侧截面的弯矩。

（2）普通铰是双向铰，而塑性铰为单向铰。

（3）普通铰是永久的，而塑性铰是暂时的。

2. 极限弯矩

在极限状态下，中性轴将截面分成面积相等的两部分而成为等面积轴，故极限弯矩为：$M_u = \sigma_y(S_1 + S_2) = \sigma_y(A_1 y_1 + A_2 y_2)$。式中：$S_1$、$S_2$ 分别为面积 A_1 和 A_2 对中性轴的静矩。

3. 静定梁的极限荷载

在极限状态下，静定梁只要出现一个塑性铰便形成破坏机构。塑性铰通常出现在弹性分析时弯矩绝对值较大而极限弯矩又较小的截面，可令该截面的弯矩等于极限弯矩即可求出极限荷载。

4. 单跨超静定梁的极限荷载

单跨超静定梁出现若干个塑性铰成为静定梁后，再出现一个塑性铰便形成破坏机构。通常塑性铰可能出现在支座截面、集中荷载作用点、均布荷载作用下的弯矩极值点和变截面处，根据试算法求出与各种可能的破坏机构对应的可破坏荷载，其中最小值即为极限荷载。

5. 多跨超静定梁的极限荷载

多跨超静定梁若按比例加载且荷载作用方向相同，则在各跨独立形成破坏机构，故只需求出各跨形成独立破坏机构的可破坏荷载，其中最小者即为极限荷载。

6. 极限荷载的计算方法

（1）静力法：通过静力平衡条件确定塑性铰的位置，进而求出极限荷载。

（2）机动法：根据塑性铰可能出现的位置，假设若干种可能的破坏机构，建立虚功方程，求出各破坏机构的可破坏荷载，其中最小值即为极限荷载。

7. 比例加载定理

比例加载时有关极限荷载的三个定理：极小定理、极大定理和唯一性定理。

8. 刚架的极限荷载

刚架的破坏机构通常有梁机构、侧移机构以及联合机构，可采用穷举法分别求出各破坏机构相应的可破坏荷载，其中最小者即为极限荷载。

第 12 章 结构的极限分析习题解答

习题 12-1

(a)【解】 极限状态下中性轴为等面积轴,故:
$$\frac{A}{2} = \frac{1}{2} \times (a+b) \times h \times \frac{1}{2} = \frac{(a+b)h}{4}$$

所以 $\frac{(a+b)h}{4} = \frac{1}{2} \times \left[a + a - (a-b) \times \frac{y}{h}\right] \times y$,即:$y = \frac{h}{2(a-b)} \times (2a - \sqrt{2a^2 + 2b^2})$

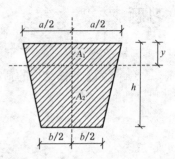

面积静矩之和为:
$$S = A_1 \times y + A_2 \times (h-y) = \frac{3bh \times \left(\frac{a^2+b^2}{2} - b \times \sqrt{\frac{a^2+b^2}{2}}\right) - 2h^2 \times \left(\frac{a^2+b^2}{2} - 2b\sqrt{\frac{a^2+b^2}{2}}\right)}{6(a-b)}$$

故极限弯矩为:
$$M_u = \sigma_y \times S = \frac{3bh\left(\frac{a^2+b^2}{2} - b\sqrt{\frac{a^2+b^2}{2}}\right) - 2h^2\left(\frac{a^2+b^2}{2} - 2b\sqrt{\frac{a^2+b^2}{2}}\right)}{6(a-b)} \times \sigma_y$$

(b)【解】 极限状态下中性轴为等面积轴,故:
$$A_1 = A_2 = \frac{A}{2} = b \times \delta_2 + \delta_1 \times \left(\frac{h}{2} - \delta_2\right)$$

面积静矩之和为:
$$S = S_1 + S_2 = 2S_1 = 2 \times \left[\delta_1 \times \left(\frac{h}{2} - \delta_2\right) \times \frac{1}{2} \times \left(\frac{h}{2} - \delta_2\right) + \delta_2 \times b \times \left(\frac{h}{2} - \frac{\delta_2}{2}\right)\right] = \delta_1\left(\frac{h}{2} - \delta_2\right)^2 + \delta_2 b(h - \delta_2)$$

故极限弯矩为:$M_u = \sigma_y \times S = \sigma_y \times \left[\delta_1\left(\frac{h}{2} - \delta_2\right)^2 + \delta_2 b(h - \delta_2)\right]$

(c)【解】 极限状态下中性轴为等面积轴,故:
$$A = \pi \times \left[\left(\frac{D}{2}\right)^2 - \left(\frac{D}{2} - \delta\right)^2\right] = \pi D\delta - \pi\delta^2$$

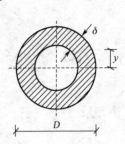

$\frac{1}{4}$ 面积的形心位置:
$$\bar{y} = \frac{\iint y \mathrm{d}\sigma}{\iint \mathrm{d}\sigma} = \frac{\int_0^{\frac{\pi}{2}} \mathrm{d}\theta \int_{\frac{D}{2}-\delta}^{\frac{D}{2}} r^2 \sin\theta \mathrm{d}r}{\frac{\pi D\delta - \pi\delta^2}{4}} = \frac{4\left[\left(\frac{D}{2}\right)^3 - \left(\frac{D}{2} - \delta\right)^3\right]}{3\pi(D\delta - \delta^2)}$$

故极限弯矩为:$M_u = \sigma_y \times S = \sigma_y \times 4 \times \dfrac{A}{4} \times \bar{y} = \dfrac{\sigma_y D^3}{6}\left[1-\left(1-\dfrac{2\delta}{D}\right)^3\right]$

习题 12-2

(a)【解】 作结构的荷载弯矩图。

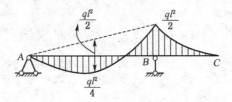

由弯矩图可知,B 处弯矩的绝对值最大,故极限状态下 B 支座先屈服形成塑性铰,截面的弯矩值达到极限弯矩。故:$\dfrac{ql^2}{2} = M_u$,即:$q_u = \dfrac{2M_u}{l^2}$。

(b)【解】 作结构在荷载作用下的弯矩图。

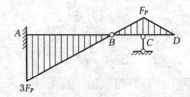

由弯矩图可知,A 支座的弯矩绝对值最大,故极限状态下 A 支座截面先屈服形成塑性铰,截面的弯矩值达到极限弯矩,故:

$$3F_P = 2M_u, 即:F_{Pu} = \dfrac{2M_u}{3}。$$

习题 12-3

【解】 用机动法求极限荷载,作破坏机构图。

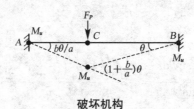

破坏机构

虚功方程：$F_P \times \theta \times b = M_u \times \left[\theta + \dfrac{b}{a}\theta + \left(1+\dfrac{b}{a}\right)\theta\right]$

$$F_{Pu} = \dfrac{2M_u(a+b)}{ab} = \dfrac{2M_u l}{ab}$$

习题 12-4

【解】（1）机动法：极限状态下可能出现塑性铰的截面为 A 截面、C 截面及 F_P 作用点。该结构为一次超静定结构，出现两个塑性铰即形成破坏机构，可能的破坏机构及对应的极限弯矩图，如图(a)~(f)。

① 机构 1

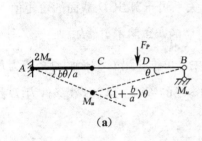

(a)

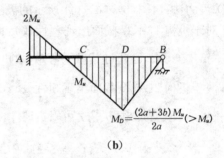

(b)

虚功方程：$F_P \times \theta \times \dfrac{b}{2} = M_u \times \left(1+\dfrac{b}{a}\right) \times \theta + 2M_u \times \dfrac{b}{a}\theta$

$$F_{P1} = \dfrac{(2a+6b)M_u}{ab}$$

② 机构 2

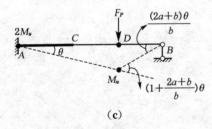

(c)

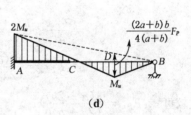

(d)

虚功方程：$F_P \times \dfrac{(2a+b)\theta}{b} \times \dfrac{b}{2} = M_u \times \left(1+\dfrac{2a+b}{b}\right)\theta + 2M_u \times \theta$

$$F_{P2} = \dfrac{4(a+2b)}{(2a+b)b}M_u$$

③ 机构 3

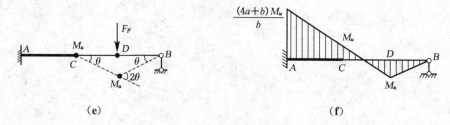

(e)   (f)

虚功方程:$F_P \times \theta \times \dfrac{b}{2} = M_u \times (2\theta + \theta)$,$F_{P3} = \dfrac{6M_u}{b}$

经分析,机构 2 的 F_{P2} 值最小,故极限荷载为:$F_{Pu} = \dfrac{4(a+2b)}{(2a+b)b}M_u$

【注解】 在 M_u 发生变化的截面出现塑性铰时,应按 M_u 较小者进行计算。

(2) 静力法:由图(b)、(d)、(f) 所示的极限弯矩图可知:

① 对于机构 1(A、C 截面出现塑性铰):由几何关系可推算出 D 截面的弯矩值 $M_D = \dfrac{(2a+3b)}{2a}M_u > M_u$,已超过其极限弯矩,故机构 1 对应的弯矩图不可能实现。

② 对于机构 2(A、D 截面出现塑性铰):由几何关系可推算出 C 截面的弯矩值为 $M_C = \dfrac{2(b-a)}{2a+b}M_u < M_u$,故破坏机构 2 可以实现。由极限状态下的弯矩图建立平衡条件为(D 截面):

$$M_u = \dfrac{(2a+b)b}{4(a+b)}F_P - \dfrac{b}{a+b} \times M_u$$

故:$F_{P1} = \dfrac{4(a+2b)}{(2a+b)b}M_u$

③ 对于机构 3(C、D 截面出现塑性铰):由几何关系可推算出 A 截面的弯矩值为 $M_A = \dfrac{(4a+b)M_u}{b}$,由于未知 a、b 的大小,故有可能实现。由极限状态下的弯矩图建立平衡条件为(D 截面):

$$M_u = \dfrac{(2a+b)b}{4(a+b)} \times F_P - \dfrac{b/2}{a+b} \times \dfrac{4(a+b)}{b} \times M_u$$

故:$F_{P2} = \dfrac{12(a+b)}{(2a+b)b}M_u$

比较可知:$F_{Pu} = \dfrac{4(a+2b)}{(2a+b)b}M_u$

习题 12-5

【解】 用机动法求极限荷载,极限状态下可能出现塑性铰的截面为 A、B 和 C 截面。该结构为一次超静定结构,只要出现两个塑性铰即形成破坏机构,按排列组合作出破坏机构图,分别如图(a)、(b)、(c)。

(1) 机构 1

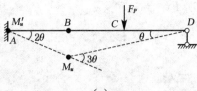

(a)

虚功方程：$F_P \times \theta \times \dfrac{l}{3} = M_u' \times 2\theta + M_u \times 3\theta, F_{P1} = \dfrac{6M_u' + 9M_u}{l}$

(2) 机构 2

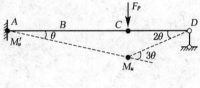

(b)

虚功方程：$F_P \times 2\theta \times \dfrac{l}{3} = M_u \times 3\theta + M_u' \times \theta, F_{P2} = \dfrac{9M_u + 3M_u'}{2l}$

(3) 机构 3

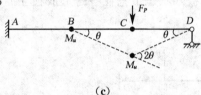

(c)

虚功方程：$F_P \times \theta \times \dfrac{l}{3} = M_u \times (2\theta + \theta), F_{P3} = \dfrac{9M_u}{l}$

可见：F_{P1} 最大，机构 1 不可能实现。由于未知 M_u 和 M_u' 的大小，导致无法比较 F_{P2} 与 F_{P3} 的大小，故机构 2 和 3 均有可能为破坏机构。所以可得出以下结论：

(1) 若 A、C 出现塑性铰形成破坏机构，则：$F_{Pu} = \dfrac{9M_u + 3M_u'}{2l}$

(2) 若 B、C 出现塑性铰形成破坏机构，则：$F_{Pu} = \dfrac{9M_u}{l}$

习题 12-6

【解】 该结构为两跨一次超静定连续梁，破坏机构在各跨内独立形成，作出两种破坏机构图。

(1) 机构 1

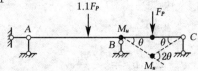

虚功方程：$F_P \times \theta \times a = M_u \times (2\theta + \theta)$，$F_{P1} = \dfrac{3M_u}{a}$

（2）机构 2

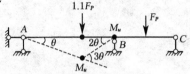

虚功方程：$1.1F_P \times 2\theta \times a = M_u \times (3\theta + 2\theta)$，$F_{P2} = \dfrac{2.27M_u}{a}$

因 $F_{P2} < F_{P1}$，由极小定理可知：$F_{Pu} = F_{P2} = \dfrac{2.27M_u}{a}$

习题 12-7

【解】 该结构为三跨超静定连续梁，极限状态下只在各跨形成独立的破坏机构，作出三种破坏机构图，如图(a)、(b)、(c)。

（1）机构 1

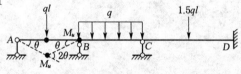

虚功方程：$ql \times \theta \times \dfrac{l}{2} = M_u \times (\theta + 2\theta)$，$q_1 = \dfrac{6M_u}{l^2}$

（2）机构 2

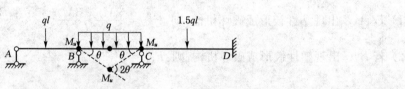

虚功方程：$q \times l \times \dfrac{1}{2} \times \theta \times \dfrac{l}{2} = M_u \times (\theta + \theta + 2\theta)$，$q_2 = \dfrac{16M_u}{l^2}$

（3）机构 3

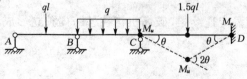

虚功方程：$1.5ql \times \theta \times \dfrac{3l}{4} = M_u \times (\theta + \theta + 2\theta)$，$q_3 = \dfrac{32M_u}{9l^2}$

比较以上结果,由极小定理可知:$q_u = q_3 = \dfrac{32M_u}{9l^2}$

习题 12-8

【解】 该结构为三跨超静定连续梁,极限状态下只在各跨形成独立的破坏机构,作出各破坏机构图,如图(a)~(e)。

(1) 机构 1

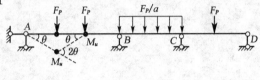

(a)

虚功方程:$F_P \times \theta \times a = M_u \times (\theta + 2\theta)$,$F_{P1} = \dfrac{3M_u}{a}$

(2) 机构 2

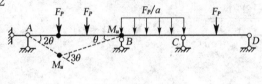

(b)

虚功方程:$F_P \times 2\theta \times a + F_P \times \theta \times a = M_u \times (\theta + 3\theta)$,$F_{P2} = \dfrac{4M_u}{3a}$

(3) 机构 3

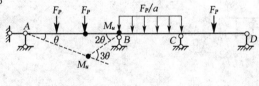

(c)

虚功方程:$F_P \times \theta \times a + F_P \times 2\theta \times a = M_u \times (2\theta + 3\theta)$,$F_{P3} = \dfrac{5M_u}{3a}$

(4) 机构 4

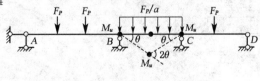

(d)

虚功方程:$F_P/a \times \dfrac{1}{2} \times 2a \times \theta \times a = M_u \times (\theta + \theta + 2\theta)$,$F_{P4} = \dfrac{4M_u}{a}$

(5) 机构 5

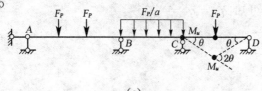

(e)

虚功方程：$F_P \times \theta \times a = M_u \times (\theta + 2\theta)$，$F_{P5} = \dfrac{3M_u}{a}$

比较以上计算结果，由极小定理可知：$F_{Pu} = F_{P2} = \dfrac{4M_u}{3a}$

习题 12-9

【解】 该结构为三跨超静定连续梁，极限状态下各跨形成独立的破坏机构，作出各破坏机构图，分别如图(a)～(f)。

(1) 机构 1

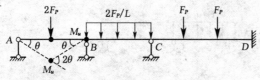

(a)

虚功方程：$2F_P \times \theta \times \dfrac{l}{2} = M_u \times (\theta + 2\theta)$，$F_{P1} = \dfrac{3M_u}{l}$

(2) 机构 2

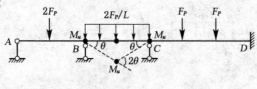

(b)

虚功方程：$\dfrac{2F_P}{l} \times \dfrac{1}{2} \times l \times \theta \times \dfrac{l}{2} = M_u \times (\theta + \theta + 2\theta)$，$F_{P2} = \dfrac{8M_u}{l}$

(3) 机构 3

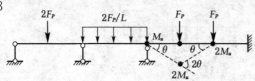

(c)

虚功方程：$F_P \times \theta \times \dfrac{l}{2} = M_u \times \theta + 2M_u \times (\theta + 2\theta)$，$F_{P3} = \dfrac{14M_u}{l}$

（4）机构 4

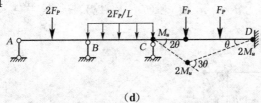

(d)

虚功方程：$F_P \times \theta \times \dfrac{l}{2} + F_P \times \theta \times l = M_u \times 2\theta + 2M_u \times (\theta + 3\theta)$，$F_{P4} = \dfrac{20M_u}{3l}$

（5）机构 5

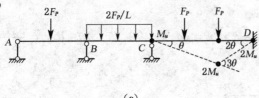

(e)

虚功方程：$F_P \times \theta \times \dfrac{l}{2} + F_P \times \theta \times l = M_u \times \theta + 2M_u \times (2\theta + 3\theta)$，$F_{P5} = \dfrac{22M_u}{3l}$

（6）机构 6

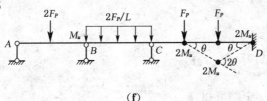

(f)

虚功方程：$F_P \times \theta \times \dfrac{l}{2} = 2M_u \times (2\theta + \theta + \theta)$，$F_{P6} = \dfrac{16M_u}{l}$

比较上述计算结果，由极小定理可知：$F_{Pu} = F_{P1} = \dfrac{3M_u}{l}$

习题 12-10

(a)【解】 该结构为一次超静定刚架，当出现两个塑性铰时即形成破坏机构，作出各破坏机构图，如图(a)～(c)。

（1）机构 1

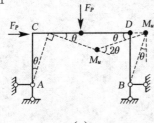

(a)

虚功方程：$F_P \times \theta \times a + F_P \times \theta \times a = M_u \times (\theta + \theta + 2\theta), F_{P1} = \dfrac{2M_u}{a}$

(2) 机构 2

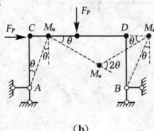

(b)

虚功方程：$F_P \times \theta \times a + F_P \times \theta \times a = M_u \cdot (2\theta + 2\theta + 2\theta), F_{P2} = \dfrac{3M_u}{a}$

(3) 机构 3

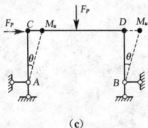

(c)

虚功方程：$F_P \times \theta \times a = M_u \times \theta \times 2, F_{P3} = \dfrac{2M_u}{a}$

比较以上计算结果，由极小定理可知：$F_{Pu} = \dfrac{2M_u}{a}$

(b)【解】 该结构为三次超静定刚架，作出各破坏机构，如图(a)~(c)。

(1) 机构 1

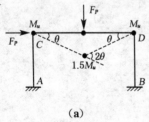

(a)

虚功方程：$F_P \times \theta \times a = M_u(\theta + \theta) + 1.5M_u \times 2\theta, F_{P1} = \dfrac{5M_u}{a}$

(2) 机构 2

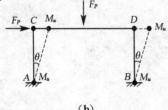

(b)

虚功方程：$F_P \times \theta \times a = M_u \times \theta \times 4, F_{P2} = \dfrac{4M_u}{a}$

（3）机构 3

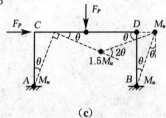

(c)

虚功方程：$F_P \times \theta \times a + F_P \times \theta \times a = M_u \times \theta \times 4 + 1.5M_u \times 2\theta, F_{P3} = \dfrac{3.5M_u}{a}$

比较以上计算结果，由极小定理可知：$F_{Pu} = F_{P3} = \dfrac{3.5M_u}{a}$

参考书目

[1] 赵才其,赵玲. 结构力学. 南京:东南大学出版社,2011
[2] 龙驭球,包世华. 结构力学Ⅰ、Ⅱ. 第3版. 北京:高等教育出版社,2012
[3] 单建,吕令毅. 结构力学. 第2版. 南京:东南大学出版社,2011
[4] 单建. 趣味结构力学. 北京:高等教育出版社,2008
[5] 李廉锟. 结构力学(上、下册). 第5版. 北京:高等教育出版社,2010
[6] 潘亦培,朱伯钦. 结构力学(上、下册). 北京:高等教育出版社,1987
[7] 郭仁俊. 结构力学. 北京:中国建筑工业出版社,2007
[8] 程选生. 工程结构力学. 北京:机械工业出版社,2009
[9] 樊友景. 结构力学学习辅导与习题精解. 北京:中国建筑工业出版社,2009
[10] 于玲玲,杨正光. 结构力学. 第2版. 北京:中国电力出版社,2014
[11] 石志飞. 结构力学精讲及真题详解. 北京:中国建筑工业出版社,2010